『十四五』普通高等教育艺术设计类系列教材·工业设计

范大伟 王新燕 刘春媛 王晓娜 薄其芳 编著

工业设计简史（双语版）

中国水利水电出版社
www.waterpub.com.cn
·北京·

内 容 提 要

本教材全面、系统地介绍了世界工业设计的发展历程，并以工业革命之后的工业设计发展为侧重，详细介绍了不同历史时期，世界工业设计活动、设计流派、著名设计师及代表作品的产生背景、发展历程和历史影响，同时对不同国家和地区的工业设计发展进行了横向的联系与比较，力图为读者构建一幅脉络清晰的世界工业设计史发展网络图谱。全书共11章，主要内容包括：设计溯源，18世纪设计的矛盾与冲突，19世纪的设计变革，新艺术运动，现代主义设计的产生与发展，现代主义发展的里程碑——包豪斯，美国的商业性设计，传统与现代的交融，欧洲工业设计的复兴，多元化的设计，中国工业设计的发展。

本教材适应双语教学，其中的重点内容、关键名词术语等以汉英对照的方式呈现，或用英文作重点注解，以满足读者提高专业英语水平的需求。教材还配有教学课件、彩图版数字教材等内容资源，读者可通过"行水云课"平台和公众号阅读使用。

本教材可供高等院校工业设计、产品设计等相关专业的师生使用，也可供工业设计、产品设计相关从业人员参考。

图书在版编目（CIP）数据

工业设计简史：汉、英 / 范大伟等编著. -- 北京：中国水利水电出版社，2022.6
"十四五"普通高等教育艺术设计类系列教材. 工业设计
ISBN 978-7-5226-0544-9

Ⅰ. ①工… Ⅱ. ①范… Ⅲ. ①工业设计－历史－世界－高等学校－教材－汉、英 Ⅳ. ①TB47-091

中国版本图书馆CIP数据核字(2022)第042181号

书　　名	"十四五"普通高等教育艺术设计类系列教材·工业设计 **工业设计简史（双语版）** GONGYE SHEJI JIANSHI（SHUANG YU BAN）
作　　者	范大伟　王新燕　刘春媛　王晓娜　薄其芳　编著
出版发行	中国水利水电出版社 （北京市海淀区玉渊潭南路1号D座　100038） 网址：www.waterpub.com.cn E-mail：sales@mwr.gov.cn 电话：（010）68545888（营销中心）
经　　售	北京科水图书销售有限公司 电话：（010）68545874、63202643 全国各地新华书店和相关出版物销售网点
排　　版	中国水利水电出版社微机排版中心
印　　刷	北京印匠彩色印刷有限公司
规　　格	210mm×285mm　16开本　15.25印张　499千字
版　　次	2022年6月第1版　2022年6月第1次印刷
印　　数	0001—3000册
定　　价	**58.00元**

FOREWORD

前言

　　设计产生于人类开始有目的地改造客观世界，所以早在几百万年前，人类有意识地拣选、打制和使用石器就开始了设计活动。但从行业的角度讲，围绕机器生产进行创造性活动的设计则是从工业革命开始的。为了较为全面地展现设计的历史演进，帮助读者了解设计发展的历史规律，本书从国内外手工艺设计开始，讲述设计历史的发展，并以工业革命之后的工业设计发展为主线，纵向梳理各个时期工业设计发展情况，着重介绍设计活动、设计流派、设计师及设计作品的产生背景、发展历程和历史影响，给读者以清晰连贯的整体认识。同时兼顾不同地域、国家工业设计发展脉络，注重从社会、历史、文化和科技等方面进行横向。

　　工业设计的发展反映了人类文明的进步。鉴古知今，了解工业设计历史，能够使我们正视过去的经验和教训，把握未来工业设计的发展方向。现代工业设计起源于20世纪初期的德国包豪斯学校，在世界各国、各地区有不同程度的发展，留传下来众多经典的设计作品和设计史料。中国的设计思想源远流长，古代劳动人民以其聪明智慧和独特审美理念创造了许多优秀的产品。中国引入现代工业设计仅有三四十年的时间，因此，现代工业设计的理念、方法，优秀的设计师、设计组织及案例多来自国外。本书在编写过程中参阅了大量的英文文献，同时梳理了设计史的重点词汇和短句，力求给读者以原汁原味的阅读体验。为了拓展学生的英文学习知识面，让学生充分感受英文阅读语境，本书部分中英文并非一一对应，而是有所概括和简化。在国际化语境下，中英文对照阅读对提高学生专业知识水平和专业英语读写及应用能力具有重要作用，有利于国际化教育学科建设和推动专业双语教学。本书适合高职高专、普通本科高校的学生使用，同时也适合对工业设计史感兴趣的专业人士阅读。

　　本教材的编写人员为多年教授工业设计史课程的高校老师和研究人员，具有丰富的教学研究经验和独到的专业见解，具体编写分工如下：第1章～第3章、第5章和第6章由南京工业职业技术大学教师范大伟编写，第4章、第9章和第10章由青岛理工大学教师刘春媛编写，第7章和第8章由山东科技大学教师王晓娜编写，第11章由山东科技大学教师薄其芳编写。全书由范大伟统稿。全书的英文撰写与统稿由范大伟和大同大学（台湾）设计科学研究所博士王新燕完成。

本书得到江苏高校"青蓝工程"资助。在写作过程中，山东大学王震亚教授及其发起的"设计史话"教学资源共享平台给予了大力支持，全国各地高校教授工业设计史的教师提供了丰富的素材和建设性意见，尤其是郑州轻工业大学屈新波老师、东北石油大学石磊老师提供了大量丰富的参考文献。在此一并表示衷心的感谢！

由于编者水平有限，书中疏漏和不当之处在所难免，敬请各位专家、学者和广大读者批评指正。

范大伟

2022 年春

CONTENTS
目录

CHAPTER 1

第 1 章

设计溯源
Chapter 1 Traceability of Design

1.1 设计史概论

1.1.1 设计的起源与概念

　　早在几百万年前的石器时代，人类就开始有意识地拣选和打制石器作为满足生存需求的工具，通过有目的的劳动，人类打制和运用这些工具与自然界斗争，维持自己的生存和发展。劳动创造了人本身，劳动也促进了人类设计活动的产生。劳动不仅使人类将自然界的材料变为财富，也提高了人类的语言能力和思维能力，人类不断开动脑筋有意识地进行造物活动。从遗存至今的大量石器来看，当时人类创造的工具不仅功能合理，而且体现了质朴的形式美感（图 1-1-1）。将工具的实用性和美观性结合起来，同时赋予工具以物质功能和精神功能是人类设计活动的一个重要特点。

图 1-1-1　具备形式
美感的石器工具

　　远古时代，人类生存环境极为恶劣，人类不仅要抵御洪水、严寒等自然灾害，而且要与飞禽猛兽搏斗。物竞天择，适者生存，达尔文的进化论告诉我们，人类只有不断地与自然、野兽斗争，才能保障自己的生命安全。人类早期的猎具、武器、衣物等都是非常成功的设计，因为这关乎人类的生存，一旦设计失误将是致命的。

The hunting equipment, arms and clothes of human beings in ancient times were all of successful design for it closely related to their survival. Any design fault may lead to death.

　　按照马斯洛的需求层次理论，一旦低层次的需求被满足，其他的需求将不断出现。人类在与自然斗争过程中，逐渐解决了安全和温饱问题，人类开始注重生活质量，向往舒适的生活环境和有品质的生存和生活资料，随着社会生产力的发展，新需求涌现，新欲望增长，设计在这一转变过程中成为实现需求和欲望的必然手段和途径。

Design refers to a creative activity for human beings to achieve certain specific purposes, which can indicate human beings' conscientious will and experience skills.

(1) Conception: the design should follow objective laws and rules, so as to make helpful conceptions and plans meeting people's actual requirements.
(2) Behaviors: based on practicability and economic efficiency as the basic rules, carrying out the conceptions and plans for the purpose of accomplishing the materialization process with the ultimate object reality as the objective.
(3) Application: specific applications will be formed after conceiving and planning to realize its due comprehensive values.

Industrial Design is a strategic problem - solving process that drives innovation, builds business success and leads to a better quality of life through innovative products, systems, services and experiences. Industrial Design bridges the gap between what is and what's possible. It is a trans - disciplinary profession that harnesses creativity to resolve problems and co - create solutions with the intent of making a product, system, service, experience or a business, better. At its heart, Industrial Design provides a more optimistic way of looking at the future by reframing problems as opportunities. It links innovation, technology, research, business and customers to provide new value and competitive advantage across economic, social and environmental spheres.

　　设计（design）是人类为了实现特定目的而进行的创造性活动，反映人的自觉意志和经验技能。"设计"一词的英文为"design"，由词根"sign"和前缀"de"构成。"sign"的含义可以理解为目标、方向，"de"的含义为去做，因此"design"一词本身就含有通过创造性的劳动达成某种形态或目的、形成某种计划的含义。"design"来源于拉丁语"designare"，该词产生于意大利文艺复兴时期，起初的含义是"素描、绘画、制图"，文艺复兴后，该词逐渐成为通俗用语出现在各行各业。德国包豪斯学院赋予了设计更多的内涵，即设计在实现过程中应考虑适应性和经济性。世界著名建筑师与工业设计师黑川雅之将设计比喻为一个三角形，其三个顶点分别是艺术、技术、产业，能将这三点紧密联系在一起的就是设计。因此现代设计的含义应该包括以下三点内容：

　　（1）构想。设计应遵循客观规律，作出对满足人们实际需求有益的设想、规划。

　　（2）行为。以实用性和经济性为准则，将设想和规划付诸实施，以完成最终客观实体为目标的物化过程。

　　（3）应用。设想和规划形成后的具体应用，实现其所应有的综合价值。

　　在现代社会，设计已经渗透到社会生活的各个领域，如机械设计、产品设计、室内设计、环境设计、服装设计、家具设计、平面设计、建筑设计、工艺设计等。

　　作为现代化大工业生产产物的工业设计是指在工业生产领域的设计活动，它区别于纯艺术设计创作活动，也区别于手工艺设计和制作活动。工业革命之后，机械化生产替代了手工劳动，工厂替代了手工工场，经过德国包豪斯的发扬，产品设计和制作相分离，产品由机器大批量地加工和生产，价格低廉，消费者数量剧增。因此，工业设计从它诞生之日起就必然与美学、工学、经济学、社会学等学科密切相关。

　　近年来随着信息化和知识经济的迅速发展，工业设计的大环境也在发生重大变化，工业设计师更多地参与企业战略和系统、流程的建设，工业设计的内涵与实践也更加丰富。2015年10月，国际工业设计协会（International Council of Societies of Industrial Design，ICSID）在韩国举行第29届年度代表大会，此次会议将沿用近60年的"国际工业设计协会"正式更名为"世界设计组织"（World Design Organization，WDO），同时发布了工业设计的最新定义：工业设计旨在引导创新、促发商业成功及提供更好质量的生活，是一种将策略性解决问题的过程应用于产品、系统、服务及体验的设计活动。它是一种跨学科的专业，将创新、技术、商业、研究及消费者紧密联系在一起，共同进行创造性活动，将需解决的问题、提出的解决方案进行可视化，重新解构问题，并将其作为建立更好的产品、系统、服务、体验或商业网络的机会，提供新的价值以及竞争优势。工业设计是通过其输出物对社会、经济、环境及伦理方面问题的回应，旨在创造一个更好的世界。

1.1.2 工业设计发展脉络

设计反映了时代的思维，它既体现了人类生活方式和审美意识的演变，又体现了社会生产力水平和人在自然界中角色的变迁。工业设计是综合运用科学技术、以提高和改善人类生活品质为目的的创造性活动，它的发展与社会政治、经济、文化、科学技术、艺术风格密切相关，新材料的发明、新工艺和新技术的运用也不断促进工业设计向更为广阔的领域发展。工业设计的发展历史并不长，从19世纪下半叶开始到现在不过一个多世纪，但在这期间，各种设计流派"你方唱罢我登场"，精彩纷呈，涌现了一大批著名设计师，留下了大量伟大的设计作品，工业设计在过去、现在乃至未来为全球经济的发展和人类生活品质的提高做出了积极的贡献。

我们可以从时间和空间两个维度来梳理工业设计发展的脉络。

1.1.2.1 时间维度

从时间上，可以将工业设计的发展分为三个时期。

1. 工业设计的积累和孕育时期

从人类开始有意识地进行石器工具制作和使用一直到工业革命前的手工艺设计时期，是工业设计的积累和孕育时期。设计的发展具有承接性，它永远紧随人类的需求而前进。在原始社会，人类为了满足基本的温饱问题，制作和使用棍棒、石器、骨器、弓箭等工具想方设法猎取食物，后来发现只是猎取还不能满足生存需求，便开始使用简陋的工具驯化野生植物和动物，采用粗放的刀耕火种的耕作方法，实行以简单协作为主的集体劳动。随着原始农业的发展，原始社会后期，人类学会了用火来改变泥土内在性质并制作陶器，各式各样的容器满足了谷物、饮用水的储藏和搬运以及蒸煮食物的功能需求。为了满足审美需求，在新石器时代晚期出现了彩陶。人们在打磨光滑的橙红色的胎体上用天然矿物质颜料进行描绘，再入窑烧制，烧制而成的陶器呈现出红褐色、黑色、白色、棕黄色等颜色的优美图案。彩陶既是实用的生活用品，又具有很高的艺术水平，其实用功能和形式美感达到完美统一（图1-1-2）。从原始社会中后期开始，社会经历了三次社会大分工，这三次社会大分工是社会三次重大变革，极大地促进了设计文明的发展。

第一次社会大分工是原始社会末期农业部落和游牧部落从狩猎、采集中分离。人类的生产工具得以发展，劳动效率得以提高。社会开始出现剩余产品的交换，为社会分工的进一步发展奠定基础。

1. Accumulation and Breeding Period of Industrial Design

The accumulation and breeding period of industrial design lasted from the period when human beings were aware of making and using stone artifact tools to the period of handicraft design before the Industrial Revolution.

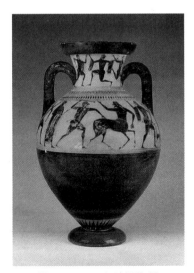

图1-1-2 古希腊陶器

图1-1-3　商代后期蒸煮
结合的青铜器——

图1-1-4　元青花缠枝
牡丹纹梅瓶

图1-1-5　明黄花梨灯挂椅

第二次社会大分工是手工业和农业的分离。此时社会出现直接以交换为目的的商品生产，青铜器和铁器产品被广泛应用，农业生产规模扩大，农作物种类增多，各类手工劳动也日益增多，制作技术不断改进，各种陶瓷制品、家具、工具的生产质量也得到很大提高（图1-1-3）。

第三次社会大分工是指由于商品交换规模的日益扩大，出现了不从事生产只从事交换的商人。各类产品的加工生产规模日益扩大，市场的激烈竞争刺激了产品质量的提高和生产的多样化，装饰成为体现设计风格和产品身价的重要手段。

手工艺设计时期经历了奴隶社会、封建社会一直延续到工业革命前。由于交通和信息闭塞以及封建等级制度的影响，此时的设计具有较强的民族性和地域性。中国历经几千年的儒家文化和封建中央集权统治，设计风格演变很慢，但留下了无数蕴含深厚设计思想的杰出作品。中国元代的青花瓷素雅清新（图1-1-4），中国明代的家具材美工良（图1-1-5），中国的建筑大气磅礴，这些作品为后世的设计师提供了诸多有益的启发。国外的手工艺设计尤其是建筑设计也是精彩纷呈：埃及金字塔雄壮而精巧，希腊神庙庄严而宏伟，中世纪哥特式教堂巍峨而挺拔，文艺复兴时期建筑穹顶、巴洛克建筑立面山花独特而醒目，洛可可建筑细腻而柔媚……各个时期的建筑的风格呈现了巨大的反差。

2. Formation and Development Period of Industrial Design
The formation and development period of industrial design lasted from the Industrial Revolution in the middle of the 18th century to the end of the WWII.

在这个时期，人类用自己的智慧和勤劳的双手改造自然，创造了光辉灿烂的手工艺设计文明，各种设计风格此起彼伏，涌现出了无数杰出的设计作品，为工业设计的发生和发展奠定了良好的基础。

2.工业设计的形成和发展时期

从18世纪中叶的工业革命开始到第二次世界大战结束，是工业设计的形成和发展时期。

工业革命发源于英国，当时英国社会发展平稳，经济相对充裕，海外市场不断扩大，市场自由竞争稳定有序，英国获得了工业革命所带来的商业利益（图1-1-6）。在新的思想观念和良好

图1-1-6　机器大生产的工业革命

的社会舆论下，英国社会在当时把追逐财富作为有价值的人生目的，这也使得工业革命热烈开展起来。人们生活开始富足，可以负担一些奢侈品彰显自己的艺术品位和社会地位，制造商也意识到这一点，他们重视产品风格，聘用艺术家和建筑师进行产品装饰设计，然后再批量生产，这是工业设计发展的一个重要标志。

工业革命以机器替代手工劳作，以新的动力替代人力、畜力和自然力，以新材料替代旧材料，彻底打破了既有的生产状态，人们的生活也焕然一新。可以说，工业革命对重塑人们的生活方式起到很大作用。人们已经意识到生产不仅是为了满足生活的基本需求，而且是以开创前所未有的生活方式为目的的。18世纪，设计的一个重要特点是，设计被作为商业竞争的一种手段。工业革命带来了批量生产和批量消费，商业化逐渐充斥社会，设计便有了其真正的市场价值，成为制造商和生产者赢得市场竞争的重要手段。在这种情况下，设计师便成为产品生产过程中的重要角色。欧洲自中世纪起开始出现资本主义萌芽，促使设计开始走向专业化。到了18世纪，设计更加与生产过程相分离，设计师的社会地位和所发挥的作用也发生了极大的变化。

从18世纪下半叶到19世纪期间，设计的风格是非常混乱的。工业革命带来的市场繁荣的背后也充满了激烈的市场竞争和不断的尝试与失败，设计也是如此。在商业化的进程中，手工艺体系瓦解，设计在时尚的法则影响下越来越重要，人们意识到艺术在工业中的重要性，但艺术与设计却不能完好地契合，艺术被认为是附着在产品之上的装饰而已。另外，机器大生产带来的工业产品和人们的多样化审美产生冲突，社会意识形态和人们的审美观念还没有完全跳出古典主义和宫廷风格束缚，旧的设计手段和设计风格与新材料、新技术之间的矛盾在不同程度上一直存在，世界各地也掀起了形形色色的设计改革运动，如新古典主义、工艺美术运动、新艺术运动等，它们从不同方面探讨了艺术与技术、装饰与功能之间的关系。

工艺美术运动和新艺术运动对设计史的发展具有重要的历史作用，但二者实际上都没有摆脱拉斯金等人否定机器生产的思想，对机械化生产漠视甚至反对，二者均不能担当起发展现代工业设计的重任。工业设计真正在理论和实践上的突破来自德国工业联盟，联盟创始人赫尔曼·穆特修斯（Herman Muthesius，1869—1927）（图1-1-7）明确提出"只有符合标准化，让观众愉快地接受标准化的结果，才谈得上探讨设计艺术风格的趣味性问题""只有通过标准化，它们才能获得那种在协调一致的文明时代中所具有的普遍公认的重要性，只有通过标准化……把众多力量有机集中起来，才能有为人们所接受的可靠的艺术趣味"。同时他还认为标准化是产品畅销世界的必要条件。工业联盟的成立将德国工业设计带入一个崭新的阶段，德国的技术、文化环境以及德国人善于思考和探索的精神使德国成为现代设计艺术的先行者。

An important feature of the design in the 18th century lied in that as a commercially competitive means, the Industrial Revolution had brought about mass production and mass consumption, as a result of which, the society was gradually full of commercialization. Therefore, the design acquired its own true market value, being a significant means for manufacturers and producers to win the market competition.

During the period from the late 18th century to the 19th century, the style of design was terribly chaotic and the market prosperity resulting from the Industrial Revolution was also filled with fierce market competition and continuous attempts and failure. So was the design.

图1-1-7　德国工业联盟奠基人穆特修斯

After entering into the 20th century, the development of the design had also approached into a new historic era. During the period of the two world wars, the modern industrial design had gradually developed more mature. The function of the two wars lied not only in re‑building the international order, but also in spreading some novel design ideas to every corner of the world.

During the period of the two world wars, the industrial design had developed thanks to various key factors; meanwhile, the development of industrial design had also in turn impacted these factors.

The emergence of Bauhaus had played an epoch‑making role in modern design theory, modern design education as well as the later design aesthetics ideas, etc., which pushed design art theory and practice of modernism to the top.

20世纪，设计的发展进入一个新的历史时期。两次世界大战期间，现代工业设计逐渐成熟。世界大战的作用不仅是重新建立了国际秩序，而且把一些新的设计思想传到世界各个角落。世界各地设计流派层出不穷，出现了许多杰出的设计师和设计作品。如法国的立体主义、意大利的未来主义、俄国的构成派、荷兰的风格派、美国的流线型风格等，这些设计流派和风格的出现都反映了两次世界大战期间社会经济、政治和意识形态的急剧变化，设计与机械化、标准化、批量生产和商业化等概念紧紧联系在一起，以理性分析和功能主义为主要特征的现代设计产生了重大影响，并改变了人们的生活方式。第二次工业革命后，人类进入"电气化时代"（图1-1-8），到了20世纪20年代，电器行业迅速发展起来，电水壶、电烤箱、电炉等产品开始问世。第二次世界大战后，由于电力供应充足，吸尘器、电冰箱、洗衣机等家用电器走进千家万户，这些也成为设计师的设计对象。

在两次世界大战期间，很多重要因素都推动了工业设计的发展，工业设计的发展反过来对这些因素也产生了影响。大众市场和批量消费的迅速扩大、妇女角色的变化、家电需求的增长都对设计师提出新的挑战，同时，由于军事和现代工业化生产的需要，很多新材料和新工艺应运而生，轧钢、酚醛塑料、氯丁橡胶、金属表面镀铬、冲压成型等新材料和新工艺的发明和应用使产品外观具有更多的设计可行性。在战争期间，设计的发展很多都是为军事服务的，如美国政府主持设计了"吉普"军用车（图1-1-9）。1944年6月，"吉普"车随着美国兵横渡大西洋，参加第二次世界大战。盟军在诺曼底登陆时，指挥官都是乘坐"吉普"，这使得"吉普"名声大噪。另外，人机工程学在理论和实践上也在这个时期得以发展。

图1-1-8　爱迪生发明电灯，
人类进入电气化时代

图1-1-9　美国设计
的"吉普"车

在现代设计发展进程中，不得不提的是1919年格罗皮乌斯在德国魏玛成立的包豪斯学校。包豪斯的出现对现代设计理论、现代设计教育以及后来的设计美学思想等方面都具有划时代的意义，它把现代主义设计艺术理论和实践推向顶峰。1933年被纳粹政府关闭后，包豪斯辗转到了美国，在美国强大的经济和商业文化氛围下，包豪斯将现代主义设计理念传播到世界各地，并形成了以包豪斯现代主义为代表的"国际化风格"。

3. 工业设计的兴盛和繁荣时期

第二次世界大战结束至今是工业设计的兴盛和繁荣时期。

从欧洲到亚洲，从大西洋到太平洋，第二次世界大战蔓延了61个国家和地区，带来了不同程度的经济上的破坏。战后初期，各国都在通过各种方式恢复和发展经济，而设计在这个时期的主要任务就是满足现实和重建的需要。

美国远离战场，本土并未受到战争的破坏，在第二次世界大战中，美国通过贷款、售卖武器获取大量财富，战后初期又通过开拓世界市场，应用最新的科技成果，革新生产技术，发展新兴工业，促进了经济的快速发展，凭借强大的经济实力很快成为资本主义世界的经济霸主。美国工业设计历来是以商业上的利益为首要任务，因此美国设计在商品经济规律的支配下实行"有计划的商品废止制"，也就是通过人为的方式使产品短时间失效，从而迫使人们购买新产品。有计划的商品废止制的典型代表就是美国的汽车设计，设计师不断推出新奇、夸张、时髦的新车型（图1-1-10），满足人们对权力、速度、地位的向往，并促使人们在一两年内就弃旧换新。

设计成为美国竞争性的战略手段，同时也影响了其他国家。日本经济在第二次世界大战中遭到重创，第二次世界大战结束后，通过马歇尔计划，日本得到了美国大量的经济援助，在恢复和发展经济过程中，日本也极为重视工业设计，工业设计的发展从完全模仿欧美开始，例如举办"美国设计大展"等展览，邀请美国设计师到日本讲学。到了20世纪60年代，日本工业进入发展阶段，不少日本产品在技术上已经处于世界领先水平，日本工业设计也在这个时期从模仿走向创建自己的特色。日本现代设计中既有具有浓郁东方情调的传统手工艺品，又有批量生产的高技术产品（图1-1-11）。日本工业设计在今天已享誉世界。

德国在战前就有了优秀的功能主义和理性主义传统，德国工业联盟和包豪斯的设计思想依然影响战后的工业设计，在德国发展了一种强调技术表现为特征的工业设计风格，至今谈起德国设计，人们都会用"设计严谨、功能良好、理性可靠、质量过硬"等词汇形容德国产品（图1-1-12）。

战后初期，各个国家的工业设计各有发展。通过参与恢复发展经济，工业设计在各个国家形成了新的设计活动和理论探讨，各个国家也形成了自己的设计理论和形式语言。到了20世纪五六十年代，新技术的突破速度明显加快，科技成果转化为现实生产力的时间大大缩短，世界新材料层出不穷、日新月异。以微电子技术和生物工程技术为标志、以广义信息技术为中心，当代技术领域发生了巨大变革，形成新兴技术群，在原子能、电子计算

3. Flourishing and Booming period of Industrial Design
The flourishing and booming period of industrial design was from the end of the WWII to the present.

图1-1-10 美国设计师厄尔主导了汽车年度换型计划

图1-1-11 日本索尼公司的早期随身听产品

图1-1-12 1960年德国布劳恩公司设计开发的SK2收音机

In the early period of the War, the development of the design had basically been conducted respectively in each country. By participating in economic redevelopment, each country had formed its new design activity and theoretical discussion on industrial design as well as forming its own design theory and form language.

图 1-1-13　世界上第一台电子
多用途计算机 ENIAC

As a design language，new materials and technologies have been widely spread andapplied，leading to the connection of design of all countries. Under this condition，the design has generated an international style，which is widely criticized and regarded as losing the characteristics of the design.

Since the later period of the 1960s，the concepts of design had become various；each group had different consumption demand and various kinds of consumption markets co-existed. Thus，the industrial design should adopt diversified strategies to deal with this complexion.

(1) New materials and new technologies have been applied into industrial manufacturing.
(2) The mode of joint cooperation between design teams has appeared；the staff composition of design companies is based on those with multi-professional backgrounds instead of just design staffs.
(3) The computers have widely employed in all fields，which largely changes the technological means of industrial design and procedure and method of industrial design.

机、微电子技术、航天技术、生物技术、材料技术、能源技术、能源技术和遗传工程等领域取得重大突破，标志着新的科学技术革命的到来，这次科技革命被称为第三次科技革命。它产生了一大批新型工业，第三产业迅速发展。其中最具划时代意义的是电子计算机（图 1-1-13）的迅速发展和广泛运用，开辟了信息时代，大大扩展了工业设计的深度和广度。集成电路微芯片可以使电子产品做得扁平，记忆合金、新型合成材料的使用可以改变产品的固有形态，计算机的使用可以使工业设计变得更加快捷、灵活和高科技化，快速成型技术的使用可以在产品批量生产之前验证设计的造型、功能、结构和人机关系。

作为一种设计语言，新材料和新技术的广泛传播和应用将各个国家的设计联系在一起。随着国际交往的频繁，市场的国界渐渐消失，新的材料和新的技术在各国的应用几乎同步，国际标准的出现也促使各国工业制品逐渐符合统一的商品条例和规章制度的要求。在这种背景下，设计就产生了一种国际化的风格，但这种风格却受到广泛抨击，抨击者认为它失去了设计的个性。

从 20 世纪 60 年后期开始，设计的观念变得更加多样化，不同消费群体有不同的消费诉求，多种消费市场并存，因此工业设计需要以多元化的战略来应付这种局面。新现代主义、波普风格、后现代主义、结构主义等新的设计流派和风格应运而生，功能和形式之间的关系被重新定位。设计师关注的不再是单纯的设计问题，而是设计对环境以及生态系统的影响，由此出现了"绿色设计""非物质设计"等设计概念。日本、意大利、北欧等国家和地区的设计异军突起，形成了设计的多元化局面。由于消费者个性化消费观念和自我设计观念的发展，消费者也更多地参与到设计活动中，设计成为设计师和生产者、消费者共同协作的行为，传统的职业界限和设计观念发生变化。

总之，第二次世界大战后，工业设计的变化主要体现在以下几点：

（1）新材料和新技术被广泛应用于工业制造，计算机、现代办公设备、医疗器械、通信设备、公共交通逐渐成为工业设计的主要领域。

（2）新兴学科的发展使设计项目变得更加复杂化，设计师往往不能独立完成多学科综合性的设计项目，设计团队共同协作的模式开始出现，设计公司的人员构成也不限于设计人员，而是由多个专业背景的人员构成。

（3）计算机在各个领域得到应用，极大地改变了工业设计的技术手段，改变了工业设计程序和方法，对设计思维、设计语言、设计审美、设计过程乃至设计教育体系都产生不同程度的影响。进入信息化时代，计算机辅助设计替代了传统的绘图工具，使设计图稿工作更加便捷、灵活，质量更高。

（4）世界经济进入全球化竞争和发展的时代，设计作为经济的产物和工具，必然性地参与到全球化的进程之中。工业设计全球化不仅体现在为同一个制造商跨国设计和制作，也体现在为不同国家和制造商提供设计服务。

1.1.2.2 空间维度

从空间地域来看，工业设计萌芽于英国，发轫于德国，兴盛于美国，传播至韩国和日本，最终在世界各国蓬勃发展。

英国是工业革命的发源地，19世纪中后期的英国工艺美术运动探讨了工业化时代批量生产和产品艺术品质的关系，体现了手工业设计和工业化时代交替时期的迷茫和矛盾，拉开了探索工业设计体系的序幕。作为对工艺美术运动的响应，19世纪末20世纪初，以比利时、法国为中心的新艺术运动也广泛开展起来，成为传统设计向现代主义设计过渡的重要环节。进入20世纪，以促成艺术与工业、机器与设计为目标的德国工业同盟的成立，1919年包豪斯学校成立，将德国工业设计推向了一个新的高度。但可惜的是，1933年纳粹政府关闭了包豪斯。之后，包豪斯的许多老师和学员奔赴远离战争的美国，包豪斯在德国未竟的理想在商业气息浓厚的美国发扬光大。美国是一个没有传统文化束缚的国家，对各种文化现象都可以兼收并蓄，机械化大生产方式和现代主义设计思想在美国得到接纳，工业设计在美国如鱼得水，发展迅速。在第二次世界大战后恢复发展经济时期，日本的工业设计也迅速发展起来，并在战后重建中扮演了重要角色。日本的索尼、本田、尼康、佳能等企业都聘有专业设计师。经过战后20年的发展，日本的工业设计从模仿走向创造自己的特色，日本逐步成为居于世界领先地位的设计大国之一。韩国的工业设计在20世纪60年代发展起来，三星、现代、KLA等企业都有专业设计人员，很多中小企业也雇用了设计师。到了90年代，韩国很多企业从模仿和改良国外产品转向开发原创产品，很多新兴的高科技产品的设计在国际市场上具有很高的竞争力。

1957年，国际工业设计协会联合会在英国伦敦成立，该协会通过举办设计年会、设计展览、设计大赛，出版设计刊物等活动在全球推广工业设计和设计教育，使各国设计师和设计组织加强了联系。随着人机工程学、设计心理学、市场营销学等与工业设计密切联系的学科的完善和发展，工业设计作为现代社会中的一门独立学科得到确立。

1.2 外国手工艺时期的设计

工业设计发展史研究一般侧重于工业革命之后，但工业革命前的手工艺设计时期的工业设计史也很重要，我们可以从中看出人类造物史上的一贯特征。了解手工艺时期的设计有助于理解工业革命后设计史的种种现象以及各个国家和各地区设计理念和设

（4）The globalization of industrial design lies not only in multinational design and manufacture for the same manufacturer, but also in providing design services for all countries and manufacturers.

In 1957, the International Council of Societies of Industrial Design (ICSID for short) was established in London, the UK. ICSID promotes industrial design and design education around the world through holding annual meetings, exhibitions and competitions of design as well as publishing design periodicals. Thus, the designers and design organizations have been closely connected and the subjects tied up to industrial design, such as ergonomics, design psychology and marketing, etc. have been improved and developed. Therefore, the industrial design has been established as an independent subject in modern society.

图1-2-1 埃及第一王朝的开国
国王美尼斯像

图1-2-2 埃及金字塔

A pyramid is a structure whose outer surfaces are triangular and converge to a single point at the top, making the shape roughly a pyramid in the geometric sense. The square pyramid, with square base and four triangular outer surfaces, is a common version.

图1-2-3 卢克索神庙

From the perspective of design layout, the layout of hieron buildings mainly shrank gradually from outside to inside along a longitudinal axis, whose inside layout ended with a small - scale closed adytum. The inner space of hieron was used for worshipping Lord God.

计样式的演变。

现代工业设计起源于西方各国，它从西方传统工艺设计演变发展而来，与西方各国的古代设计文明有紧密的承接关系。

1.2.1 古埃及设计文明

埃及是世界上步入阶级社会最早的国家之一，是世界四大文明古国之一。尼罗河纵贯埃及境内，孕育了古埃及光辉灿烂的文明。从开创法老时代的埃及第一王朝法老美尼斯（图1-2-1）到公元前332年亚历山大大帝统治埃及，经历了8个时期31个王朝的统治。古埃及人的生产和生活与尼罗河定期涨落有密切关系，河水泛滥季节从尼罗河上游带来富含营养的泥沙，退水后人们开始播种，旱季河水退去人们开始收获。但古埃及人不能解释尼罗河规则性的泛滥，也不能解释日升日落、冬去春来等自然现象，他们相信一切事物和现象背后都有神灵的存在，神灵主宰人类命运、控制人类的生老病死、提供人类生存的基础条件。

1.2.1.1 古埃及建筑设计

古埃及实行法老高度集权的专制制度，艺术创作主要为法老和少数贵族服务，带有深刻的宗教意味和王权意识，古埃及的建筑便充分体现了这一点。古埃及建筑最典型的代表是金字塔和神庙。

金字塔（图1-2-2）是古埃及法老和王后的陵墓。古埃及人崇拜太阳神，相信灵魂不灭，相信人的死亡像日出日落一样：人只是暂时离开躯体，当人返回躯体时就可以进入不朽的未来世界得到永生。这种灵魂不灭的观念是建造金字塔和制作木乃伊的目的和动力所在。金字塔外表面呈三角形，顶部汇聚于一点，通常表现为方形底座、有4个三角形外表面的方锥体。金字塔中最宏大、最具代表性的是祖孙三代金字塔——胡夫金字塔、哈夫拉金字塔和孟卡乌拉金字塔。其中以胡夫金字塔最为有名，它高约146米（相当于40层的摩天大厦），底边长230米，形体呈正方锥形，四面正向方位。如此庞大的建筑，施工却极为精确，塔身各块巨石堆砌处的缝隙连一张明信片都插不进去，令人惊叹。埃及金字塔是古埃及文明最具有影响力和持久力的象征。

除金字塔外，代表古埃及建筑艺术辉煌成就的就是神庙了。神庙建筑是古埃及文明的重要载体，蕴含了古埃及人的宗教信仰、民族审美、文化象征等多重内涵。其中具有代表性的是尼罗河东岸的卡纳克神庙和卢克索神庙（图1-2-3），以及位于埃及南方城市阿斯旺的阿布辛贝勒大神庙。

在设计布局上，神庙建筑往往是沿着一条纵轴线由外向内渐次收缩，内部以小型的封闭密室结束。神庙内部主要用来供奉主神。神庙的周围多并列或环绕多个建筑，用来供奉次要的神以及国王的雕像。神庙建筑的用材主要是石料，外部形式和柱式样式主要取自自然物，如纸莎草、莲花、棕榈叶等。纸莎草是尼罗河的一种水生植物，常被古埃及人拿来作为制作纸张的材料。古埃及人认为纸莎草象征着旺盛的生命力和支撑力，因此也常把纸莎草捆绑在一起作为房屋的梁和柱。这种捆绑起来的纸莎草的形态也被古埃及人用作神庙柱式部件的装饰。列柱是古埃及建筑的重要组成部分，不仅承担着建筑的重量，而且是建筑的装饰中心。晚期的神庙建筑中，圆柱柱头常以棕榈、莲花、纸莎草等自然植物的形态加以装饰。

方尖碑（图1-2-4）也是神庙建筑中不可缺少的组成部分，它的外形呈尖顶方柱状，有四个平面的独立石柱，由下而上逐渐缩小，顶端形似金字塔尖，塔尖常以金、铜或金银合金包裹。当旭日东升照到碑尖时，它像耀眼的太阳一样闪闪发光。这些方尖碑的各面刻有象形文字，记录着命令修建方尖碑的国王的名字以及所要纪念的事件。

古埃及的建筑艺术还体现在建筑上的壁画、浮雕以及供奉于建筑中的雕像。古埃及建筑壁画和浮雕的题材非常丰富，描述了会议、狩猎、加工、激战、胜利归来等日常生活场景。在构图上，国王的形象往往占据主要位置。画中人物符合"正面律"特征，即人物头部为正侧面，眼为正面，肩为正面，腰部以下为正侧面（图1-2-5）。

古埃及社会的基本特征是与普遍存在的宗教信仰分不开的，灵魂不朽、死而复生的宗教信念，与金字塔结构的法老专制政治形态结合在一起，几乎构成了古埃及人从物质到精神生活的全部。

1.2.1.2　古埃及家具设计

古埃及家具是世界家具史上的典范，为其他地区家具的发展奠定了基础。古埃及的浮雕壁画除了描述帝王征战、宫廷生活等场景，也有关于社会生产的劳动场景，例如在手工工场内人们分工明确、秩序井然地制作家具。用于家具框架制作的木材有本土的刺槐、无花果树等，也有来自海外的杉木和黑檀木等，坐面多用皮革和亚麻绳等材料。古埃及的工匠已经使用拉锯、凿子、斧、刀、木槌、磨石等工具，采用榫卯、搭接以及木钉加金属件的结构方式。另外，还有油漆类的涂料出现，除了装饰家具表面外，还用来在家具上描绘各类生活和生产场景以及太阳神、鹰神等形象。

埃及家具的种类很多，有床、凳、柜、椅、桌等，在结构设计上有很多是折叠或可拆卸的，使家具的搬运和摆放十分灵活。凳子、椅子、床等家具多用兽型腿，且前后腿方向一致。

最古老的埃及家具当属出土于古王国第四王朝赫特菲尔斯王后陵墓的黄金扶手椅和床（图1-2-6），距今有4000多年的历史。扶手椅的木头材质全部贴上金箔，显得贵气逼人。床的头部有类似枕头的头托，床体以铜质零件连接，可以拆卸。从这些具有代表性的家具上，可以看到家具带有兽形的腿，而且前后腿的方向一致——这是埃及家具的一个特色。

图1-2-4　埃及方尖碑

图1-2-5　古埃及壁画

The construction of figures in the murals were in line with the feature of "Law of Frontality", namely, the heads and the parts below the waist of the figures were shown from the front side, while their eyes and shoulders were shown from the front side.

The furniture of Ancient Egypt represented the paragon of the furniture history around the world, laying the foundation for the later development of the furniture in other regions.

图1-2-6　赫特菲尔斯王后陵墓出土的黄金扶手椅和床

The furniture design of Ancient E-gypt was of diversified processing and abundant materials，with stately and dignified modeling and mainly characterized by vertical elements. Through the style structure and sur-face decoration, the furniture was the symbol of the social order, reli-gious etiquette as well as social sta-tus.

古埃及家具设计工艺多样，材料丰富，造型威严端庄，多以直线条为主，家具样式结构和表面装饰代表了社会秩序、宗教礼仪和等级地位（图1-2-7）。

1.2.1.3　古埃及其他手工艺设计

古埃及的石头极为丰富，石工艺也很发达。埃及人很早就学会了切割、打磨、雕刻的工艺。石制品除了燧石刀、石纺轮、石镞、石瓮等工具和容器之外，更多地体现在石像雕刻上。石像大多作为墓葬和建筑的附属物，风格从古朴、浑厚到细工、华美，体现了古埃及手工艺的高超。

古埃及是玻璃的最早发源地。古埃及人用砂子、石灰以及纯碱的混合物加热制成玻璃，并且上色装饰。玻璃的成型工艺主要采用"砂芯法"，即通过金属管将融化的玻璃液包在金属管另一端的有型砂芯上，玻璃液冷却后，把砂芯去掉，形成玻璃制品造型。在古王国中期就已经出现了玻璃容器（图1-2-8），到了新王国时期，各种造型的玻璃制品（如酒杯、花瓶等）开始普及。

图1-2-7　埃及法老图
坦卡蒙王座

图1-2-8　古埃及鱼形
玻璃容器

图1-2-9　埃及法老图
坦卡蒙王冠

金属工艺在古埃及也很发达（图1-2-9）。从埃及早期的拜达里文化开始，人们就开始使用金属制作工具。随着冶炼技术的提高，古埃及人开始使用铜来制造武器和工具，并掌握了金银的加工技术。到了中王国时期，埃及人已经掌握了熔铸、锻打、雕刻、着色、镶嵌、拼接等工艺，金属工艺品已经极为普遍，黄金饰品贵重、华美，最受埃及人青睐，各种黄金装饰在家具、雕像中被应用广泛。

1.2.2　古希腊和古罗马的设计

从时间上看，古希腊文明先于古罗马文明出现，但在历史上，两者有并存的时期，在古希腊的鼎盛时期，古罗马进入了较为落后的实行军事民主制的王政时期。一般认为古罗马文明的兴起依赖于古希腊文明，而古希腊是西方文明的源头。西方学术界将古希腊和古罗马文化界定为古典文化。

Generally speaking, we think that the rising of ancient Roman culture lied in ancient Greek civilization, while the ancient Greece was the ori-gin of the Western civilization. Therefore, the Western academic circles regarded the ancient Greek culture and ancient Roman culture as classical cultures.

1.2.2.1　古希腊设计

古希腊文化在历史上指的是一个地域文化，包括现在巴尔干半岛南部、小亚细亚半岛西岸和爱琴海中的许多小岛。古希腊地区有100多个大大小小的城邦国家，雅典便是其中之一。古希腊在文学、科学方面有很深的造诣，在设计审美上对后世也有很深的影响。

古希腊追求自然、和谐、心灵美和体格健美，图案、建筑等视觉形式偏向愉悦、自由、唯美等风格。德国艺术学家约翰·约阿希姆·温克尔曼（Johann Joachim Winckelmann，1717—1768）曾对古希腊古典艺术美作出"高贵的单纯，静穆的伟大"的评价，这些特点在希腊的建筑、雕塑、家具等多种工艺中都有所体现。

在建筑设计上，古希腊以神庙建筑和圆形露天剧场为典型代表。柱式样是古希腊建筑的基本构件，由下而上分为柱基、柱身、柱头三部分，柱子样式由于各部分尺寸、比例、形状的不同以及柱身处理和装饰花纹的不同，形成了不同的柱式。古希腊建筑以三种柱式结构最为典型，分别是多立克式、爱奥尼亚柱式、科林斯柱式（图1-2-10）。多立克柱式造型粗壮挺拔，没有柱础，柱头是一个倒圆锥台。圆柱直接置于阶座上，表面从上到下都刻有连续的沟槽，线条造型锋利。因其造型和比例，多立克柱又被称为男性柱，代表建筑为帕提农神庙。爱奥尼亚柱式在公元前5世纪传入希腊大陆，造型上明显的特征是双涡卷的柱头，柱身有24条凹槽，形体纤细秀美，优雅高贵，富有韵律感，体现了均衡而和谐的古典美，因此又被称为女性柱，代表建筑为雅典卫城的胜利女神神庙和伊瑞克提翁神庙。科林斯柱式是三种柱式中最复杂的，柱头以茛苕的植物纹样与一些小涡卷的结合，它的比例比爱奥尼柱更为纤细，更富有装饰性。代表建筑为宙斯神庙。除了这三种典型的柱式之外还有人像柱，如伊瑞克提翁神庙的南端用6根大理石雕刻而成的少女像柱代替石柱顶起石顶（图1-2-11）。

古希腊雕塑在整个西方艺术史中占有重要地位，它受到古埃及雕塑的影响，但又抛却了那种刻板的程式，形成了新颖活泼的"真实的美"。古希腊悠久的神话传说是古希腊雕塑艺术的源泉，也是古希腊雕塑的题材，在审美上，古希腊追求心灵美与体格健美的统一，他们相信神与人具有同样的形体与性格，因此，古希腊雕塑参照人的形象来塑造神的形象，并赋予其更为理想更为完美的艺术形式。代表作品有《掷铁饼者》《断臂的维纳斯》《拉奥孔》（图1-2-12）等。

古希腊的陶器生产也十分兴盛，除了满足自己日常的使用，大量的陶器还用于商品出口。古希腊各大城市都设有生产陶器的作坊，生产过程具备了一定的标准化。到公元前6世纪，希腊陶工艺进入到繁盛期，陶器生产制作分工进一步加强，产品制作效率得以提高。陶器的造型和制作工艺都极为精美，以红、黑两色陶瓶最为典型。陶瓶上的图案大多以人物的日常生活或征战场景为主，也有模仿东方国家织物和动植物的纹样的"东方纹样式"陶器。

The ancient Greece pursued nature, harmony, spiritual beautifulness and physical beautifulness; thus, its visual forms, such as patterns and buildings, were apt to joviality, freedom and aestheticism, etc. Johann Joachim Winkelmann, a Germany art historian, once made an evaluation on the classical art beautifulness of the ancient Greece as "elegant purity and solemn greatness", which was expressed in a variety of ancient Greek buildings, sculptures and furniture, and so on.

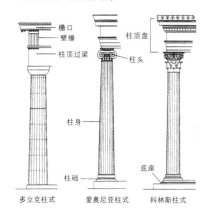

图1-2-10　古希腊柱式示意图

图1-2-11　伊瑞克提翁
神庙少女像柱

图1-2-12　希腊化时期的
雕塑名作《拉奥孔》

图1-2-13　克里斯姆斯靠椅

图1-2-14　古罗马竞技场

图1-2-15　古罗马三脚桌

The Christms chair was a specifically Greek invention, without detectable earlier inspiration. The furniture designers in Renaissance Period looked upon the ancient Greek furniture as the paragon.

The design of ancient Greek handicrafts inherited the cultural tradition of pursuing freedom and praising humanistic spirit of ancient Greeks. The design paid more attention to the expression of sociality and generality interests and developed unique design art style reflecting human beings' ideology, which had a profound influence on the design civilization of the later ages.

Unlike the design idea of ancient Greece to serve people's ambitions, the design art of ancient Rome was more characterized by publicity and serving so as to serve the real life.

The rollover technology ensured the same external physical characteristics of pottery products, with the separation between product design and manufacture, which reduced the subject thoughts of the craftsmen during the manufacturing process. That some people were specialized in style design had promoted the development of the design, indicating certain advancement at that time.

家具设计方面，古希腊人摒弃了古埃及家具刻板和亚述、波斯家具的烦琐，造型设计轻盈而简洁。虽然也采用兽型腿设计，但古希腊人将古埃及人的同方向布局改为更为均衡美观的对称形式，即四足均向外或均向内。克里斯姆斯靠椅（图1-2-13）是古希腊家具的典型代表。这把椅子曲直结合，线条优美，曲线外翻状椅腿以榫卯形式与座面连接，网状交织的皮条构成坐垫。文艺复兴时期的家具设计师们将古希腊家具奉为典范。

古希腊手工艺设计秉承了古希腊人民追求自由、颂扬人文精神的文化传统，设计注重社会性和共性利益的表达，发展了独特的、反映人们思想意识的设计艺术风格，对后世设计文明影响深远。

1.2.2.2　古罗马设计

古罗马的设计深受古希腊的影响，在帝国初期，古罗马的设计风格大多保持了希腊化的原状。与古希腊宣扬为理想服务的设计思想不同，古罗马的设计艺术更带有宣传性质，为现实生活服务。在设计过程中，古罗马人丰富了设计的样式和工艺种类，工艺技术和新材料也得以发展。这一点在建筑设计中尤为突出。

罗马竞技场位于今天的意大利罗马市中心，是古罗马时期最大的圆形角斗场（图1-2-14）。建筑围墙共分四层，从柱式建筑部件上看，由地面开始，底层为多立克柱式、第二层为爱奥尼亚柱式、第三层为科林斯柱式。罗马人还运用了拱券形式，即每层80个拱，形成3圈不同高度的环形券廊，供人行走。拱券结构是古罗马建筑的最大特点。古罗马建筑追求华丽、宏大，万神庙是典型范例。它的整体结构以混凝土浇筑，有一个直径为43.2米的穹顶，高度达到43.3米，内壁的装饰处理手法多样，极为壮美。

古罗马家具设计由古希腊发展而来，但古罗马家具的制作则与金属铸造业结合，从而创造了独具特色的青铜家具（图1-2-15）。青铜家具既借鉴了古希腊家具的结构和形式，同时又创新性地运用了青铜铸造工艺。在设计上，古罗马家具利用了空心曲面以减轻重量，同时也保证部件的强度。古罗马家具的装饰多为兽首、人像和叶型纹样雕饰，具有古朴凝重的特征。

青铜翻模技术的成熟也带动了罗马陶器制造业的发展。翻模技术保证了陶器产品具备相同的外形特征，产品设计与制作分离，减少了工匠制作时的主观意念。由于有人专门从事样式设计，推动了设计的发展，这在当时具有一定的先进性。

公元 4—5 世纪，罗马帝国经济出现危机，人口减少，田地荒芜，统治力削弱，哥特人、匈奴人、汪达尔人不断入侵，使古罗马帝国的文化遭到空前浩劫。476 年，西罗马最后一位君主被废黜，欧洲历史开始进入一个漫长而黑暗的封建时代。

1.2.3　欧洲中世纪的设计

从 476 年西罗马帝国灭亡一直到 14 世纪的文艺复兴时期，这段时期被称为中世纪。这段近 1000 年的历史时期，宗教占据了绝对的统治地位，它宣扬世俗生活的罪恶，宣称人欲是万恶之源，并有意识地诋毁含有现实主义和科学理性的古典文化，严格控制科学思想的传播，哥白尼、布鲁诺等很多科学家遭受迫害。艺术、文学、哲学和科学都从属于神学，造成科技和生产力发展停滞。教会不仅统治了人们的精神生活，而且控制了人们生活的方方面面，因此中世纪也被欧美普遍称为"黑暗时代"。

由于连年战火，古罗马遗留下的手工艺产品所剩无几，中世纪早期的设计更多地带有北方蛮族的野蛮文化特点。另外，由于教会统治严厉，教士不能结婚，主张禁欲，鼓吹清教徒的生活方式，反映在各种日用品的设计上也极为朴素甚至简陋（图 1-2-16）。在家具产品设计上，装饰被弱化，结构逻辑性、经济性和创造性得到加强，很多设计透出了现代设计的影子，这也正是包豪斯的设计师们所追求的设计风格。

随着城市的兴起和手工业生产的繁荣，为了保护同行利益，阻止外来手工业者的竞争和限制内部手工业者之间的竞争，城市手工业者建立起一种名为"行会"的组织。行会内部制订了设计标准，许多英制度量单位在这个时期被固定下来并沿用至今，许多日用品的造型和尺寸都被标准化，这对后世设计的发展影响很大。但到了后期行会的种种规定不仅限制了自由竞争，也限制了新生产工具的应用，行会已经成为生产力发展的障碍。

中世纪基督教建筑的艺术形式与以往的建筑有所不同，为了让建筑屋顶对不同的建筑构架和平面布局更具适用性，尖拱结构开始得到广泛应用。相对于罗马时期的圆拱，尖拱能够有效地减少拱顶的侧推力，利于建造相对轻薄的建筑，凸显建筑的高度。这种以垂直向上的动势为特点的建筑被称为哥特式建筑。"哥特"原意为野蛮，是一个贬义词，欧洲人尊崇罗马式为正统艺术，而这种新兴的建筑形式则被贬低为"哥特式"了。哥特式建筑受宗教影响，高耸的尖塔将人们的目光引入虚无的天空，让人忘却现在，幻想来世。建筑内部的窗户上也绘有彩色的宗教画，广泛使用簇柱、浮雕等层次丰富的装饰，具有浓厚的宗教氛围。著名的哥特式建筑有巴黎圣母院大教堂、意大利米兰大教堂、德国科隆大教堂（图 1-2-17）等。哥特式的建筑特点还影响到了家具设计，这种哥特式家具设计的风格同样是以高直纵向为主，结构与装饰相结合，饰以尖拱或高尖塔，显得庄严稳重而又轻盈（图 1-2-18）。

图 1-2-16　中世纪坐具

In terms of the design of furniture products，the decoration was weakened while the logicality，economic efficiency as well as the creativity of the structure was strengthened. Various designs had reflected modern design，which was exactly the design style pursued by designers in Bauhaus.

图 1-2-17　德国科隆大教堂

The gothic architectural characteristics also affected the design of furniture. Such kind of gothic furniture design was mainly of longitudinal height and straightness，combining structure with decoration，polished with pointed arches or high spires，indicating steady solemnity and lightness.

图 1-2-18　哥特式家具
代表——马丁王银座

With the seeds of capitalism in the early period, the social commercial trend became obvious gradually. Based on this, people's requirements for the art quality of the products remained higher and higher and the separation between the design and production further accelerated, which were the outstanding features of industrial design.

The core of the Renaissance lied in "humanistic spirit", namely, human-centered instead of God-centered, affirming human's value and dignity, and advocating that the literature and art shall express human's thoughts and emotions, and the purpose of life aimed to pursue the happiness in the real life, initiating freedom of personality while opposing ignorant and superstitious religious theological thoughts.

图 1-2-19　达·芬奇自画像

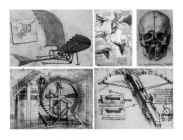

图 1-2-20　达·芬奇设计手稿

图 1-2-21　拉梅利设计的汲水装置

进入 14 世纪，教会逐渐分裂，封建社会开始出现危机。在欧洲的发达国家，如威尼斯、佛罗伦萨等地，大型的工场发展起来，早期资本主义萌芽出现，社会商业化的趋势日益明显，人们对于产品艺术品质的要求越来越高，设计与生产的分离进一步加剧，这是工业设计的显著特点。

1.2.4　文艺复兴时期的设计

由于奥斯曼对东罗马帝国的不断侵略，大量的古希腊、古罗马文化典籍和艺术珍品被逃难的东罗马人带到了意大利商业发达的城市。新兴的资产阶级开始登上历史舞台，先进知识分子借助研究古希腊、古罗马的艺术文化，要求新文化和新学术，通过文艺创作来宣传人文精神，反抗教会精神统治，形成了以意大利为中心的反对神权、反对封建的"文艺复兴运动"。文艺复兴的核心是"人文主义精神"，即以人为中心而不是以神为中心，肯定人的价值与尊严，主张文学艺术表现人的思想和情感，人生的目的是追求现实生活中的幸福，倡导个性自由，反对愚昧迷信的宗教神学思想。文艺复兴不仅是对古希腊和古罗马文化的继承和模仿，更是挖掘了和融合了现实世界的价值观和自然美，是一种更高层面的回归。文艺复兴促进了文化艺术氛围的高涨，设计也进入一个崭新的历史阶段。

人们的聪明才智好像被压抑太久，优秀的设计一下子都迸发了出来，出现了一大批军用机械、水利工具、交通工具等设计作品。中世纪的技术人员大多没有受到正规的教育，却在机械制造方面具备很多实际的技能。莱昂纳多·达·芬奇（Leonardo da Vinci，1452—1519）（图 1-2-19）是文艺复兴时期重要的画家，与米开朗琪罗、拉塞尔并称"文艺复兴后三杰"，而达·芬奇不仅是一位画家，而且是一位科学家、发明家，他研究了人体特征、透视法、机械制造、建筑构造等，并绘制了图本，里面包含了机关枪、弩车、火炮、直升机、子母弹、军用降落伞、自动变速箱等设计方案图，很多现代产品设计都是从达·芬奇的绘本中汲取灵感和经验完成的（图 1-2-20）。建筑师安东尼奥·达·桑加罗（Antonio da Sangallo，1453—1534）善于防御工事，参与设计和建造了多部建筑作品。除此之外，在他的笔记里还记载了多种起重机械的设计草图，里面包括了复杂的齿轮、丝杠等部件。科技的发展促进了新发明的产生和新方法的使用，同时也促进了设计理论和设计案例的研究和整理工作。1588 年，意大利工程师阿戈斯蒂诺·拉梅利（Agostino Ramelli，1531—1610）出版了《各种巧妙机械》，里面列举了 195 种机械装置设计，其中 100 种是汲水类装置（图 1-2-21）。商业和贸易的发展带来了市场竞争的压力，制造商们为了使自己的产品更具特色而吸引客户，更加注重设计。新

兴的设计师通过出版图集来满足这种需求，图集中包括了设计
新颖的图案、纹样以及装饰方法，可以在不同行业中应用。活
字印刷术的出现和应用，使书籍的生产由手抄阶段进入批量复
制阶段，进一步加速了技术知识和图集的传播，促进了技艺的
更新。在文艺复兴后期，艺术与技术开始分离，设计作为一种
独立行为凸显出来。

在家具设计领域，中世纪刻板、严谨的造型被富有人情
味的曲线和优美的层次感所取代，给人一种更加亲近的感觉。
14—17世纪，平民阶级和新兴资产阶级的崛起为工艺的发展
提供了广阔的市场空间，也使设计有了长足的进步，陶器、
木器、玉器、石器、玻璃等制品工艺新颖，形成了不同特色。
文艺复兴时期的设计在继承和发扬了中世纪的优良技艺的基
础上，体现了工艺种类的多样性，重塑了古希腊和古罗马的
艺术辉煌，也催生了新的艺术风格和装饰方式，焕发生机与
活力。

On the basis of inheriting and carrying forward the excellent skills in the Middle Ages, the design in the Renaissance Period embodied the variety of processing kind and re‐shaped the resplendence of ancient Greek art and ancient Roman art, and generated new artistic styles and decoration forms. The design in this period was characterized by vitality and energy.

1.2.5　浪漫时期的唯美装饰设计

17世纪，欧洲文艺复兴逐渐衰落，欧洲历史进入一个复
杂多变的时代，资产阶级革命和民族解放运动高涨，艺术成
为各国王室和贵族炫耀的资本。此时的艺术与古典主义相对
立，并代表着时尚潮流的方向。社会进入一个新的历史阶
段——浪漫主义时期，这一时期混乱、变化、统一、繁荣，
是连接古代和现代的重要过渡阶段，主要的风格是巴洛克风
格和洛可可风格。

The society of human beings approached into a new historical stage - the Romantic Period, which was characterized by chaos, changes, unification and prosperity. It was a significant transitory stage connecting the ancient times and modern times, whose main style lied in baroque style and rococo style.

1.2.5.1　巴洛克风格

"巴洛克"源于葡萄牙语"barroco"或西班牙语"barorue-
co"，意思是不规则、畸形的珍珠，引申为"不合常规"。该词
是在18世纪末由新古典主义理论家提出的，用以贬低17世纪
盛行的缺乏古典主义均衡特征的艺术风格。现在，"巴洛克"
一词特指文艺复兴之后活跃于17世纪的艺术与设计风格。

巴洛克设计风格往往采用非理性的、突破常规的古典艺术的
组合手法，注重外在形式的表现而非内容的深入刻画，常常打破
理性的宁静和谐，追求作品的动感、空间感、奢华感，达到反常
出奇、标新立异的效果，具有浓郁的浪漫主义色彩。巴洛克设计
风格在建筑、家具、织物等多个领域均有所体现。

巴洛克设计常使用规则的波浪状曲线和反曲线形态赋予建筑
以动感。在建筑设计中，多将柱式部件与墙面结合，常以双柱或
三根柱子为一组突显于墙面，并在墙面上创造出有节奏的韵律效
果。墙面和内部空间多饰以壁画和雕刻，显得富丽堂皇。公认的
第一座巴洛克风格的建筑是罗马耶稣会教堂（Church of the
Gesu），由意大利文艺复兴晚期著名建筑师和建筑理论家贾科
莫·巴罗兹·达·维尼奥拉（Giacomo Barozzi da Vignola,

The baroque design style mainly employed a combination method of classical art with non‐rationality and breakthrough in convention; it focused on the expression of external forms instead of thorough depicting of contents. It broke through rational tranquility and harmony while pursues the innervation, sense of space and luxury of the works, so as to reach an effect of unusual abnormality and unconvention, with full‐bodied romantic color.

1507—1573）设计。这座教堂大门两侧采用了倚柱和扁壁柱（图1-2-22），上面分层檐部和山花做成重叠的弧形和三角形，立面上部两侧做了两对大涡卷，内部突出了主厅和中央穹隆顶，拱顶满布雕像和装饰，富丽堂皇。意大利雕刻家、建筑师乔凡尼·洛伦佐·贝尼尼（Giovanni Lorenzo Bernini，1598—1680）是公认的"巴洛克之父"，他曾负责圣彼得教堂的内部装修。贝尼尼设计的青铜华盖（教皇宝座上方的天篷）以四根螺旋形雕花大柱支撑盖顶，雄伟而华丽（图1-2-23）。教堂内光芒四射的镀金圣彼得宝座也是贝尼尼的代表作之一。

图1-2-22　罗马耶稣会教堂

　　家具设计上的最重要特征是腿部的扭曲与螺旋（图1-2-24），使人感到家具处于运动之中，此外透雕细工、贴金装饰和垂花雕刻也是常用手法，家具上的雕刻不仅有卷草花纹、涡卷纹样，也有复杂的人物或猛兽雕像等，所有纹样和雕像均具动势，极为浮华。壁毯是欧洲宫廷内的重要装饰物，壁毯的图案设计往往由优秀的画家和织物设计师共同完成，图案内容包括希腊神话、宗教故事、历史掌故等，色彩艳丽、明暗交错，富有立体感和层次感。

　　整个17世纪，巴洛克风格影响深远，不仅在建筑、家具等设计领域，而且深入到音乐、文学、服装、绘画等艺术形式中，它的形成是与社会背景相联系的，虽然后人对巴洛克的奢华与浮夸颇有微词，但它给人们带来了一场宏伟壮观的艺术盛宴，那种充满自信的动感设计给后现代主义设计以有益启发。

图1-2-23　贝尼尼设计的青铜华盖

1.2.5.2　洛可可风格

　　法国路易十四时期，法兰西帝国确立了在欧洲的霸主地位，欧洲贸易中心从地中海沿岸的意大利转移到大西洋沿岸的法国等地，法国的经济、文化和军事实力都达到高峰，为了表现绝对君权统治，以古罗马为范本的古典主义风格形成。古典主义建筑造型严谨，普遍应用古典柱式，强调中轴对称，代表作是规模巨大、造型雄伟的宫廷建筑和纪念性的广场建筑群，如凡尔赛宫。到了路易十五时期，宫廷生活奢靡、躁动喧嚣，王公贵族的灯红酒绿也影响了整个社会风气，继而影响了艺术与设计活动。洛可可风格就是在这种氛围下产生的。

　　"洛可可"一词来源于法语"Rocaille"，原意指卵石和贝壳，后世的艺术家用这个词来形容18世纪流行于欧洲各国的装饰样式。洛可可风格的影响范围包括绘画、雕塑、建筑、室内设计、装饰、文学、音乐和戏剧等。路易十五的情妇蓬帕杜夫人主导了洛可可风格的形成与发展。她不仅参与军政与外交，还以自己独特的眼光成为当时时尚的引领者。她对凡尔赛宫进行了洛可可式的装饰，参与设计了巴黎协和广场，并将这一柔美而又雅致、诙谐而又浪漫的艺术风格和生活方式推向整个欧洲。在她的带动下，洛可可风格也日趋女性化、精致化，设计更多地强调艺术性而非实用性。

图1-2-24　巴洛克风格家具

在造型设计上，洛可可风格多体现纤细、轻巧的女性体态特征，并加以华丽而精致的装饰，构图上常采用不对称的结构，营造轻微的运动紧张感（图 1-2-25）。与其名称一样，洛可可的装饰题材多采用自然界元素，比如蔓藤、棕榈、水草、蚌壳、蔷薇、花草、泉水、岩石等，在室内的装饰设计中，洛可可通过布置高雅而华丽的家具、小雕塑、装饰镜、壁毯，与室内建筑、浮雕和壁画相得益彰，共同构成了一个完整的艺术作品。在色彩的运用上，一些娇嫩的颜色经常被使用，如嫩绿、粉红、淡黄、猩红、金色等，尽量避免强烈的对比。装饰材料也极尽奢华，大理石、紫檀木、丝绸等材料被大量使用，一些瓷器和玻璃器皿上也常镶以金银材料（图 1-2-26）。

In terms of modeling design, rococo style mainly expressed slender and deft female posture features with extra gorgeous and delicate decorations, whose compositions of pictures applied asymmetric structure for the purpose of building slight sports felling of tension.

The interior decoration of Rococo rooms was designed as a total work of art with elegant and ornate furniture, small sculptures, ornamental mirrors, and tapestry complementing architecture, reliefs, and wall paintings.

图 1-2-25　洛可可式家具　　　图 1-2-26　洛可可风格的镶金瓷器

洛可可风格过分精致的手工导致了营饰的泛滥，人们使用的产品更像是一件奢华的艺术品，装饰烦琐到无以复加的地步，设计已脱离了实用的轨道。洛可可的出现和没落都是历史发展的必然，18—19 世纪，随着社会的进步和科技的发展，更加理性和实用的设计思想正在萌芽。

The excessively delicate handwork of rococo style led to inundation of decoration. The products used by people were more like luxurious works of art with their decoration being extremely tedious; the design had been divorced from practicality. The emergence of declining of the rococo style was a must of historic development. In the 18th to the 19th century, with the social advancement and development of science and technology, the design idea with more rationality and practicality was sprouting gradually.

1.3　中国手工艺时期的设计

中国手工艺设计源远流长，它始于旧石器时代，千百年来，勤劳智慧的劳动人民创造了光彩夺目的传统手工艺品。作为中华艺术重要组成部分的传统手工艺，是农耕时代自给自足的自然经济产物，充分展现了中华文化的个性及中国人的创造力，体现了不同时期不同社会背景下人们的生活方式和审美意识的改变，在人类设计史的发展上占据重要地位。

1.3.1　陶器

陶器是人类最古老的发明，源于新石器时代早期。它伴随着火的应用和定居生活方式而出现，揭开了人类利用自然、改造自然的新篇章。陶器的发明丰富了生活用具的种类，满足了先民们储存食物和汲水的需求，促进了农业的发展和定居生活的稳定性。

Pottery is one of the oldest human inventions, originating before the Neolithic period.

Early Neolithic pottery had been found in places such as Jomon Japan, the Russian Far East, Sub - Saharan Africa and South America.

图 1-3-1　《下维斯特尼采的维纳斯》

The Yangshao culture was a Neolithic culture that existed extensively along the Yellow River in China. It is dated from around 5000 BC to 3000 BC. The culture is named after Yangshao, the first excavated representative village of this culture, which was discovered in 1921 in Henan Province by the Swedish geologist Johan Gunnar Andersson.

图 1-3-2　陕西半坡遗址中出土的人面鱼纹盆

图 1-3-3　小口尖底瓶

新石器时代早期的陶器在世界很多地方被发现，如绳文时代的日本、俄罗斯远东地区、撒哈拉以南的非洲、南美洲等地。世界上已知的最早的陶器是在今捷克境内发现的《下维斯特尼采的维纳斯》（图 1-3-1），烧制于公元前 2.9 万年至前 2.5 万年，是一尊裸露女性形态的雕像。在中国，目前已知最早的陶器发现于江西省万年县的仙人洞，距今约 2 万～1.9 万年。

制陶是一种专门的技术，其泥料一般选择细腻的黄土，淘去杂质，其成型最早是用手捏制，对于较大的器物，则用泥条盘筑法，后来逐渐发展成转轮成型，这是制陶技术的革命性进步。由于烧制工艺的不断发展，除了红陶之外，逐渐出现了彩陶、黑陶、印文陶等不同品种。

彩陶是新石器时代中晚期母系氏族公社繁荣时期的一种绘有黑色、红色或红黑二色的陶器，因含有铁元素，烧成后呈红、褐或橙黄色。彩陶手工成型，打磨绘色，再入窑烧制。彩陶造型优美，装饰精巧，其器型多以日常生活用品为主，如盆、瓶、罐、瓮、釜等。彩陶以黄河中上游的仰韶文化和马家窑文化最为典型。

仰韶文化是广泛存在于黄河流域的新石器时期彩陶文化，其持续时间大约在公元前 5000—前 3000 年，因 1921 年首次在河南省仰韶村由瑞典地质学家安特生（Jahan Gunnar Andersson，1874—1960）发现，因此按照考古惯例，将此文化称之为仰韶文化。仰韶文化时期的陶器代表了当时的手工艺水平，其造型多样、种类丰富。装饰图案有写实与抽象两种，写实纹样在彩陶器皿中使用较多，主要有人面纹样、鱼纹、鹿纹、蛙纹、鸟纹等，还有少量的植物纹样。如陕西半坡遗址中出土的人面鱼纹盆（图 1-3-2），其造型简洁优美，敞口卷唇，方便使用。盆的内壁用抽象的线描以黑彩绘出两组对称的人面鱼形花纹，它形象地揭示了人与鱼的关系，传达了在新石器时代后期的母系氏族社会居住在黄河岸边的先民们已经能够依靠渔猎生存。

抽象纹样在仰韶文化彩陶中应用也不少，如水纹、涡旋纹、云纹、雷纹、绳纹、几何纹等，其线条运用令人叹绝，其中有些作品的装饰纹样与器身造型巧妙地结合在一起。如用于汲水和存水的小口尖底瓶，根据功能的需求，形成底尖、腹长、口小的形态特征（图 1-3-3），瓶的两耳及口部用以穿绳，以利于提起时掌握平衡。这种造型的创造较好地处理了人和器皿的关系，已经具有现代人机工程学的雏形。由此可见，原始陶器的造型为我国古代传统产品的造型设计奠定了坚实的基础。

仰韶文化时期的制陶工艺已经相当成熟，从各种器型端庄、匀称、规整和有轮纹的风格可以推断，仰韶文化时期已经开始使用陶轮成型技术。陶轮延续应用、推广，后来演变成轮车（辘轳），这也是我国古代制陶技术史上的一个重要创造。

除了仰韶文化彩陶之外，马家窑文化时期的彩陶也被认为是陶器制作的又一高峰。马家窑文化是黄河上游新石器时代晚期文化，可分为马家窑、半山、马厂三个类型。马家窑类型彩陶多为细泥橙黄色陶器，其造型较为丰富、制作精细、器面打磨光滑，仍以黑彩描绘条带纹、圆点纹、漩涡纹、方格纹、平行纹、人面纹、蛙纹、舞蹈纹等装饰，图案设计采用点定位的方法，构图严谨，笔法娴熟，其装饰纹样在曲线简单运用的基础上使线条更加生动并富有韵律，最有代表性的是旋纹。如彩陶旋涡纹双耳罐就是利用弧线的起伏旋转表现河水奔腾向前的韵律感（图1-3-4）。这种将柔和的弧线和醒目的圆点相结合构成二方连续的装饰带，是马家窑文化的典型构图方式，它是为了适应器物的形体结构而产生的。

随着成型技术和装饰艺术的不断发展，先民们注意到装饰纹样从不同角度观看可以得到不同的视觉效果，又发明了涡纹、圆圈纹、人体蛙纹、回三角纹等。时至今日，马家窑文化彩陶上古老的装饰仍不失其迷人的魅力、带给我们以美的享受。

在马家窑文化晚期，齐家、辛店、卡约、沙井等几种文化超越了马家窑文化的发展，其造型与装饰各具特点。发展时间和马家窑文化一致但延续时间稍长的大汶口文化时期，陶器造型多样，装饰图案以几何纹为主，有折线波纹、菱形纹、花瓣纹、回旋纹等（图1-3-5）。

黑陶是新石器时代晚期龙山文化的主要标志。龙山文化，有时也被称为黑陶文化，是新石器时代晚期文化，集中在中国北部的黄河中下游流域，持续时间大约在公元前3000—前1900年。黑陶大多是为了适应社会生活的需求而出现的，其造型千姿百态、端庄优美、质感细腻，具有黑、薄、光、亮的特点。其中最典型的一类是被称为"蛋壳陶"的黑陶高足杯（图1-3-6），它具有敞口、束腰、高足中空外撇、平底、器壁较薄、素面抛光、纹饰简单等特征；配以镂空、划纹等多种工艺手法，是一件精致的饮酒用具。这种审美高于实用的倾向，表明它已经具备了殷周青铜礼器所具有的陈设功能，作为实用工艺品的陶器已经开始附加陈设品的功能。

在黄河流域龙山文化发展的同时，长江以南地区还逐渐成熟了一种用印模在陶坯上压印出几何纹的装饰工艺，由此烧成的陶器称为几何印纹陶。这种压印而成的装饰是从实物提炼并经过长期的发展形成的抽象的几何纹，大多为浮雕式阳纹，生动鲜明，有立体感（图1-3-7）。主要纹样有方格纹、米字纹、回纹、菱形纹、水波纹、绳纹等数十种。用这种方法制作纹样简便迅速而又整齐统一，可产生一种机械的有规律的美感。几何印纹陶具有很强的生命力，从新石器时代晚期一直延

Majiayao culture was the late Neolithic culture in the upper Yellow River region，which was famous for its painted pottery，and it was regarded as a peak of pottery manufacturing at that time.
The culture was often divided into three phases：Majiayao，Banshan and Machang.

图1-3-4 彩陶旋涡纹双耳罐

图1-3-5 饰有花瓣纹和菱形纹的陶器

The Longshan culture，also sometimes referred to as the Black Pottery Culture，was a late Neolithic culture in the middle and lower Yellow River valley areas of northern China from about 3000 to 1900 BC.

图1-3-6 黑陶高足杯

图1-3-7 西周口子工印纹陶

图1-3-8 商代绳纹陶鬲

图1-3-9 新石器时代夹砂红陶

The discovery of bronze enabled people to create metal objects which were harder and more durable than previously possible.

(1) Fusion casting：The production of bronze ware developing from cold forging to fusion casting was a great leap in technology. The first step to make bronze ware by fusion casting was to make modes. With modes, people could cast standardized products with exactly the same shape and size.

(2) Lost wax casting：The shape of vessel was made by wax, filled and reinforced with clay, and poured in copper liquid after drying. When the wax was heated，it melted into liquid and flowed out，and the casting was formed where there was wax.

(3) Ceramic mold casting：The early mold making was ceramic mold casting，which was made into internal mold according to the clay mold, and the same product was obtained after pouring.

图1-3-10 商青铜礼器——
四羊方尊

续到春秋战国时期。

从陶器的发展历程中，我们可以看到，产品的造型设计一般都是为了满足生活需求。例如，陶鬲是陶器中常见的煮食器皿，三条肥大而中空的款足既起到稳定支撑的作用，又起到炉灶的作用，方便人们的使用（图1-3-8）。陶鬲的造型并不是模仿或写实，而是源于生活需求。再如，陶甗是一种蒸煮结合的器皿，下部能煮，上部能蒸，其形态真实地反映了功能性特点（图1-3-9）。也就是说，产品的功能是最基本的，它决定了产品的基本形式。陶器中的各种纹饰一方面起装饰作用，另一方面，它们也可能是作为民族图腾或部落崇拜的符号而存在。随着制陶工艺的发展，陶器的品种日益增多，人们已经能熟练把握和制造各种不同造型的陶器，也开始赋予器物以更多的物质功能和精神功能。

1.3.2 青铜器

新石器时代晚期，人们发现了自然铜（红铜）与锡铅等化学元素的合金，其颜色呈灰青色，故名青铜。它具有熔点低、硬度高、不易锈蚀、填充性好、能铸出精细的花纹等优点。青铜的发现使人们能够制造出更加坚硬、更加耐用的金属物品。冶铜铸器工艺的发展，标志着人类文明历程进入一个新时代——青铜时代。

1.3.2.1 青铜器的成型方法

我国古代青铜器工艺在世界文化史上具有很大的影响。一般情况下，铸造铜器的工序有制模、翻范、合范、浇注和修饰等，其中以模范制作为关键。在铸器工艺方面，商周工匠很有经验，当时的技术更是精湛高超（图1-3-10），其铸器方法如下：

（1）熔铸法。青铜器的制作由冷锻发展到熔铸，在工艺上是一个很大的飞跃，熔铸法制作青铜器首先要制范，有了范，人们可以铸造出形制和尺寸完全一样的规范化产品。熔铸法的发明，使人们可以随意制造出各种不同造型的铜器，并突出青铜材料的特点。

（2）失蜡法。是用蜡制成器形，然后用泥填充和加固，待干后再倒入铜液，蜡受热后熔成液体流出，原来有蜡处即形成铸造物。春秋晚期和战国时代，人们开始用失蜡法制作铜器，浇铸出造型复杂多变的器物。用失蜡法铸造的青铜器花纹精细，表面光滑，精度很高，这是我国古代金属铸造工艺的一项伟大发明。

（3）陶范法。早期的制范法为陶范法，即根据泥模制成内范，浇注后得到与泥模一样的制品。陶范法的模和范只能用一次，在青铜器上会留下一些工艺痕迹。

青铜器作为奴隶社会的一面镜子，折射出这一时期的政治、经济、军事、文化等各方面的情况。青铜器的大规模铸造，表现出当时劳动力的组织和分工日益严密以及一大批有专门技术的工匠涌现，是社会变革和进步的巨大推动力。

1.3.2.2　青铜器的造型与装饰

中国青铜器从奴隶社会的夏代开始，经商、西周、春秋到封建社会的战国、秦汉，前后承袭，又不断发展演变，青铜器物种类繁多、形制精美、花纹繁密而厚重、功能区分明显，具有极高的艺术价值。青铜器物的造型和装饰在不同时期具有不同的特点。

在商代早期，青铜器物纹样的制作还停留在对陶器时代的模仿，主要为单层印纹，纹样结构较为松散。商代中期是中国青铜器艺术趋于成熟的发展阶段，铸铜技术日益发达，器物种类繁多，造型丰富，构图渐趋繁密，线条峻深劲利。其纹样普遍装饰兽面纹样，出现了多层次的装饰（"三层花"式），同时也出现了铭文，但字数不多，也不占据主要部位。殷商时期，青铜器的审美功能大大超过了它的实用功能，一些器物被用于祭祀和典礼的陈设而成为青铜礼器，给人以威严、凝重、浑厚之感。如商代后期王室祭祀用的青铜器司母戊大方鼎（图1-3-11），立耳、方腹、四足中空、鼎身四面，在方形素面周围以饕餮纹作为主要纹饰，四面交接处，则饰以扉棱。鼎耳外廓有两只猛虎，虎口相对，中含人头。耳侧以鱼纹为饰。鼎腹内壁铸有铭文"司母戊"。其造型、纹饰、工艺均达到极高的水平，是中国古代乃至世界古代最大、最重的青铜器，也是商代青铜文化顶峰时期的代表作。还有一些器物的造型和装饰夸张到怪诞的程度，给人以神秘、恐怖之感，如商虎食人卣、人面纹铜钺等。

图1-3-11　商青铜礼器——
司母戊大方鼎

图1-3-12　西周时期的
兽耳提梁罍

商代晚期至西周早期是青铜器发展的鼎盛时期，铸品丰富，器型多样，器身的纹饰大量采用浮雕和平雕相结合的方法，纹饰繁复华丽，精美绝伦。西周以后因其统治者的观念较理性，他们认为：一件器物如果能在满足实用的基础上又充分显示陈设的效果，才是理想的设计。西周时期的兽耳提梁罍（图1-3-12），器物形体高雅而稳重，器身高度和腹径似乎经过反复推敲，使其容量和稳定性都达到最佳，既实用，又有很好的陈设效果，这一设计具有很强的艺术生命力。西周时期，青铜器的装饰风格由殷商时的神秘、华丽转变为质朴、严谨；另外长篇铭文增多，有些器物器形的大小似乎是由铭文的长短来决定的。

图1-3-13　春秋时期的
莲鹤方壶

春秋战国时期，奴隶制趋于瓦解，青铜器物在造型设计上开始摆脱商周以来的神秘宗教气氛，其胎体开始变薄，纹饰逐渐简化，向清晰、活泼的风格发展，变质朴严谨为细腻新颖。1923年河南新郑李家园出土的春秋中期的莲鹤方壶（图1-3-13）是典型代表作品。其造型宏伟气派，装饰典雅华美，构思新颖，设计巧妙，融清新活泼和凝重神秘为一体，被誉为时代精神的象征。

战国时期，素器开始流行，礼器相对减少，器物造型空间变

In the Spring and Autumn Period and Warring States Period, slavery tended to disintegrate, and the bronze ware began to shake off the mysterious religious atmosphere since Shang and Zhou dynasties. The body of the bronze ware began to become thin, the decorative pattern gradually simplified, and the style developed to a clear and lively style.

图1-3-14　战国时期的
十五连盏铜灯

图1-3-15　西汉时期的长信宫灯

During the Shang dynasty of China, sophisticated lacquer process techniques developed became a highly artistic craft. During the Eastern Zhou period , lacquerware began appearing in large quantity.

图1-3-16　战国时期的
彩绘透雕小座屏

At the time of the Han dynasty, special administrations were established to organize and divide labor for the expanding lacquer production in China. Elaborate incised decorations were used in lacquerware during the Han dynasty.

化减少，注重实用，器壁轻薄，此时的纹饰为工整的细花，并向平面化、图案化方向发展，神秘色彩大为淡化。铜镜、灯具、器座和带钩就是比较典型的代表。出土的战国时期最高灯具——十五连盏铜灯（图1-3-14）的造型高低有序、错落有致，其每节树枝均可拆卸，榫口形状各不相同，便于安装，并可根据需要增减灯盏的数量。整个作品人、猴、鸟、龙共处一境，构思奇特，妙趣横生，构图十分注意对称，十五枝灯盏穿插布置，千姿百态，是灯具中的佳品。

汉代青铜器除了鎏器较为华贵外，大多都为素器，铜器已经向生活日用品方面发展，并取得了较高的成就。其中，汉代的铜灯制作达到鼎盛，釭灯的设计水平极高。1968年在河北省满城县陵山出土的西汉时期的长信宫灯（图1-3-15）利用虹吸原理将灯烟吸入盛水的灯座，使之溶于水中，以防止室内空气污染；通过调整遮光板的位置，还可以调节照明的方向和亮度。汉代铜灯造型丰富多彩，灯体优美，既实用，也符合科学原理；既可用做灯，又可用做室内陈设，体现了卓越的设计艺术构思。

自汉以后，唐代极盛的铜镜、明代宣德炉和景泰蓝、清代的铜胎掐丝珐琅，都在不同方面体现了中华铸锻工艺的发展。

1.3.3　漆器

中国漆器工艺是古老华夏文化宝库中一颗璀璨夺目的明珠。早在四五千年前浙江余姚河姆渡文化时代，我们的祖先就已经能制造出红漆木碗，到了商代，先进的漆器工艺已经发展成当时一项高超的手工艺，直到东周时期，漆器开始大量出现。

殷商时期，漆器的制作工艺水平稳步提升，其造型、纹饰深受青铜文化的影响，器型丰富，纹饰多样，漆色为红、黑二色。这时的先民们已经开始在漆液里掺进各种颜料，并且在漆器上粘贴金箔和镶嵌松石。战国时期是我国古代的第一个漆器繁荣时期，器型品种数量大增，在胎骨做法上出现了木片卷粘胎、皮胎和用漆灰麻布制成的夹纻胎，装饰技法上采用描绘、银扣、针刻等手法处理，其纹样包括自然纹样、几何纹和人物生活场景纹样等，皆构图精巧，色彩艳丽（多为黑底红纹），形象生动活泼。如江陵楚墓出土的由蛇蛙鸟兽盘结而成的彩绘透雕小座屏（图1-3-16），堪称这一时期的经典之作。

汉代成立了专门的漆器制作组织，并对漆艺进行分工，扩大漆的加工制造，这个时期的漆器外观装饰非常精美。汉代漆器器型丰富，数量多，主要是以食器为主的容器，出现了漆鼎、漆壶、漆钫等大型器物，其造型讲究实用与美观，如同样是漆盒就有圆、方、长方、椭圆、马蹄、鸭嘴等多种形式。如长沙马王堆汉墓出土的双层九子漆奁在空间上做了巧妙的排列（图1-3-17），既节省了空间，又和谐精巧，使整个容器美观实用，堪称漆器中的精品。唐代漆器是战国至汉代以来漆器制造的第二个高峰期，在漆器外观上出现了新的风格，用片状的金银做出各种诸如鸟、动物、花草的装饰。

In the Tang Dynasty, Chinese lacquerware saw a new style marked by the use of sheets of gold or silver made in various shapes, such as birds, animals, and flowers.

宋元时期的漆器在唐代的基础上有了很大的发展，其器物品格雅致而不失纯朴。戗金漆是宋代发展起来的一种漆工艺，即在漆地上用尖锐物划出花纹，纹内填漆，然后将金或银箔粉粘上去（图1-3-18）。元代漆器中成就最高的是雕漆，其特点是堆漆肥厚，用藏锋的刀法刻出丰硕圆润的花纹，大貌淳朴浑成，而细部又极精致，在质感上有一种特殊的魅力。

图1-3-17 汉代的双层九子漆奁   图1-3-18 宋代的戗金漆托盘

图1-3-19 明代中期的
雕漆高脚杯

明代漆器的主要成就是雕漆（图1-3-19），并把雕漆工艺运用在明式家具上，其次是戗金彩漆、描金漆、填漆、螺钿漆、百宝嵌、款彩漆等。清代漆器由于得到皇家帝王的重视，在总体上趋于纤细繁缛，有失传统漆艺的浑朴健美，但中国髹漆技术于清代全面发展，并逐步形成北京（雕漆）、扬州（螺钿）、福州（脱胎）等各有特色的制作中心。明清时期多种漆器工艺的产生和相互结合，使得这一时期的漆饰制品具有很高的观赏性和艺术性。民国时期，特别是中华人民共和国成立以后，在继承传统的髹漆工艺技法的基础上，广泛吸收外来的工艺技法，创造出很多新的漆艺技法，更加夯实了中国现代漆器诞生的基础。

1.3.4 瓷器

陶器是全人类的共同财富，而瓷器则是中华民族对世界文明的重要贡献，中国也因此被称为"瓷之国"。早在商周时期，中国就出现了原始瓷。东汉时期，青瓷开始出现，这是中国最早出现的瓷器，因器表均施有一层薄薄的青釉而得名。到了魏晋南北朝时期，中国进入了瓷器时代，南北青瓷的风格因地域的差异形成两大生产体系，就釉色而言，北方青瓷青中泛黄，而南方青瓷则更加青翠。隋代，北方窑工烧成了白瓷。这项伟大的成就，改变了青瓷一统天下的局面，开创了"南青北白"的新格局。唐宋时期是我国制瓷业的第一个高峰，瓷器开始大量出口国外。到了明清时期，发展到顶峰。

Pottery is a treasure of humankind. However, porcelain is an important contribution of the Chinese nation to the world civilization. China won its name as "Country of Porcelain"

In the Tang and Song Dynasties, Chinese ceramic industry reached its first peak of development. Porcelain had begun to export. In the Ming and Qing Dynasties, Chinese ceramic industry developed to a summit stage.

图 1-3-20　定窑白釉刻花
花开纹梅瓶

图 1-3-21　汝窑莲花式温碗

图 1-3-22　定窑孩儿枕

北宋建立统一政权后，农业得到迅速的恢复和发展，生产力空前高涨。宋朝的手工业分工细密，科学技术和生产工具有了较大进步，商业繁荣，国际贸易活跃，在文学艺术方面，作品呈现出工整、细致和柔美、绚烂的风格，而深受中国传统文化影响的宋瓷也形成固有的特点：

（1）造型简洁典雅，比例尺度恰当。宋瓷追求造型的简洁实用，比例和尺度适当，使人感到"增之一分则太长，减之一分则太短"。造型以秀美修长居多，整体形态行云流水而不张扬，内敛含蓄、线条简练，给人以典雅恬静之美。宋代的梅瓶起初是用来盛酒的器皿，后来逐渐成为陈设装饰品。梅瓶造型小口、短颈、丰肩、瘦底、圈足，柔和圆润、挺秀稳健，有的梅瓶还用"半刀泥"的手法进行刻花装饰。

（2）釉色丰富多彩，装饰上多用自然的题材。宋瓷的色调多以清新淡雅为主，主要施以单色釉（图 1-3-20～图 1-3-22）。宋代是名窑美器辈出、官窑民窑相竞的时代，出现了百花齐放、百家争鸣的局面，当时的汝窑、钧窑、哥窑、定窑和官窑并称为五大名窑，汝窑主要产青瓷，有"雨过天青云破处"的美誉；钧窑利用铁、铜呈色的不同特点，出海棠红、玫瑰红、纯月白等多种釉色；哥窑瓷土脉微紫，出油灰色、米色、粉青色三种瓷釉彩；定窑以出产白瓷著称；官窑瓷器釉色粉青，色调淡雅，不崇尚花纹装饰。

宋瓷重实用而轻装饰，但简练的装饰却也丰富而婉约，恰到好处，点到为止。装饰的手法主要有印花、刻花、剔花、贴花、镂空等，其中印花工艺主要是用刻有花纹的陶模在瓷坯未干时印上花纹，花纹多为花草等自然题材（图 1-3-23）。瓷器在烧制过程中，由于窑内温度的变化、窑内呈色元素经过氧化或还原作用，导致瓷器表面釉色发生不确定的变化，形成幻彩的效果，这被称为窑变现象（图 1-3-24）。起初，人们不知道窑变的原理，认为是不祥的预兆，出现窑变的瓷器多数被毁，后来随着人们对窑变釉的独特美感的深入认识，窑变逐渐成为宋瓷的自然装饰。

The porcelain of Song dynasty well handled the relationship between form and function, and had extremely high aesthetic value. It reflected the traditional Chinese aesthetic thoughts and design concepts, and became a bright pearl in the history of Chinese civilization.

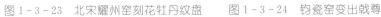

图 1-3-23　北宋耀州窑刻花牡丹纹盘　　图 1-3-24　钧瓷窑变出戟尊

宋瓷很好地处理了形式与功能的关系，又具有极高的审美价值，体现了中国传统美学思想和设计理念，成为中华文明史上一颗璀璨的明珠。

到了 14 世纪元、明时期，青花瓷开始大量出现并逐渐成为主流。青花瓷是一种在白色陶瓷坯体上设计蓝色纹饰，再刷上一层透明釉，经高温还原焰一次烧成的瓷器，这样蓝色纹饰受到保护，经久不坏。青花瓷的器型经常可见的是一些盘子、碗、杯子和花瓶，作品的纹饰设计常常用花卉图案、龙之类的神话动物形象、故事场景以及汉字等。元代开创了瓷器从素瓷到彩瓷过渡的时代。元代时期的青花瓷构图丰满、层次丰富、形制庞大，纹饰多以动植物、人物故事为主（图 1 - 3 - 25），边饰图案多为回纹、海涛纹、如意纹、锦纹、龟背纹、变形莲瓣等。江西景德镇成为当时生产青花瓷的中心。到了明代宣德年间，青花瓷迎来发展的第一个高峰。宣德官窑青花瓷胎洁白细腻、造型古朴典雅、釉色晶莹艳丽、纹饰构图新颖，在我国陶瓷史上具有重要的地位，从一个侧面反映了当时的社会、经济、文化、艺术和思想观念。经过明清战乱，到了清康熙年间，青花瓷又焕发生机，康熙青花装饰题材广泛，突破以往规格化的束缚，纹饰更加自由活泼，充满生活气息，其纹饰构图布局巧妙合理，与器型有机结合。17 世纪起，青花瓷开始通过航运进入欧洲市场，受到欧洲人的重视，有些青花瓷用精美的金银座架进行装饰，被王室贵族所收藏，这也是中外设计史上的一次重要交流。青花瓷具有极高的艺术价值，精美的瓷器与传统绘画完美结合，经过元明清时期的艺术家和匠人的不断完善，使青花瓷成为巧夺天工的艺术珍品。

1.3.5　明式家具

中国传统家具历史悠久，它起源于夏朝，随着社会化的进程经历了多次变革，家具造型的发展也经历了从低到高的过程。魏晋南北朝以前，中国古人一直保持着席地而坐的原始习惯，家具形制多为低矮型。从魏晋南北朝时期到隋唐时期是席地而坐与垂足而坐并存的过渡时期家具，胡床在民间使用渐多，并出现了椅、凳等高型家具。宋元时期是中国传统家具开始走向成熟的重要时期，垂足而坐的习俗促进了高型家具的发展，随着家具工艺的发展，在明代达到鼎盛。

明式家具在中国古典家具中达到了空前的高度，究其原因，除了当时政治稳定、经济发达、文化繁荣、生活富庶外，还有以下因素：第一是木材丰富及木工工艺的发展。自从郑和开辟了通往东南亚的海上航线，一些热带生长的红木、花梨木等优质木材就源源不断从东南亚各国运往中国，这些木材坚硬致密、纹理优美，适合于榫卯结构的稳定性要求，为家具生产提供良好的物质基础（图 1 - 3 - 26、图 1 - 3 - 27）。这个时期的木工工具也有了长足进步，冶炼萃取技术和锤锻技术大为提高，因此工具的种类也逐渐增多，各类刨、锯等工具的使用为制作精细的明式家具提供了基础条件。第二是园林建筑的兴

Blue and white porcelain, as its name suggested, was a form of pottery that features a white background over which a blue design has been applied. Some of the most common forms of this type of pottery were plates, bowls, cups, and vases. Common designs featured on these pieces include floral motifs, mythical creatures such as dragons, scenes from stories, and Chinese characters.

图 1 - 3 - 25　元青花鬼谷子下山图罐

At the beginning of the 17th century Chinese blue and white porcelains were being exported directly to Europe. Oriental blue and white porcelain was highly evaluated in Europe and sometimes enhanced by fine silver and gold mounts, collected by kings and princes.

图 1 - 3 - 26　明代圈椅

图 1 - 3 - 27　明黄花梨长方凳和小方凳

①Paid attention to the quality of the wood and use hard wood, which was also known as hardwood furniture. ②Fully reflected the color and texture of the wood without adding paint. ③Adopted the structure of wood framework and paid attention to the modeling of furniture. Used mortise and tenon instead of nails or glue. The artistic style of furniture in Ming dynasty can be summarized as simple, firm, refined and elegant.

图1-3-28　明四出头官帽椅

图1-3-29　瓦格纳设计的
"The Chair"

Contemporary industrial designers in China should cherish and attach importance to traditional Chinese cultural elements. While inheriting the traditional Chinese design, they should also absorb the modern design ideas and have the courage to innovate, thus forming the development trend of industrial design with "Chinese localization style".

起，园林建筑的室内设计主要组成部分就是家具，明代园林的兴盛和独特的文化气质推动了家具的发展，家具除了满足日常生活需求外，与建筑和室内的搭配成为设计制造的重点考虑问题。第三是文人思想的浸入。明代文人追求"天人合一"的自然观，推崇木材质感的精致细腻；色泽的深沉雅致，明代文人以古朴为雅，反对繁纹褥饰，家具造型的浑厚洗练、线条的优雅流畅反映了这时期文人的细腻含蓄的气息。

《中国美术通史》第六卷对明式家具特色的描述是："①注重木材质地，多采用硬质木材，因而又通称为硬木家具；②充分体现木材的色泽和纹理，而不加油漆；③采用木架构的结构，注重家具的造型。不用钉或胶，而用榫卯装置。……明式家具的艺术风格，可用简、厚、精、雅四个字来概括。所谓简，是指造型洗练，不堆砌，不烦琐，质朴大方；所谓厚，是指形象浑厚，具有庄穆敦厚的效果；所谓精，是指做工精巧，一线一面，曲直转折，严谨准确，一丝不苟；所谓雅，是指风格典雅，不落俗套。"这段描述反映了明代家具在设计上的先进性。

明式家具具有严格而和谐的比例关系，体现在局部与整体的比例、装饰与整体形态的比例、局部与局部的比例，许多家具设计上体现了较好的人体工学理念。明式家具中最具代表性的设计当属四出头官帽椅（图1-3-28），这是一种搭脑和扶手都探出头的椅子，因其造型像古代官员的官帽而得名。从整体造型看，线条舒展，造型简练，风格上与厅堂建筑相配套，体现了古人"正襟危坐"的威严和端庄。靠背板呈"S"形，其弧度曲线与人的脊柱形状相吻合，符合人体工学的理念，体现了人性化的设计思想。

明式家具作为中国传统家具艺术的优秀定式和美学风范，对后世的国内外家具制造产生了深远的影响。20世纪丹麦著名设计师瓦格纳就将明式椅的美学特点与北欧设计质朴的风格相结合，应用在现代椅的设计中（图1-3-29）。

中国是一个具有五千年悠久历史的文明古国，历史文化底蕴丰厚。自手工业出现后，"古典"设计便应运而生，为了满足人的生存需要、宗教祭祀活动以及统治者的需要，出现了陶器、青铜器等器物，而它们普遍都拥有精致的外观与功能性设计，以后发展起来的瓷器、漆器等，都秉持功能性与审美性的和谐统一。除了上述提到的传统手工艺之外，还有传统雕塑、景泰蓝、唐三彩、编织、刺绣、剪纸等，在整个中国文化艺术发展史中占有重要的地位，为后世设计师提供了丰富的素材和广阔的设计空间。我国当代的工业设计师要珍惜和重视中国传统文化元素，在继承中国传统设计的同时吸收现代设计思想，勇于创新，形成具有"中国本土化风格"的工业设计发展潮流。

本章关键名词术语中英文对照表

工业设计	Industrial Design	建筑设计	Architectural Design
文艺复兴运动	Renaissance	机械设计	Machine Design
中世纪	Middle Ages	产品设计	Product Design
巴洛克	Baroque	室内设计	Interior Design
石器时代	Stone Age	环境设计	Environment Design
洛可可	Rococo	平面设计	Graphic Design
古典主义	Classicism	漆器	Lacquerware
陶器	Pottery	青花瓷	Blue and white porcelain
瓷器	Porcelain	国际工业设计协会	International Council of Societies of Industrial Design（ICSID）
青铜器	Bronze Ware		
世界设计组织	World Design Organization（WDO）	多立克式	Doric
爱奥尼亚柱式	Ionic	科林斯柱式	Corinthian
帕提农神庙	Parthenon	胜利女神庙	Temple of Athena Nike
伊瑞克提翁神庙	Erechtheum	宙斯神庙	Temple of Zeus
家具设计	Furniture Design		

1. 何为设计？何为工业设计？
2. 从时间的纵向维度和空间的横向维度来看，工业设计的发展脉络是什么样的？
3. 古埃及和古希腊手工艺设计有何区别？
4. 巴洛克风格和洛可可风格的设计特点各有哪些？
5. 古时陶器的制作手法有哪些？
6. 明式家具有哪些特点？

参 考 文 献

［1］ 程能林. 工业设计概论［M］. 北京：机械工业出版社，2003.
［2］ 李砚祖. 艺术设计概论［M］. 武汉：湖北美术出版社，2009.
［3］ 李艳，张蓓蓓，姜洪奎. 工业设计概论［M］. 北京：电子工业出版社，2013.
［4］ 许喜华. 工业设计概论［M］. 北京：北京理工大学出版社，2008.
［5］ 张怀强. 工业设计史［M］. 郑州：郑州大学出版社，2004.
［6］ 王受之. 世界现代设计史［M］. 北京：中国青年出版社，2002.
［7］ 何人可. 工业设计史［M］. 北京：高等教育出版社，2006.
［8］ 王敏. 西方工业设计史［M］. 重庆：重庆大学出版社，2013.
［9］ 李亮之. 世界工业设计史潮［M］. 北京：中国轻工业出版社，2006.
［10］ 王晨升. 工业设计史［M］. 上海：上海人民美术出版社，2012.
［11］ 胡天璇，曾山，王庆. 外国近现代设计史［M］. 北京：机械工业出版社，2012.
［12］ 高茜. 现代设计史［M］. 上海：华东理工大学出版社，2011.
［13］ 沈爱凤. 中外设计史［M］. 北京：中国纺织出版社，2014.

［14］　王伯敏. 中国美术通史［M］. 济南：山东教育出版社，1996.

［15］　卞宗舜. 中国工艺美术史［M］. 北京：中国轻工业出版社，2008.

［16］　叶喆民. 中国陶瓷史［M］. 上海：生活・读书・新知三联书店，2011.

［17］　田自秉. 中国工艺美术史［M］. 北京：商务印书馆，2014.

［18］　吴良忠. 中国漆器［M］. 上海：上海远东出版社，2012.

［19］　WANSCHER O. The art of furniture：5000 years of furniture and interiors［M］. New York：Reinhold Pub. Corp，1967.

［20］　FLETCHER B. A history of architecture on the comparative method for students，craftsmen & amateur［M］. Charleston，S. C：Nabu Press，2018.

［21］　DONG G，LIN W，CUI Y，et al. The spatiotemporal pattern of the Majiayao cultural evolution and its relation to climate change and variety of subsistence strategy during late Neolithic period in Gansu and Qinghai Provinces，northwest China［J］. Quaternary International，2013，316（6）：155－161.

［22］　TIGNOR R，ADELMAN J. Worlds together，worlds apart［M］. New York：W. W. Norton&Company，2010 .

［23］　LIU L，CHEN X. The archaeology of China：from the late paleolithic to the early bronze age［M］. Cambridge：Cambridge University Press，2012.

［24］　VALENSTEIN S G. A handbook of chinese ceramics［M］. New York：Metropolitan Museum of Art，1989.

［25］　MARIANNE W. Lacquer：Technology and conservation［M］. ［S. l.］：Butterworth－Heinemann，2000.

［26］　KLEINE R，FRED S. Gardner's art through the ages：a global history［M］. 14th ed. Boston：Wadsworth，Cengage Learning，2012.

［27］　HANG J. Chinese arts & crafts［M］. 北京：中信出版社，2006.

第 2 章

18 世纪设计的矛盾与冲突

Chapter 2　Contradictions and Conflicts of Design in the 18th Century

2.1　现代设计的曙光

18 世纪对西方国家来讲是动荡而又充满变革的时代，政治领域的美国独立战争引领了 1783 年的美国独立，1789 年的法国大革命推翻了法国封建君主专制政体，而在经济领域，18 世纪 60 年代开始的英国工业革命则完成了资本主义生产从工场手工业到机器大工业的过渡。社会的变革使西方以一种前所未有的态势发展变化，资本主义得以更大规模的发展，资本主义启蒙思想取代了禁锢人们的封建传统教条而得以传播，旧有的生产关系被打破，生产力得以解放，科学技术得以快速发展，现代设计也伴随着资本主义经济增长而产生，而工业革命无疑在其中起到重要的推动作用。工业革命前的设计主要以手工艺设计为主，带有强烈的民族性、地域性、审美性和阶级性，而工业革命带来的标准化、批量化生产以及商业性特征使得商业利益与工业产品的审美性之间发生巨大冲突，同时，社会需求的增长使新的消费产品不断涌现，社会各工种分工细化，设计从生产中分离，成为商业社会不可或缺的环节。

图 2-1-1　工业革命期间
使用新机器的纺纱工厂

2.1.1　工业革命的产生

工业革命也称为产业革命，18 世纪中叶发源于英格兰中部地区，并且大部分重要的技术革新都发生在英国。工业革命是以机器生产取代手工劳作，以新的动力代替人力、畜力和自然力，以新的原材料代替旧有材料，以大规模工厂化生产取代个体工场手工生产的一场生产与科技革命。这场革命随后由英格兰传播到比利时、法国、德国乃至整个欧洲，19 世纪后又传入北美地区，进而改变了世界的面貌。机器的发明及运用成为这个时代的标志（图 2-1-1），因此历史学家也称这个时代为"机器时代"。

The Industrial Revolution was a revolution of production and technology in which mechanized production replaced manual labor, new power displaced manpower, animal power and natural force, new raw materials took the place of existing materials and large - scale factory production substituted individual workshop manual production.

英国工业革命是人类历史上的新生事物，既没有先例可循，也无法预知其走向，但它却跨越两个世纪而持续百余年，逐渐影响到几乎所有西方国家，它的产生有其深刻的历史必然性。

（1）消费需求的增长。新航路的开辟和新大陆的发现以及大面积殖民地的扩张，不仅为欧洲各国提供了丰富的原材料和廉价的劳动力，还推动了引发强劲消费需求的世界贸易的发展，为了满足这些新市场的需求，生产方式和生产过程都亟须改革。18 世纪一些商人已经积聚了大量财富，为了获得更加丰厚的利益回报，他们便致力投资开设工厂、购置原料和发明新机器。另外，由于人口的增加以及圈地运动的发展，农业劳动力过剩，人们开始寻求新的就业机会。大量的廉价劳动力以及大规模的资金投入成为引发工业革命的重要原因。

（2）思想和舆论方面。资产阶级启蒙主义思想家伏尔泰（Voltaire，1694—1778）（图 2-1-2）、卢梭（Rousseau，1712—1778）、洛克（Locke，1632—1704）、休谟（Hume，1711—1776）等人反对封建专制，强调天赋人权，提出了自由、平等、博爱等新的资产阶级观点，人们发现生活的目的不仅仅为了生存，而更多的要创造新的生气，重塑前所未有的生活方式。这些思想在设计领域也有所反映，贵族设计的思想受到挑战，面临巨大改革。在新的思想观念和良好的舆论环境下，英国社会早在 17 世纪就开始将追逐财富视为有价值的人生目的，包括贵族在内的英国人从不羞于从事赚钱的行当，相反，他们敬重那些有智慧和才干的人，人们通过自己的努力而得到相应的财富和地位逐渐成为社会风气。人们的生活开始变得普遍富足，能够负担起一些奢侈品来彰显自己的艺术品位和社会地位，而新兴的暴发户如商人、银行家等更是追星似的追求贵族喜好的产品。一些制造商也充分认识到这一巨大的市场，他们将艺术装饰引入到工业生产，重视产品风格，然后批量生产，这也是工业设计发展的一个重要标志。

（1）Increase of consumer demand. The opening of new sea route, the discovery of the New Continent and the expansion of large - area colonies not only provided European countries with plentiful raw materials and cheap labor force，but also promoted the development of world trade triggering strong consumer demands. In order to satisfy the demand of these new markets，production mode and process were in urgent need of reform.

（2）Thought and public opinion. Bourgeois enlightenment thinkers including Voltaire, Rousseau, Locke, Hume and so on objected to feudal autocracy，emphasized natural rights and put forward new bourgeois ideas such as freedom, equality and universal love. These ideas were also reflected in the field of design. The thought of noble design was challenged and faced a great reform.

图 2-1-2 资产阶级启蒙主义
思想家伏尔泰

图 2-1-3 英国国王
詹姆士一世

（3）专利权的设立。1623 年英国国王詹姆士一世（图 2-1-3）允许设立专利权，并在 1624 年通过的《垄断法案》中规定："专利特权的期限为 14 年或以下；权利人在该期限内享有这一领域新产品的制造和使用的专有权；专利不得违背法律，也不得有损于国家，不得抬升国内商品的价格，不得扰乱商业贸易。"该《垄断法案》保护新发明的权利，刺激了许多新发明的产生。由于专利制度的保障，提高生产力的新技术会带来的十分可观的利润，许多有钱人投资于各种发明创造。17—18 世纪，一种新的技术发明出来，就会刺激发明另一种新的技术，技术发明如同雨后春笋般蓬勃发展起来（图 2-1-4）。

总之，18 世纪的英国政府稳定，社会发展平稳，经济相对宽裕，拥有商业发展的良好的经济环境和不断扩大的海内外市场，这些因素都为工业革命的发生提供了良好的先决条件。到了 19 世纪上半叶，英国基本上完成了工业革命，工业革命为英国的社会生产力带来巨大的发展，使其成为"世界制造工厂"，成为当时世界上的经济强国。在英国榜样式的影响下，西方其他国家的工业革命也迅速展开。比利时、法国继英国之后也开展了工业革命，德国虽然到了 19 世纪中后期才开始工业革命，但是在前人的优秀经验基础上，德国的工业革命进展顺利而且迅速。美国独立后，具备了发展近代工业的政治前提，农业繁荣、市场广阔，在 19 世纪上半叶就开始了工业革命，出现了一些重要的发明，到了 1860 年，美国的工业实力已经跃居世界第四位，仅次于英法德三国。大约在 1875 年美国完成了第一次工业革命，工业革命的完成使美国成为第一个现代化大国，为其登上世界霸主地位打下基础。

2.1.2　工业革命对现代设计的影响

现代设计是伴随着工业革命的出现而产生的。工业革命实现了资本主义对封建经济的彻底胜利，为现代设计提供了新的材料和新的手段，不仅如此，它还带来了社会政治、经济、文化等方面的全面变革，为现代设计提供了新的环境，促进了新设计的出现。科学是一把双刃剑，在这个新旧交替的时代，工业革命也同时带来了很多负面影响，比如对环境的破坏，对人们的身心健康造成损害等，对传统手工艺也产生了巨大的冲击。工业革命对现代设计的影响主要体现在以下几个方面。

第一，工业革命的机器生产使产品标准化、一体化，商品比以前更加丰富，但由此带来的商品同质化的现象也日趋明显，在这样的情况下，设计便成为商业上竞争的手段。面对不断扩大的市场需求，为了刺激消费者，商家必须利用设计的手段使产品不断推陈出新，设计师的地位也因此逐步提高，他们担当着在商业环境中将美学概念和社会生活进行交流和融合的角色。而设计师在处理产品的功能和装饰的关系上也非常矛盾，他们既对产品的

(3) The establishment of patent right protected the right of new inventions and stimulated the production of many new inventions.

图 2-1-4　美国人伊莱·惠特尼
（Eli Whitney，1765—1825）
发明的轧棉机模型

Modern design appeared with the emergence of the Industrial Revolution. The Industrial Revolution realized the complete victory of capitalism over feudal economy and provided modern design with new materials and means. More than that, the Industrial Revolution completely changed social politics, economy and culture, provided a new environment for modern design and promoted the appearance of new design.

Firstly, the mechanized production of the Industrial Revolution gave rise to product standardization and integration. Products were richer than before. However, the phenomenon of product homogeneity was increasingly obvious. Under such circumstances, design became the means of competition in business.

Secondly, the production mode of mechanized production in the Industrial Revolution changed the way of personalization and small amount of traditional manual workshops. It required product design to remove randomness in the aspect of modeling and function and suit the characteristics of mechanized mass production.

图 2-1-5　18 世纪的胡椒磨具

Thirdly, new supply - demand relationship started to appear. The design of minorities could not meet the demand of business development any more. For designers, they were faced with new and strong consumer groups. Products had to satisfy the demand of different countries, nations and people. Designers were required to meet the aesthetic demand of the public on the premise of ensuring product function. Design was connected with marketing more closely.

Fourthly, industrialization boosted the further development of social division of labor. The Industrial Revolution resulted in the complete separation of design, production and sales. Design specialty started to appear.

Fifthly, interest became a main factor of guiding public consumption.

实用性和耐用性非常关心，同时对装饰也极感兴趣。在商业化的环境下，装饰既体现了设计者和生产者的技艺和水平，又能够满足人们对装饰的需要（图 2-1-5）。

第二，工业革命机械化大生产的生产方式改变了传统手工作坊个性化、少量化的方式，它要求产品设计需要去除在造型和功能方面的随意性，适合机械化批量生产的特点，传统手工艺制作模式已无法适应新形势的要求。工业革命所带来的新的能源、新动力和新的材料让手工艺人无所适从，而新时期的设计师需要对这些新材料的性能、特征进行重新认识和把握。传统手工艺设计和民间艺术受到威胁，欧洲此时出现了不少手工艺人的会社和联盟，比如英国的建筑工联盟，就是对抗工业化、要求保护民间手工艺的行会组织。

然而工业化成为不可逆转的潮流，传统手工业在这样的背景下发生了颠覆性变化。一部分传统手工艺制作被纳入工业体系中，从而导致大量手工作坊关闭、工匠失业，一些工艺门类濒临灭绝。也有一部分理想主义的手工艺者退居经济落伍、观念落后的乡村，在那里继续开展手工艺活动。还有一部分手工艺者可以拉开与工业产品的差别，有意摆脱产品的实用性，而发展其技术性和观赏性，其产品从生活必需品转为艺术装饰品。

第三，新的供求关系开始出现。手工艺设计时期，手工艺人的作品往往面对贵族阶级等小众群体，随着消费需求的增长，工业革命后，小众群体的设计已经不能满足商业发展的需要，对设计师来讲，他们面临的是新的强劲的消费群体，由于工业革命所带来的社会化大生产，其产品的使用对象具有超国界、超地域和超阶级性，因此，产品必须满足不同国家、民族和民众的要求，要求设计师在保证产品功能的前提下，满足大众审美的要求。这种新的供求关系也要求企业主具有更加独到的市场眼光，设计与市场营销的结合更加紧密。

第四，工业化带来社会分工的进一步发展，工业革命导致了设计与制作、销售的完全分离，设计专业开始出现。传统手工业时代的作坊主和手工艺人兼任设计和制作，心中所想，应手而为之，而机器的重复生产的准确性使工人不能够对产品产生个人影响。设计是前期的工作，要求设计师必须在产品生产、制作之前，对产品的功能、造型、装饰艺术、生产流程甚至销售状况等有明确的预判。设计逐步发展成为一门专门的学科，设计师需要涉猎的知识、问题不断拓展，其重要作用日益凸显。

第五，趣味成为引导公众消费的主要因素。18 世纪在商业化的进程中，人们对于审美的认识是混乱和盲目的。一方面，工业革命动摇了贵族阶级的经济基础，新兴中产阶级迅速发展起来，成为消费的主力军。暴发户似的商人见识到贵族阶级的奢华和富贵，摆脱不了市侩、媚俗的作风，贵族所喜好的产品成为他们模仿的对象。另一方面，时尚的法则在这个时期显得混乱不堪。设计师和生产者将艺术视为附加在产品之上的东西，这是艺术与工业的初次结合，但这个结合是生硬的甚至矛盾的，造成产品装饰烦冗，影响了产品的使用功能，整个社会的审美水准普遍下降。

第六，设计图集兴盛。由于设计成为产品生产之前的工作，因而很多商家都收集和出版图集供顾客选择和工人生产参考。很多企业主通过社会上的艺术家设计和印制了自己的设计图集，一方面来仿制当时流行的产品样式，另一方面也在积极寻求自己的设计风格。

Sixthly，design atlas thrived. Design atlas turned into an important medium of spreading design style and popular interests.

设计图集成为传播设计风格和流行趣味的重要媒介。18 世纪的设计风格是混乱和矛盾的，流行的风格和趣味层出不穷，顾客更加依赖设计图集所提供的丰富范本来选择商品。到了 18 世纪下半叶，欧洲出现了很多版画商、刻版师、漫画家（图 2-1-6），马修·达利就是其中一位。他同时也是一位家具设计师，曾为切普代尔做过设计，出版了一本《中国设计图集》，主要介绍中国风格的家具和室内装饰，其中也有一些用扭曲的树根做成的洛可可风格的椅子和桌子。15 世纪末新航路开辟后，西方的商人、传教士开始沿着这条航线到达中国，开始中西方文化的交流。有些传教士从中国回到欧洲，带回了许多关于中国历史文化的消息和实物产品，使欧洲人对中国文化产生了更大的热情。到了 18 世纪，欧洲出现了一股"中国热"。因此，这个时期的设计图集里也有很多体现中国传统设计的人物、建筑、家居、花鸟等装饰图案，通过图集的传播，中国风成为 18 世纪典型设计风格之一（图 2-1-7）。

18 世纪，艺术与工业的结合在很多产品设计上都非常生硬，但随着哲学家美学思辨论著的传播，有些产品（如仪器设备、机器、工具等）的设计很少受到流行风格的影响，而更多地关注使用功能和效率，强调简洁合理的形式，出现了一种坦率而实用的设计风格。伦敦著名眼镜制造商约翰·多伦德（John Dollond，1706—1761）最早将消色差透镜商业化，他所设计的望远镜、天文尺等仪器简洁明确，产品的功能、用途和材料真实体现于外观之上，没有任何的附加装饰，反映了理性思维的特点（图 2-1-8）。

2.2　工业革命前后的商业设计

到了 19 世纪，英国已经是世界强国、海上霸主，当时有"世界工厂"的称号。英国的农业至今仍然保持了高度的机械化，有数据表明，英国 1% 的劳动人口能够满足 60% 人口的食品需求。在英国，商业自由的经济价值观进一步发展，私有财产和专利受到保护。在 18 世纪，与产品设计相关的更多的是长期工作

图 2-1-6　18 世纪的图书出版商

图 2-1-7　18 世纪欧洲宫廷里的中国元素

图 2-1-8　约翰·多伦德设计的望远镜

In Britain，the economic value out-look of business freedom further de-veloped．Private property and patent were protected．In the 18th century，front‐line workers working for a long time were more closely related to product design.

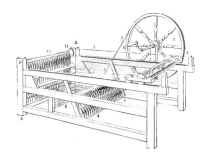

图 2-2-1 改进的珍妮
多轴纺纱机

图 2-2-2 阿克莱特发明的
水力纺纱机

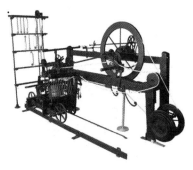

图 2-2-3 克隆普顿
发明的骡机

在一线的工人，如哈格里夫斯、阿克莱特等，另外还有一些发明家、企业家，如齐彭代尔、博尔顿等。

2.2.1 纺织行业

16 世纪，随着新航线的发现，英国对外贸易迅速增长，促进了羊毛出口业和毛织业的发展，羊毛的价格不断上涨，这进一步促进了圈地运动，新兴资产阶级和封建贵族强占农民土地，变成私有农场和牧场，农民则失去土地成为雇佣劳动者。随着城市工业的进一步发展，城市人口的激增，海外贸易的不断扩展，对农产品的需求也日益增加。圈地运动带动了机械化的生产方式，英国的机械化最早是从其支柱产业—纺织业开始，纺纱工厂是纺织业最早机械化的部门。

1733 年，英国钟表匠约翰·凯伊（John Kay，1704—1779）发明了飞梭，他在纺织机的两边装上了梭盒，飞梭是安装在滑槽里带有小轮的梭子，通过弹簧，梭子可以极快地来回穿行。由此改变了以往需两人配合、缓慢而费力的纺织状态，效率大大提高，布面也大大加宽。织布产量和质量的提高打破了织布与纺纱之间的生产平衡，一方面遭到其他手工纺织工人的排挤，同时也出现了棉纱供应不上的问题，此时人们迫切要求发明一种机器，来提高纺纱的速度，提供更多的棉纱。1764 年，英国兰开郡纺织工詹姆斯·哈格里夫斯（James Hargreaves，1720—1778）制成了以他女儿命名的纺纱机——珍妮多轴纺纱机（图 2-2-1）。新技术对某些人来说意味着财富和成功，而对有些人来说则可能意味着贫困和失业。由于产品的提高，织布厂收购棉纱价格下跌，那些没有使用"珍妮机"的纺纱工人不但产量低，而且棉纱又卖不出好价钱，因此，"珍妮机"引起了手工纺纱者的恐慌，有人甚至冲进哈格里夫斯家中捣毁机器。历经磨难，哈格里夫斯终于在 1770 年申请到专利，珍妮多轴纺纱机解放了人的双手，很快就代替了旧式的纺纱机，因结构小、成本低而便于广泛使用，提高了劳动生产率，被认为是工业革命开始的标志。但珍妮纺纱机纺出的纱不结实，细而易断。1769 年，阿克莱特（Richard Ark-wright，1732—1792）发明了水力纺纱机并取得专利（图 2-2-2）。水力纺纱机以水力作为动力，纺出的纱坚韧结实，但不够精细。1779 年，英国一名使用珍妮多轴纺纱机的纺纱工克隆普顿（Samuel Crompton，1753—1827）基于常年的纺纱经验，吸收水力纺纱机罗拉牵伸的设计优点，制作了缪尔纺纱机，也称骡机（图 2-2-3）。这种骡机将水力纺纱机和珍妮多轴纺纱机的优点结合起来，纺出的纱线既精细又牢固。

19 世纪初，法国人约瑟夫·杰柯德（Joseph Jacquard，1752—1834）发明了人类历史上首台自动织布机——杰柯德织布机，它是使用打孔卡片控制的自动化织布机，根据编程系统进行工作的，对将来发展出其他可编程机器（例如计算机）起了重要作用。织布过程的每一步都是由穿孔卡片上穿孔分布的样式来决定的。通过这种方式可以很容易改变织布机所执行的"算法"从而织出不同的图案。这种机器直到 19 世纪中叶才得以完善并得到有效应用，但它对设计活动的影响十分深远。

虽然不能在发明和设计之间画等号，但是一切技术的实现和机器的发明必须借助巧妙而合理的设计。发明提供了新的设计手段、提出了新的设计问题，为设计的发展提供巨大推动力，工业革命前后的一系列发明、创造和科学技术的应用以及由此产生积极或消极方面的问题的解决都成为现代工业设计产品的直接原因。

机械化的浪潮并没有横扫所有行业，尽管生产方式在不断更新，大型的生产单位建立起来，但传统的手工艺设计方法在一些行业中仍然使用且占有重要地位，如建筑业、家具业、陶瓷工业、珠宝行业等，因为主导的因素不是机械化而是生产的商业化。

2.2.2　家具业

随着市场的扩大、手工艺行会的式微，家具业呈现了蓬勃发展的局面，自由企业纷纷成立，销售渠道迅速重新改组，企业家在设计、生产和销售各方面都起着重要作用，搭建了艺术与工业之间的桥梁。

托马斯·齐彭代尔（Thomas Chippendale，1718—1779）出生于英国奥特利市的一个家具世家，他既懂木工制作又懂家具设计，还是一位家具设计著作者。他于 1754 年出版了《绅士和家具指南》，这是英国第一本有关家具的专著，书中的家具插图涵盖了当时伦敦流行的如古典式、洛可可式、中国式、哥特式等各种风格，这本书作为公司的广告宣传吸引顾客，同时也被其他橱柜制造商所参考、模仿。

虽然齐彭代尔的家具风格来源于历史风格和外来风格，但其产品的结构逻辑意识很强。他设计的家具，变化的只是局部，为了符合批量生产的要求，实用部位的设计是基本一致的，保持了自己的一贯风格。齐彭代尔设计的椅子的背部造型多种多样，而椅子腿基本上是同一种风格，即前腿是笔直的，后腿略向外弯曲，简洁明确（图 2 - 2 - 4）。

随着东方贸易的开展，齐彭代尔设计的中国风家具成为其特色风格之一。从齐彭代尔设计的家具插图中，我们可以发现他对中国式的宝塔顶、回纹、菱形纹、龙纹以及髹漆方式等都情有独钟。齐彭代尔式家具有的完全是中国式风格，如椅子带有宝塔顶、椅面上有龙的图案等；有的是洛可可风格，而洛可可风格本身就受到了中国清式家具的影响。除此之外，哥特式风格里面也经常掺入中国元素，如将椅腿装点成哥特式的，同时也装饰中国回纹图案。在他设计的家具中，哥特式与中国式两种风格经常会

Invention was not equal to design. However, the realization of all technology and invention of machine had to depend on ingenious and reasonable design. Invention provided new design means, put forward new design problems and offered a huge driving force for the development of design. The application of a serious of inventions, creations, science and technology before and after the Industrial Revolution and the settlement of corresponding positive or negative problems became immediate causes for products of modern industrial design.

Thomas Chippendale was a London cabinet - maker and furniture designer. In 1754 he published a book of his designs, titled *The Gentleman and Cabinet Maker's Director*. The designs were regarded as reflecting the current London fashion for furniture for that period and were used by other cabinet makers outside London.

图 2 - 2 - 4　齐彭代尔设计的椅子

George Hepplewhite was a cabinet-maker. He is regarded as having been one of the "big three" English furniture makers of the 18th century, along with Thomas Sheraton and Thomas Chippendale.

图2-2-5　齐彭代尔设计的
中国式家具

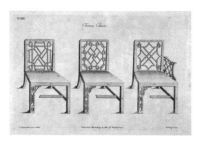

图2-2-6　齐彭代尔的
中国风家具设计

图2-2-7　海本威特设计的椅子

图2-2-8　谢拉顿设计的橱柜

混合搭配。可以说，中国式风格在齐彭代尔的家具设计中占有重要位置（图2-2-5、图2-2-6）。

闻名于世的18世纪家具设计师除了齐彭代尔之外，还有乔治·海本威特（George Hepplewhite，1727—1786）和托马斯·谢拉顿（Thomas Sheraton，1751—1806），他们与齐彭代尔一起在英国乔治时代将英国的家具设计推向顶峰，被称为"英国家具设计三杰"。

海本威特的设计较之齐彭代尔更为温柔、精致而小巧，海本威特椅子的背板经常设计为盾形、心形、椭圆形和竖琴形（图2-2-7）。他还经常使用一个指环中伸出多根羽毛的纹章，雕在椅子中央。1786年海本威特逝世后，他的妻子继承了他的事业，并于1788年出版了海本威特设计图稿——《家具制造师和全包沙发指南》（Cabinet Maker and Upholsterers Guide），书中提供了300多种设计样稿。

谢拉顿是一位大器晚成的设计师，年近40才在业界崭露头角。他的设计风格更趋向于简洁的直线条和方形。谢拉顿设计的椅子的靠背装饰多样，而椅腿却十分简洁，椅腿截面往往是细长的方形或圆形，整体为有沟槽的倒锥形，顶端自然形成椅脚。谢拉顿擅长机械结构设计，他设计的家具有可以旋转桌面的牌桌，有折叠式书桌，有暗藏抽屉的写字台等（图2-2-8）。1791年谢拉顿出版了《家具制作师与包衬师图集》（The Cabinet Maker's and Upholsterer's Drawing Book），书中展示很多精巧的设计图稿，当时，至少有600位家具制造商和手工艺人订购了这本书，影响十分广泛。1803年谢拉顿又出版了《家具指南》（The Cabinet Dictionary），这是一本家具设计的百科全书，对后世家具设计贡献巨大。

18世纪之后，英国家具设计对欧洲乃至世界的影响超过了法国，齐彭代尔、海本威特和谢勒顿风格的家具被大量复制到美国，进入美国上流社会家中。

2.2.3　小五金业

金属材料特别是钢铁的广泛应用是工业发展的基础。工业革命时期，由于军备和造船业的需要，生铁的生产有了很大发展，冶铁业成为大规模产业。在这样的背景下，随着消费需求的增长，各类五金产品的生产迅速扩大，特别是以生产金属小饰品为主的小五金行业发展更是迅猛，满足了人们对于时尚物品的消费需求。

以伯明翰为中心的小五金产品种类最多，各类加工作坊林立，代表性的企业为马修·博尔顿（Matthew Boulton，1728—1809）的小五金公司。博尔顿出生在伯明翰，他的父亲是当地的一位小五金产品制造商，在博尔顿31岁的时候，他的父亲去世，博尔顿接管了父亲的事业，并在此后将其扩展。考虑到临近河流，便于水力机械的使用，1761 年博尔顿在索活建立了大型工厂，引进大规模的机械化生产方式和先进的生产技术，并将业务扩展到镀金、镀银等装饰艺术，他甚至还使用机械化的技术制作油画，成为出色的艺术家。

以水为机械动力受到自然环境的局限，一方面，水流枯竭时需要以畜力作为补充；另一方面，工厂的选址受到限制，而且给交通运输也带来影响。1767 年出于其工厂对动力的需求，博尔顿认识了詹姆斯·瓦特（James Watt，1736—1819），瓦特非常喜欢索活工厂能发展其改良后的蒸汽机技术的优势。几年后，瓦特的合伙人约翰·鲁巴克破产，博尔顿接手了公司的相关专利，并开始了与瓦特长达 25 年的合作。博尔顿和瓦特的合作使蒸汽机广泛应用在工厂，成为几乎所有机器的动力，改变了人们的工作生产方式，促进了规模化经济的发展，大大提高了生产率，同时也使得商业投资更有效率。蒸汽机为一系列精密加工的革新提供了可能，更高的工艺保证使各种机器（包括蒸汽机本身）的性能提高。1794 年，瓦特与博尔顿合伙组建了专门制造蒸汽机的公司。在博尔顿的成功经营下，1794—1824 年公司共生产了 1165 台蒸汽机（图 2-2-9）。马克思曾这样评价："瓦特的伟大天才表现在 1784 年 4 月他所取得的专利说明书中，他没有把自己的蒸汽机说成是一种用于特殊目的的发明，而是把它说成是大工业普遍应用的发动机。"蒸汽机的出现结束了人们对于人力、畜力、自然力的依赖，是人类进入机械化时代的标志。

市场流行趣味是博尔顿产品设计和生产的指导法则，他的产品中既有新古典风格，也有洛可可风格，体现了博尔顿多样化的市场策略（图 2-2-10）。这些产品设计的来源基本上是厂外建筑师、艺术家之手，或者是市场上的关于图案、花纹的出版物，大多数情况下，设计被应用到生产过程中，而不是来自生产过程。随着生产的规模化、专业化、复杂化，设计与生产越来越分离，设计成为生产前的规划或生产后的精装。博尔顿还在工厂内部建立了手工艺部门，专门针对装饰性和个性化生产要求更高的产品，精致产品的手工艺劳动可以使产品的附加值更高，满足了上层阶级的需求，同时也保证了批量生产的高标准。

2.2.4　陶瓷业

中国是世界上最早应用陶器的国家，汉代的时候就能够制造出精美的陶瓷器，英文"China"既有中国的意思，又是陶瓷的意思，充分体现了中国是陶瓷的故乡。13—14 世纪，中国瓷器开始传到欧洲各国，得到欧洲人的热捧，并被迅速仿制，但由于找不到合适的溶剂材料，仿制并未成功，只能生产软质瓷。直到 18世纪，欧洲人才逐渐掌握了陶瓷器的制作方法，英、法、德、意大利、西班牙等国家都先后建立了瓷器厂。

德国的迈森国立瓷器制造厂于 1710 年成立。迈森是德国一

Born in Birmingham, Matthew Boulton was the son of a Birmingham manufacturer of small metal products who died when Boulton was 31. By then Boulton had managed the business for several years, and thereafter expanded it considerably, consolidating operations at the Soho Manufactory, built by him near Birmingham. At Soho, he adopted the latest techniques, branching into silver plate, ormolu and other decorative arts.

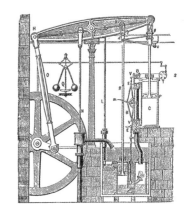

图 2-2-9　1784 年博尔顿和瓦特设计的蒸汽机平面图

The emergence of steam engines ended people's dependence on manpower, animal power and natural force and marked the entrance of humans into the era of mechanization.

Market popular interests were Boulton's guidance rules of product design and production. With neo-classical style and rococo style, his products reflected diverse marketing strategies.

图 2-2-10　博尔顿工厂生产的五金产品

图 2-2-11　东德邮票上的迈森瓷器

图 2-2-12　18 世纪法国塞弗尔瓷器

Josiah Wedgwood was an English potter who founded the Wedgwood company. He was perhaps the most famous potter of all time and was credited with the industrialization of the manufacture of pottery. "... it was by intensifying the division of labour that Wedgwood brought about the reduction of cost which enabled his pottery to find markets in all parts of Britain, and also of Europe and America." The renewed classical enthusiasms of the late 1760s and early 1770s was of major importance to his sales promotion. His goods were always considerably more expensive than those of his fellow potters... Every new invention that Wedgwood produced - green glaze, cream ware, black basalt and jasper - was quickly copied.

座小城，被称为"德国的景德镇"，在这里，一位名叫伯特格尔的炼金术士与宫廷科学家契恩豪斯探索出一整套制瓷工艺，炼制出了欧洲第一件洁白透明的白釉瓷器。迈森瓷厂从 1715 开始生产硬质瓷，饰以釉上彩（图 2-2-11）。而随着欧洲工业化的发展，迈森瓷器也受到沉重打击，手工制作已经满足不了市场的要求，新技术的瓷厂层出不穷，迈森瓷厂开始引进新技术创建现代化的工厂。

法国的塞弗尔瓷厂（现为法国塞弗尔国家陶瓷制造局），被冠以"皇家瓷厂"之名，初期获法国国王路易十五及其廷臣的赞助，蓬巴杜夫人更是直接参与陶瓷厂的生产与管理，并在 1759 年出资购买了瓷厂的全部产权。瓷厂早期产品主要是仿制德国迈森瓷器以及中国与日本瓷器，大部分为花瓶、茶具、咖啡具等，题材多为古希腊、古罗马神话故事和英雄传说以及古典的纹样，之后逐渐成为陶瓷艺术的时尚先锋，更成为凡尔赛宫和卢浮宫等地的奢侈品牌。在设计上，瓷厂的成功归功于两位关键人物。1748 年，青铜铸造与金饰品专家吉恩·克劳德·杜普雷斯（Jean Claude Duplessis，1695—1774）被派到瓷厂担任艺术总监，负责模具设计。他将青铜、银器等金属器皿的传统工艺与洛可可风格造型引入了瓷器设计与生产，创造了大量华贵精美的瓷器；1750 年，画家吉恩·雅克·巴契利尔（Jean Jacques Bachelier，1724—1806）被派到瓷厂担任绘画部艺术总监，负责瓷绘设计和雕塑工作室，其主要工作就是将 18 世纪法国雕塑家创作的最重要雕塑作品制成小的裸瓷雕塑（图 2-2-12）。塞弗尔瓷器在欧洲陶瓷发展史上具有重要而独特的贡献。

英国陶瓷业的典型代表是乔赛亚·韦奇伍德（Josiah Wedgwood，1730—1795）的陶瓷工厂。韦奇伍德出生于英国伯斯勒姆的陶工世家，他创建了 Wedgwood 陶瓷厂，是那个时代将工业化生产引入陶瓷加工业的最著名的人物，是英国 18 世纪下半叶颇有远见的企业家。他通过强化劳动分工降低生产成本，同时积极寻求包括英国在内的欧美国家市场，18 世纪中期对新古典的热情以及风格的引入也成为他产品促销的主要手段。他的产品一经出世便迅速被仿制，可见韦奇伍德在当时陶瓷业中的影响力。

韦奇伍德一生致力于建立大规模的现代工业，并积极开展商业活动，他在市场营销和管理方面颇具独到的眼光。韦奇伍德根据对欧洲陶瓷市场状况的分析，针对不同国家、地区以及不同阶层的消费者，制定了不同的营销策略，设计出不同的产品（如供上流阶层使用的富有艺术性的高档产品，以及大批量生产的日用品）来满足不同的市场需求，从而赢得了广泛的国际声誉和巨大的市场份额。此外，他还印刷了产品目录附以各国文字广为散发，并在各大城市设立产品的展销场所，顾客通过产品目录和展销品按照自己的喜好订购产品。韦奇伍德也因此被称为"现代市场学的先驱"。

在产品开发上，韦奇伍德进行了大规模的技术试验和革新。他采用机械化设备，引进最新技术和方法，实行劳动分工，操作工人只负责机械化制作过程，产品的形态和质量完全取决于设计，因此设计师和模具师受到重视。韦奇伍德注重将艺术与工业相结合，他生产的产品大多是新古典主义风格，他聘请了当时一些著名的新古典主义艺术家进行图样设计，设计成为独立于生产过程之外的工作。在装饰性陶瓷设计方面，韦奇伍德采用当时最新的工艺制造技术，生产出了一种黑色不上釉、质地精细的炻器（图 2-2-13）。这种炻器材质非常坚硬，虽然表面没有光泽，但可以通过抛光等方式仿制古董和文艺复兴时期的制品，满足了部分客户对古董的爱好。1755 年，他还推出了碧玉细炻器，并聘请雕刻家设计各种雕像和浮雕花样翻制到碧玉陶器上。这些白色装饰物贴附在陶器的胎体上，与胎体的颜色形成强烈对比，立体浮雕效果令人惊叹，每件作品都洋溢着浪漫与尊贵（图 2-2-14）。1763 年，他发明并生产了一种乳白色的日用陶器，将高品质与低价格结合起来，开启了现代陶瓷生产的新纪元。这类陶器被英国国王乔治三世的妻子夏洛特王后订购，而被冠以"女王牌"称号（图 2-2-15）。韦奇伍德后来被誉为"英国陶瓷之父"。不列颠百科全书对他的评价是："对陶瓷制造的卓越研究，对原料的深入探讨，对劳动力的合理安排，以及对商业组织的远见卓识，使他成为工业革命的伟大领袖之一。"正如他的墓碑上所写的："他将一个粗陋而不起眼的手工产业变成了优美的艺术创造和国家商业中举足轻重的一个部分。"

韦奇伍德去世后，他的子孙继承了他的事业，并使韦奇伍德始终位于世界陶瓷领导品牌地位（图 2-2-16）。韦奇伍德这个品牌也成了世界上最具英国传统的陶瓷艺术的象征。

2.3　18 世纪的设计风格

工业革命初期的设计风格是矛盾而混乱：一方面，新材料、新技术、新工艺、新的生产方式不断出现，传统的设计已经不能满足新形势下的要求，必须探索新的设计道路；另一方面，由于设计师大多数由旧式手工艺人和知名画家充当，思维的定式使他们摆脱不了以往的历史形式，在工业革命初期还需要借鉴以往的传统形式，旧有的风格与新材料和新技术之间产生了矛盾，出现了用历史题材与新材料结合。复古思潮影响了 18 世纪中期之后的设计活动，当时最为流行的是新古典主义、浪漫主义。

图 2-2-13　韦奇伍德设计的蓝底炻器提梁罐

图 2-2-14　波特兰花瓶复制品

图 2-2-15　女王牌瓷器

图 2-2-16　Wedgwood 访客中心

2.3.1　新古典主义

Neoclassicism is the name given to Western movements in the decorative and visual arts, literature, the atre, music, and architecture that draw inspiration from the "classical" art and culture of Ancient Greece or Ancient Rome. Neoclassicism was born in Rome in the mid-18th century, but its popularity spread all over Europe. The main Neoclassical movement coincided with the 18th century Age of Enlightenment, and continued into the early 19th century, latterly competing with Romanticism.

新古典主义是一场新的复古运动，在装饰、视觉艺术、文学、戏剧、音乐、建筑等诸多领域都有所体现，同时从古典艺术以及古希腊和古罗马文化中汲取灵感。它兴起于18世纪中期的罗马，并迅速扩展到在欧美等国家。新古典主义的兴起与18世纪启蒙思想同步，并一直持续到19世纪早期。

伏尔泰、卢梭等人的"自由""平等""博爱"的资产阶级人性论的启蒙思想以及反对宗教迷信和封建制度亘古不变的传统观念的无神论和理性主义在18世纪开始传播。当时两本关于艺术史的重要著作适时出版：一本是由英国人斯图亚特、李维特于1762年出版的《雅典的古迹》（*The Antiquities of Athens and Other Monuments of Greece*）；另一本是被称为"考古学之父"的德国考古学家、艺术学家温克尔曼出版的《古代艺术史》（*History of Ancient Art*）。这两本书强调了希腊风格和罗马风格的差别，推崇古希腊和古罗马在艺术和设计上的理性主义，也对洛可可风格轻浮、奢华、矫揉造作的内容作出批评。这些美学思想的传播也为新古典主义风格的流行做了观念上的宣传。

While paying attention to decorative effect, neoclassicism explored traditional connotations and restored classic temperament with simplified techniques, modern new materials and advanced technology and possessed classical and modern aesthetic effects. Neoclassicism reinterpreted the spiritual connotation of traditional culture and possessed the characteristics of the times such as conciseness, elegance and temperance. Due to the perfect combination of new classics, people were comforted spiritually while enjoying material civilization.

随着赫库兰尼姆和庞贝遗址被发掘，千余年前被火山灰堆埋葬的罗马文明又重现在世人面前，城内的建筑以及很多文物保存都比较完整，为西方世界研究古典文化提供了丰富的素材，人们对于古典文化也有了更深层的认识，认为古典艺术的质量远胜于奢华、繁缛、雕琢巴洛克和洛可可风格，这些考古发现也大大促进了新的设计探索，人们希望通过这种探索重振古希腊和古罗马的艺术，从而促进了新古典主义的产生。

新古典主义在注重装饰效果的同时，用简化手法、现代新材料和先进的工艺技术去探求传统的内涵、还原古典的气质，具备了古典与现代的双重审美效果。它重新诠释传统文化的精神内涵，具有简洁、典雅、节制的时代特征，新古典完美的结合也让人们在享受物质文明的同时得到了精神上的慰藉。

在建筑设计上，新古典主义具体表现为形体比较简单，样式独立，在细节处理方面较为朴实，摒弃了巴洛克建筑的那种扭动的、烦琐的纯装饰性构件，比例工整严谨，造型简洁轻快，形式符合逻辑。新古典主义有时还将古典元素抽象化为符号，运用在建筑中，既作为装饰，又起到隐喻的效果，实现历史与现代的连接。新古典主义建筑在其表面形式和文化蕴涵之间，创造了有意义的、立体的美学合成。同时，一些现代化的新材料如铸铁，也开始出现在新古典主义时期的建筑上。法国巴黎的万神庙（图2-3-1）建造于1789年前后，灵感来源于古希腊和古罗马的神庙神殿，整体设计为等臂十字架式，其西面则直接采用了古罗马庙宇正面的构图。著名的雄狮凯旋门

图2-3-1　法国万神庙外观及内部

（图2-3-2）也是以古罗马凯旋门为灵感和范例修建的，其外形单纯，追求形象的雄伟、壮丽与威严，与古罗马的凯旋门相比，雄狮凯旋门规模更为宏大，结构、风格都更为简洁。整座建筑除了檐部、墙身和墙基以外，不做任何大的划分，不用柱子，连扶壁柱也被免去，更没有线脚。

图2-3-2　雄狮凯旋门

图2-3-3　美国国会大厦

图2-3-4　罗伯特·亚当
于1776年设计的书架

　　法国新古典主义的风格以古罗马样式为主，而英国、德国主要以古希腊样式为主。如英国的不列颠博物馆，德国柏林的勃兰登堡门（仿雅典卫城的山门）、柏林宫廷剧院都是复兴希腊建筑形式的。美国在独立后，其建筑设计也是借助于希腊、罗马的古典建筑来表现民主、自由、光荣和独立，如美国国会大厦（图2-3-3）便仿巴黎万神庙建成，整个建筑力图表现公元前5世纪希腊盛期的民主精神，象征美国独立战争的胜利。

　　在产品设计方面，新古典主义放弃了洛可可风格华丽贵重的材料和弯曲缠绕的线条，更注重合理的结构和简洁的形式，细节处理上偏于使用直线，遵守对称原则，同时使用浅浮雕的装饰手法，用古典建筑形式装点产品部件，极富纪念性效果。颜色运用上，白色、金色、黄色、暗红色是常见的主色调，少量白色糅合，使色彩看起来明亮，显得低调奢华。这些特点明显地体现于18世纪的家具设计上。除了前文提到的家具设计大师齐彭代尔、海本威特、谢拉顿之外，还有罗伯特·亚当（Robert Adam，1728—1792）。罗伯特·亚当在1754—1758年游学于意大利，先后考察了罗马、那不勒斯、佛罗伦萨、威尼斯等地，对古代罗马及文艺复兴时期的古典主义风格进行了深入的研究，回国后创办设计事务所，成为英国新古典主义运动的先驱。建筑师出身的罗伯特·亚当在家具设计中采用对称形式，家具的结构简洁规整，多数地方采用方形直线框架构成，装饰上也作了古典化的处理，例如将大量卷叶、凹槽纹样，花瓶图案，斯芬克斯、丘比特等古典元素雕刻在家具上。亚当式家具整体造型简单而朴素，线条明晰而稳健，形成了一种规整、优美、朴素的古典美（图2-3-4）。18世纪后期，亚当式家具流行于英国伦敦，取代了享誉已久的齐彭代尔式家具。

In the aspect of product design, neo-classicism gave up the gorgeous and precious materials and curved and winding lines of rococo style and paid more attention to reasonable structure and concise forms. In the aspect of detail treatment, products preferred touse straight lines, adhered to the principle of symmetry and applied the decoration technique of bas-reliefs.

2.3.2　浪漫主义

Romanticism was an artistic, literary, and intellectual movement that originated in Europe toward the end of the 18th century and in most areas was at its peak in the approximate period from 1800 to 1850. Romanticism was characterized by its emphasis on emotion and individualism as well as glorification of all the past and nature, the latter also being celebrated. It was partly a reaction to the Industrial Revolution, the aristocratic social and political norms of the Age of Enlightenment, and the scientific rationalization of nature.

图 2-3-5　英国议会大厦全景

The Palace of Westminster is the meeting place of the House of Commons and the House of Lords, the two houses of the Parliament of the United Kingdom. Commonly known as the Houses of Parliament after its occupants, It is also known as the "heart of British politics". The Palace lies on the northern bank of the River Thames in the City of Westminster, in central London.

The development of modern design was always connected with the change of social productivity closely. With the progress of the society, design also developed in a more rational direction.

　　浪漫主义起源于18世纪的欧洲，一直持续到19世纪上半叶并在1850年达到顶峰。浪漫主义颂扬情感而摆脱理性，追求个人自由和回归自然。作为对工业革命机器大生产、启蒙时代的贵族社会和政治规范以及自然科学的合理化的反映，它逃避工业化城市的喧嚣，向往中世纪的田园生活的情趣，崇尚传统的文化艺术，企图用中世纪艺术的自然形式对抗资本主义制度下用机器制造的产品，同时也夹杂了消极的虚无主义的色彩。由于浪漫主义反对工业化生产，也就无法解决工业条件下的设计问题，并且对后来反对机械化英国艺术和手工艺运动产生深远影响。

　　进入19世纪，哥特式的复兴成为浪漫主义的主流，哥特式神秘风格不仅出现在建筑设计上，也影响了家具等产品设计。英国议会大厦（又称威斯敏斯特宫）是大型公共建筑中第一个哥特复兴杰作（图2-3-5）。英国议会大厦被视为是"英国政治的心脏"，它由下议院和上议院构成，位于伦敦市中心的泰晤士河畔，也是英国浪漫主义建筑盛期的标志。1834年，宫殿因一个炉子点燃了上院的镶板，从而发生火灾，烧毁了建筑的中心部分。重建工作由英国建筑师查尔斯·巴里爵士（Sir Charles Barry，1795—1860）负责，得到了哥特风格建筑师奥古斯塔斯·普金的协助（Augustus Pugin，1812—1852），普金以他富有创造性和想象力的设计使议会大厦和它的塔楼装饰有众多样式独特的石雕，他还完成了议会大厦的哥特风格的内饰设计，大厦内部到处都是雕花的人行道、华盖、像龛，色彩明快的马赛克拼嵌画，大型的水彩壁画。杂乱的色彩和图案，过于复杂的细节上的装饰使得现代参观者有些眼花缭乱。整体造型和谐融合，充分体现了浪漫主义建筑风格的丰富情感。其平面沿泰晤士河南北向展开，可以看到有若干小型花园环绕其间，充分体现了浪漫主义的特点。特别是它沿泰晤士河的立面，平稳中有变化，协调中有对比，形成了统一而又丰富的形象，流露出浪漫主义建筑的复杂心理和丰富的情感。

　　18世纪的工业革命不仅改变了旧有的生产方式，促进了生产力的极大发展，它所带来的新技术、新材料、新的生产方式也改变了设计的发展走向，这是一个从手工艺设计到现代设计的过渡时期，混乱和矛盾在所难免，并且一直持续到19世纪。现代设计的发展总是和社会生产力的变革紧密联系在一起，社会在进步，设计也在更加理性地发展。

本章关键名词术语中英文对照表

工业革命	Industrial Revolution	设计图集	Design Atlas
机器时代	the Age of Machines	飞梭	Flying Shuttle
中国风	Chinoiserie	纺织业	Textile Industry
五金业	Hardware Industry	陶瓷业	Ceramic Industry
家具业	Furniture Industry	蒸汽机	Steam Engine
机械化时代	Mechanical Times	新古典主义	Neoclassicism
浪漫主义	Romanticism		

思 考 题

1. 工业革命对现代设计的影响主要体现在哪些方面？

2. 以博尔顿为代表的小五金业和以韦奇伍德为代表的陶瓷业在产品设计和生产销售中的相同点有哪些？

3. 18 世纪主要有哪些设计风格？各自的特点是什么？

参 考 文 献

[1] LITCHFIELD F. A history of furniture [M]. DoD Books on Demand, 2013.

[2] ASHTON T S. The industrial revolution 1760—1830 [J]. OUP Catalogue, 1997.

[3] KING S, TIMMINS G. Making sense of the industrial revolution: english economy and society 1700—1850 [M]. Manchester: Manchester University Press, 2001.

[4] IRWIN D. Neoclassicism [M]. London: Phaidon, 1997.

[5] BEERS H A. A history of english romanticism in the eighteenth century (Routledge Revivals) [M]. London: Routledge, 2015.

[6] UGLOW J. The lunar men: Five friends whose curiosity changed the world [M]. New York: Macmillan, 2003.

[7] 程能林. 工业设计概论 [M]. 北京: 机械工业出版社, 2003.

[8] 李砚祖. 艺术设计概论 [M]. 武汉: 湖北美术出版社, 2009.

[9] 李艳, 张蓓蓓, 姜洪奎. 工业设计概论 [M]. 北京: 电子工业出版社, 2013.

[10] 许喜华. 工业设计概论 [M]. 北京: 北京理工大学出版社, 2008.

[11] 张怀强. 工业设计史 [M]. 郑州: 郑州大学出版社, 2004.

[12] 王受之. 世界现代设计史 [M]. 北京: 中国青年出版社, 2002.

[13] 何人可. 工业设计史 [M]. 北京: 高等教育出版社, 2006.

[14] 王敏. 西方工业设计史 [M]. 重庆: 重庆大学出版社, 2013.

[15] 李亮之. 世界工业设计史潮 [M]. 北京: 中国轻工业出版社, 2006.

[16] 王晨升. 工业设计史 [M]. 上海: 上海人民美术出版社, 2012.

[17] 胡天璇, 曾山, 王庆. 外国近现代设计史 [M]. 北京: 机械工业出版社, 2012.

[18] 高茜. 现代设计史 [M]. 上海: 华东理工大学出版社, 2011.

[19] 沈爱凤. 中外设计史 [M]. 北京: 中国纺织出版社, 2014.

CHAPTER 3

19 世纪的设计变革
Chapter 3 Design Reform in the 19th Century

图 3-1-1 1866 年，英国中部城市伍尔弗汉普顿（绘画作品）

After the Industrial Revolution, the traditional production mode of manual workshops changed. Design separated itself from the manufacturing industry and became an independent industry. Knowledge and skills mastered by designers and producers for their work were correlated and relatively independent.

Compared with products in the handicraft industry era, industrial products presented obvious characteristics of mechanization.

3.1 19 世纪设计的发展

狄更斯在《艰难时世》中写道："这是一个由红砖砌成的小镇，假如烟尘与污垢还没有掩盖其颜色的话。事实上，这是一个由不协调的红黑二色组成的城镇，就像脸上涂有颜色的野蛮人。这是一个机器和高高的烟囱无所不在的小镇，浓烟如同首尾相接的长蛇，无休无止盘旋下去。镇上有一条黑黑的运河，还有一条被污染呈紫色的小溪，散发出刺鼻的异味；还有一大群的房子，从早到晚，窗户被震得嘎嘎作响；在其附近，蒸汽机的活塞一上一下地做着单调的起伏，仿佛忧伤以致失去理智的大象。"这是 19 世纪布满工厂的欧洲城市和乡镇的真实写照（图 3-1-1）。随着工业革命的推进，社会环境发生了巨大变化，城市得以发展，同时也伴随了住房紧张、环境恶劣、失业率高等一系列问题，资产阶级和无产阶级两大对立阶级之间的矛盾也随着贫富差距的扩大而日益恶化。工人们处于社会和政治的边缘，低收入、工作环境恶劣、超负荷劳作是他们的代名词。这种现状引起了设计先驱们的忧虑，他们既厌恶蔓延英国乃至欧洲的维多利亚风格，又对工业化的到来深感恐惧。但在职业责任的驱使下，他们力图通过设计和美育改善大众的生活品质。

到了 19 世纪中叶，欧洲各国的工业革命都先后完成。工业革命后，传统手工作坊式的生产方式发生改变，设计从制造业中分离出来，成为独立的行业，设计师与生产者各自工作所需掌握的知识技能相互关联，但又相对独立。工人成为体现设计师设计意图的工具，由于标准化生产，通过机器加工出来的产品完全一样，不存在设计师个人风格和设计技巧，设计师和工人的劳动失去了手工匠人工作的激情和乐趣，产品的艺术风格无人关心。与手工业时代产品相比，工业产品呈现明显的机械化特性。很多产品的造型和装饰设计仍然照搬传统手工业产品的样式，人们认为只有在外形简洁的机制产品上加以花样烦琐的传统样式才可以接受，因此机制产品相比过去精雕细琢的手工业产品显得不伦不类，粗糙低劣，设计面临着艰难的过渡。

尽管如此，机器生产带来的技术环境使设计师可能利用比手工时代更加广泛有力的手段来实现自己设计意图。史学界认为"18 世纪末至 19 世纪中期，对欧洲大陆来说是一个大动荡时代，同时也是历史性变革的时代"。新的工业中心不断涌现，机器生产使产品增长速度突飞猛进，作为销售渠道的市场拥有的商品比以前更为丰富，各个阶级的人们都可以从这个时代的新发明体会到社会的进步，自给自足、自产自销的自然经济消亡。城市的发展也给商品的流通提供了广阔市场，工业化的发展使工厂遍布大小城市，工人成为城市居民，并成为廉价商品的主要消费者，商品经济成为城市的主要经济形态。自由竞争使城市商业出现了畸形的发展和繁荣，企业主为了取得富有竞争力的产品设计而开始扶持设计行业，市场的发展也要求全面提高竞争力的新的设计思想和设计体系的出现。虽然机械化大生产带来了暂时的设计上的混乱和审美上的低下，但从长远来看，机器生产和新的材料、能源、动力的使用给设计带来巨大的发展空间，设计师除了从科学的角度思考外，更多的还要从经济的角度思考。

Due to free competition, deformed development and prosperity appeared in urban commerce. To obtain competitive product design, business owners started to support the design industry. Market development also called for all - round improvement and competitive and new design ideas and the appearance of design system.

3.1.1 19 世纪的设计风格

随着工业革命的开展，新型的工厂如雨后春笋般遍布大小城市，大批工业产品被投放到市场上，商业化的生产改变了产品以前的形式和价值观，其设计水平却不容乐观。人们认为工业可以代替手工业，由于制造工艺、材料等原因，艺术和设计并不能完好契合。这个时期的产品出现了两种倾向，第一种是粗制滥造、艺术水准低下的工业产品。一方面由于一些艺术家不能接受新兴的工业产品，认为它们是低俗的艺术形式，不屑于参与到生产制造中，另一方面企业主为追逐利益，使用机械和廉价新材料大量复制以往复杂的装饰，替代昂贵的材料，追求低成本、高收入的批量化生产，对产品的艺术性漠不关心，这就造成了新的工业产品审美标准的降低，与手工业时代精美绝伦的手工艺品相差甚远。与此相反的第二种倾向是受到维多利亚时代过度装饰、矫揉造作风格的影响，少数权贵依然追求手工制作、精美奢华，肆意模仿各种历史风格，作品呈现出折中、复古、多变的设计倾向，如在蒸汽机上装饰哥特式花纹、金属椅子上漆上木纹、纺织机上加以洛可可风格饰物等。

Products during this period showed two tendencies. The first tendency involved shoddy industrial products with a low artistic standard.

According to the second tendency, a few privileged socialites still pursued hand - made, exquisite and luxury products which imitated various historical styles without restraint under the influence of over - decorated and mannerist style in the Victorian era. Works presented an eclectic, vintage and changeable design tendency.

19 世纪上半叶，折中主义开始在欧洲国家流行。折中主义原是哲学名词，意为没有自己独立的见解和固定的立场，只把各种不同的思潮、理论，无原则地、机械地拼凑在一起的思维方式，是形而上学思维方式的一种表现形式。在哲学上，折中

Eclectic style referred to randomly imitating a variety of styles of various historical periods instead of being limited to a specific style, taking design elements from them to complete piece – together, piling, transformation and recombination, and forming complicated and luxury design styles. Eclecticism never amounted to a movement or constituted a specific style.

图 3-1-2　巴黎歌剧院

图 3-1-3　始建于 1876 年的
巴黎圣心教堂

图 3-1-4　始建于 1869 年的
新天鹅堡

The intervention of oriental culture provided more possibilities for the design style of the 19th century in the aspect of design mode and decoration method.

主义者企图把唯物主义和唯心主义混合起来，建立一种超乎两者之上的哲学体系。这种思想兴起较晚，但持续了整整一个世纪，特别是体现在建筑和工业产品设计中，20 世纪初在欧美国家盛极一时。

英国在商业化和工业化高速发展的背景下，迎来了维多利亚时代艺术的鼎盛时期，折中主义风格在建筑和工业产品中迅速发展起来。折中主义风格是指任意模仿各历史时期的各种风格，不拘泥于某种特定风格，从各种风格中汲取设计元素并进行拼凑、堆砌、变形与重组，从而形成繁复奢华的设计样式。折中主义没有形成一种运动或者特定的风格。由于它汇聚了包括古希腊式、古罗马式、拜占庭式、哥特式、巴洛克式等各个历史时期的建筑风格和装饰元素，也被称为"集仿主义"。

折中主义风格流行的原因是多方面的。首先，资产阶级已不再是为自由主义而战的斗士，他们更多地追求物质财富。资本主义需要用丰富多彩的式样来满足和刺激市场，新颖、猎奇成为产品形式所追求的时尚，同时资产阶级新贵们也需要借助古代艺术追求"优美""高贵"和"典雅"的趣味。其次，19 世纪的交通已很便利，东西方以及欧洲各国之间的贸易往来不断，文化交融。同时考古学大为发达，加上摄影技术的发明，帮助人们重新认识和掌握了古代遗产，可以从中汲取灵感进行创作。

折中主义建筑的代表作有巴黎歌剧院、巴黎圣心教堂、德国巴伐利亚州的新天鹅堡等（图 3-1-2～图 3-1-4）。巴黎歌剧院是折中主义登峰造极的作品，它的立面采用了意大利晚期巴洛克建筑风格，并掺进了烦琐的雕饰；巴黎的圣心教堂高耸的穹顶和厚实的墙身兼具拜占庭建筑和罗马建筑的风格，同时颇具东方情调；德国巴伐利亚州的新天鹅堡兼具罗马和哥特建筑的某些特点。

18 世纪下半叶在英、法等国家流行的中国元素在 19 世纪依然兴盛。随着海外贸易的发展，以中国文化为代表的东方文化传播日益广泛。日本版画中的一些动植物图案也被欧洲设计师吸纳到自己的设计作品中，日本的建筑、室内装饰、工艺品、服装、茶道等成为 19 世纪欧洲流行文化。东西方文化元素在很多建筑和产品上汇合，形成折中的风格。东方文化的介入为 19 世纪设计风格在设计模式和装饰手法上提供了更多的可能。

总之，19 世纪维多利亚时代的设计风格既涵盖了古罗马的宏大、古希腊的严谨、中世纪哥特式的瑰丽神秘、文艺复兴时期的典雅，又包括了巴洛克的雄伟、洛可可的精致、新古典主义的简洁，还有东方文化的浪漫情调，无论样式和内涵都丰富多彩。但由于设计师无法正确认识社会的急剧变化，主流风格销声匿迹，只能一味再现和融合过去的艺术风格，导致了折中主义的盛行。

3.1.2　设计先驱的理论与思想

　　工业革命改变了传统的手工艺设计。随着技术革新步伐的加快，种种社会问题的出现引起了一大批心怀责任感的社会活动家、艺术家、设计师的关注，他们具有强烈的改革热情，力图通过社会活动、设计实践改善环境污染、设计质量倒退等不良状况，在设计和现代社会间建立一种和谐的关系，减少工业化浪潮所带来的负面影响。他们一方面呼吁政府组织遴选委员会、建立博物馆、发行出版物，向公众展示优秀和高品质的工业产品和设计思想；另一方面倡导兴建学校，发展规范的艺术教育，大力培养专业的设计人才。19 世纪 30 年代，英国议会专门设立了一个委员会，试图找到"在民众中扩大艺术知识和设计原则的影响的最佳方法"，并引进国外设计的经验。委员会的工作促成了英国第一所博物馆的成立。通过参观博物馆中展示的各个年代、各个国家和地区的优良产品，民众对设计和美产生感知，年轻的设计师得到艺术熏陶，这是很有意义的。在委员会的倡议下，英国第一所设计学院——皇家艺术学院成立，这被认为是新机器时代的重要标志。

　　亨利·科尔（Henry Cole，1808—1882）被誉为英国近现代设计教育的拓荒者。作为一名政府官员，他促成了 19 世纪英国商业和教育方面的设计创新。他是最早对机械化产品滥用装饰提出批评并主张改革的人，他和他的追随者对机械化生产中产生的艺术与技术分离的问题极为关注，但对新技术的态度并不消极，而是主张从源头寻找解决工业化初期工业生产产生的一系列矛盾的方法。科尔提倡加强艺术设计教育与工业生产和商贸之间的联系，建立从专业教育到大众教育的设计教育网络。科尔的设计教育思想不仅改变了当年设计教育发展的面貌，而且对后世的设计教育产生了深远的影响。

　　亨利·科尔还改革了英国的邮政系统，并于 1843 年推行了世界上第一张商业圣诞卡（图 3-1-6）。他个人对工业设计十分感兴趣，甚至亲自设计了一把茶壶，并于 1845 年在英国艺术协会主办的竞赛中获奖。这把茶壶的装饰兼有自然主义风格和文艺复兴样式，可见他的设计也并不能脱离当时折中主义的倾向。科尔更加看重设计的商业价值，力图使设计与工业、市场相结合。1847 年，科尔成立了萨默里艺术品制造厂，设计生产餐具、茶具（图 3-1-7）、花瓶、灯具、雨伞，以及旅游手册、儿童书籍等产品。通过萨默里这个平台，科尔聚集了众多优秀的艺术家和制造商，尝试各种工艺技术和风格流派，实现产品在审美和实用之间的平衡。1849 年，科尔创办了《设计与制造》杂志（*Journal of Design and Manufactures*），用来宣扬自己以及追随者的思想，其中包括在平衡设计的道德准则与装饰的重要性方面所做的深刻探讨，如"设计具有双重性，首先对所有设计的东西应严格

图 3-1-5　英国近现代设计教育的拓荒者亨利·科尔

Sir Henry Cole was a British civil servant and inventor who facilitated many innovations in commerce and education in 19th century Britain. He was known as a pioneer of British modern design education.

Cole reformed the postal system in Britain and was credited with devising the concept of sending greetings cards at Christmas time, introducing the world's first commercial Christmas card in 1843.

图 3-1-6　亨利·科尔推行的世界上第一张圣诞卡

图 3-1-7　亨利·科尔设计的茶具

图 3-1-8　英国设计改革先驱普金像

Augustus Welby Northmore Pugin (1812—1852) was an English architect, designer, artist and critic, chiefly remembered for his pioneering role in the Gothic Revival style; his work culminated in the interior design of the Palace of Westminster. Pugin designed many churches in England, and some in Ireland and Australia.

图 3-1-9　普金设计的桌椅

This table showed the method of construction and simplicity typical of the Gothic Revival. The X-frame supports, the carved decoration and the use of chamfered or beveled edges were details taken from buildings and church woodwork by the designer. This table was part of a large collection of furniture that he designed for a house in Sussex.

图 3-1-10　莫兹利设计
制造的螺纹机床

考虑其实用方面，然后才是对实用进行美化或装饰"，"只有当装饰的手法严格依据生产的科学理论来引导的时候，也就是说，只有当设计师在材料的物理条件以及制造的经济作用所限定和支配的范围内发挥其想象力的时候，才能获得设计的美"等观点。

与科尔同时期、对近代设计产生重要影响的另一位改革先驱是英国建筑师、设计理论家、艺术家奥古斯都·普金（Augustus Pugin，1812—1852）（图 3-1-8），他出身于建筑世家。普金和他的父亲都是哥特风格的爱好者，对哥特复兴风格的推行有重要影响。普金认为整个英国的审美情趣处于衰败状态，他选择哥特式作为变革的动力和理论来源，认为哥特式体现了美学和道德的和谐统一，只有哥特式才是基督教社会的真正象征。普金的产品几乎都带有哥特艺术的影子，他设计的家具中也带有尖拱形、三重组合结构等哥特造型语言。普金为英国议会大厦设计的内部装修是新哥特主义的代表作。此外，普金还在英国、爱尔兰和澳大利亚等地设计了很多带有哥特风格的教堂。

普金反对过度的装饰和混乱的折中主义风格，认为设计应该尊重功能、结构、材料的真实性（图 3-1-9），他在书中公然批评那些"为放置墨水缸而设计的台饰，为安置灯罩而设计的纪念性十字架，为看门人设计的门把手上的三角饰，以及为了放置一盏法国灯而设计的四人雕塑入口和一堆柱饰"，指责那种"伪装而不是美化实用物品的虚假玩意儿"。他认为设计是一种道德活动，设计者的态度通过作品转移到他人身上，因此必须郑重对待，并且设计的形式应该符合正当的需求。他还反对"纯美"的观点，认为装饰应最大程度地服务于结构、适应于材料，使产品更加完整，同时装饰应该程式化并加以几何化处理，以加强其表现形式。

3.1.3　19 世纪的产品设计

3.1.3.1　机床设计

机床工业的发展推进了工业革命的进程。早期的机床设计更多关注功能和技术革新，而无暇顾及机器的外观，因而大多外形简陋粗糙。英国发明家亨利·莫兹利（Henry Maudslay，1771—1831）被誉为"车床之父"，他于 1800 年设计制造的螺纹机床（图 3-1-10），用坚实的铸铁床身代替了三角铁棒机架，用惰轮配合交换齿轮对代替了更换不同螺距的丝杠来车削不同螺距的螺纹。简洁稳重的外观使这款机器成为现代车床的原型。19 世纪的设计风格也影响了机床的外观设计。19 世纪初，出生于法国的工程师马克·伊桑巴德·布鲁内尔（Marc Isambard Brunel，1769—1849）为朴茨茅斯皇家船厂大批量制造滑轮设计了一系列的机床，这些机床用金属制造，坚固耐用，加工精度也很高，成为后来机床生产的范本。从产品外观看，机床的设计明显受到了当时流行趣味的影响，在机器框架上运用了建筑上的某些形式，这种装饰的手法在当时颇为流行，也是 19 世纪在机器上追求功能与形式和谐的体现（图 3-1-11）。

现代机床稳重、质朴、简洁的形式感来源于英国机械工程师、企业家、发明家约瑟夫·惠特沃斯（Joseph Whitworth，1803—1887）的设计。惠特沃斯被誉为 19 世纪最优秀的机械技师，他 14 岁进入叔父的棉纺厂学习机械，后来到伦敦莫兹利的工厂工作，莫兹利的设计对他影响极大。以往的机床设计为了增加造型的美感，往往使用建筑构件和弯曲状的床腿作为装饰，而惠特沃斯设计的机床已经基本上抛弃了那种带有建筑风格的装饰，转而采用一种整体式的设计。惠特沃斯致力于标准化设计和生产，他设计的很多机床采用标准化的方法制造，质量水平很高（图 3-1-12）。他发明了英国惠氏标准系统，创造了一个公认的标准螺纹。他建议全部的机床生产者都采用同一尺寸的标准螺纹。

图 3-1-11　布鲁内尔机床
设计模型

Sir Joseph Whitworth was an English engineer, entrepreneur and inventor. In 1841, he devised the British Standard Whitworth System, which created an accepted standard for screw threads.

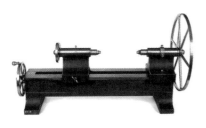

图 3-1-12　惠特沃斯
设计的高精度测量机床

图 3-1-13　布莱克特于 1813 年
设计的蒸汽机车

图 3-1-14　史蒂芬森于 1829 年
设计的火箭号机车

3.1.3.2　机车设计

19 世纪初，在英国出现了用机动车牵引车列在轨道上行驶于城市之间以输送货物或旅客的运输方式，这就是铁路史的开端，也是机车设计制造和应用的开端。

早期的机车设计极为简陋，1813 年，克里斯托弗·布莱克特（Christopher Blackett，1751—1829）主持制造了一辆运行于怀勒姆和莱明顿之间的用于运煤的蒸汽机车，这辆机车外形庞大繁杂，外形直接反映了其功能，毫无美感可言（图 3-1-13）。随着铁路的发展和技术的成熟，越来越多的机车被制造出来，除了满足特定的功能外，对机车的外观也越来越重视。乔治·史蒂芬森（George Stephenson，1781—1848）是英国机械工程师、土木工程师，他主持建造了公共城际铁路线——利物浦和曼彻斯特铁路，被称为"铁道之父"。1829 年，在利物浦和曼彻斯特铁路即将完工之际，主管决定举办一场竞赛来挑选在此运行的第一列旅客列车，参赛机车的质量要不少于 6 吨，同时能够保证运行完总里程。史蒂芬森与其儿子用来参赛的火箭号机车（图 3-1-14）以时速 58 千米的优异成绩赢得了比赛，受到世界瞩目。这辆机车在性能和外观上都有很大的改善，为后来机车的设计奠定了

As the L&MR (Liverpool and Manchester Railway) approached completion in 1829, its directors arranged a competition to decide who would build its locomotives, and the Rainhill Trials were run in October 1829. Entries could weigh no more than six tons and had to travel along the track for a total distance of 60 miles (97km). Stephenson's entry was Rocket, and its performance in winning the contest made it famous.

图 3-1-15 大卫·乔伊于 1847 年
设计的杰尼林德号机车

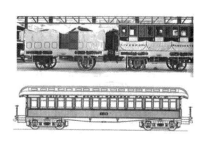

图 3-1-16 英美早期客车车厢对比

图 3-1-17 1790 年法国人德·
希弗拉克发明的两轮坐车

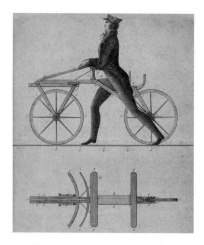

图 3-1-18 1817 年德莱斯
设计的自行车

基础。

1847 年，英国工程师大卫·乔伊（David Joy，1825—1903）设计完成的杰尼林德号机车运行于布莱顿至南海岸。这辆机车的外观设计使用了壳体，将机器部件包裹于其内，增强了整体感。建筑构件的装饰元素体现于机车的安全阀和蒸汽包上，但并不显得突兀。沿水平向延伸的金属框架，与铁轨、锅炉的水平线条相呼应，增强了设计美感（图 3-1-15）。

19 世纪，英国铁路公司之间的竞争十分激烈，为了获取市场优势，各公司都十分重视机车的外观设计，不惜通过大量的人力工作和手工修饰保证机车外观设计的质量。同时，各公司也致力在机车设计上体现自己的风格，创造一种与众不同的视觉特征，并将这种视觉特征延伸至员工的服饰、企业宣传单以及附属产品上，这便是早期的企业形象设计。

客车车厢的设计也因国家和地域的不同而不同（图 3-1-16）。就英国而言，19 世纪以前，马车是主要的城市交通工具，在 19 世纪火车和汽车凭借其快速、稳定、舒适等优势逐渐代替了马车，但人们的马车情结却挥之不去。英国早期的机车车厢就是将几节形似马车的车厢首尾连接，固定在底盘上，乘客由每个包厢的侧门进入。而美国机车的车厢则更接近现在的火车车厢，没有包厢，一节车厢分前后门出入，中间廊道联系两端，双人座位排列于廊道两侧，车厢宽敞明亮。由于美国地域广阔，气候变化大，机车经常要运行很长时间，因此车厢内也配有卫生间、取暖设备等。

3.1.3.3 自行车设计

19 世纪出现的另一个改变人们出行方式的交通工具是自行车。自行车具有使用和维修方便、重量轻、无污染、出行成本低等优点，受到人们的欢迎。它既能作为代步工具，也能作为运载货物的工具，它的设计相对于汽车和机车无论在结构还是功能上都要简单得多。

有据可查的最早的自行车雏形是 1790 年法国人德·希弗拉克（Comte Mede de Sivrac）发明的两轮坐车（图 3-1-17），这辆最早的自行车没有车把、脚蹬、链条，没有驱动装置和转向装置，人在上面只能两脚着地，向后用力蹬，使其沿直线前行。正当希弗拉克想继续改进它的时候，却因病去世了。1817 年德国人卡尔·德莱斯（Karl Drais，1785—1851）在希弗拉克两轮坐车的基础上，在前轮上加了一个控制方向的车把，通过转动轴可以改变自行车前进的方向，这是自行车设计上的一个重要突破（图 3-1-18），但驱动方式依然是脚蹬地面推动车子向前滚动，它的外观设计依然十分简陋。德莱斯的木马自行车于 1818 年正式取得德国及法国的专利（图 3-1-19）。1818 年英国机械师丹尼士·强生（Dening Johnson）率先以铁取代了木头，作为车轮的骨架，并在转向轴上方加了一条横木，更有利于推车。作为一种流行产品，加上铁艺的运用，自行车设计在外观上更加丰富，框架的弯曲线条更加富有装饰性。此后的十几年里，这款自行车风靡欧美各国。1830 年，法国政府正式决定以木马自行车作为邮差送信的交通工具。

 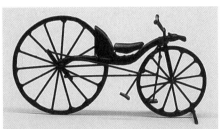 

图 3 - 1 - 19　19 世纪欧洲大陆　　图 3 - 1 - 20　麦克米兰改进的　　图 3 - 1 - 21　1885 年斯达雷设计的
　　　　流行的木马自行车　　　　　　　　踏板自行车　　　　　　　　　　路虎安全自行车

　　苏格兰的冶铁匠柯克帕特里克·麦克米兰（Kirkpatrick Macmillan，1812—1878）研究坐在车上脚不蹬地使车子前进。1839 年他将木马自行车进行了改良，设计了一辆后轮大于前轮，并在前轮加上踏板来驱动车子的自行车（图 3 - 1 - 20），骑乘时不需再以脚踩地面去转动轮子前进。1870 年，英国人詹姆斯·史达雷（James Starley，1831—1881）设计了大小轮自行车，其后轮的直径只有 90 厘米，前驱动轮直径却超过 125 厘米，行车速度很快。与此同时，法国人也对自行车做了改良，将车了的材质由木头换成铁与橡胶。金属及其加工工艺的发展为产品造型提供了更多的可能性。铁质自行车也是前轮驱动，前轮直径比后轮直径大数倍。这种自行车骑起来很危险，特别是遇到下坡时，更容易摔倒。

　　英国机械工程师约翰·肯普·斯达雷（John Kemp Starley，1855—1901）是英国发明家和实业家，被认为是现代自行车鼻祖，也是路虎（Rover）的命名者。1885 年他设计出了新的自行车样式——路虎安全自行车（图 3 - 1 - 21）。这辆自行车采用后轮链条驱动，把自行车前后轮改为大小相同以保持平衡，装上前叉和车闸，并用钢管制成了菱形车架，车型与现代自行车基本相同。随着刹车、充气轮胎、无缝钢管等发明的运用，"安全自行车"将一系列革新融汇为一个协调的整体。

　　从 18 世纪末到 19 世纪末，自行车的发明与改进是几个国家发明家、设计师共同努力的成果。在 19 世纪定型后，到了 20 世纪自行车又有所发展，出现了躺式自行车。时至今日，自行车已成为全世界使用最多、最简单、最实用的交通工具。

3.1.3.4　索涅特与家具设计

　　19 世纪家具设计的典型代表是维也纳索涅特公司生产的曲木家具。迈克尔·索涅特（Michael Thonet，1796—1871）生于德国，是 19 世纪著名的家具设计师和制造商，1853 年他在奥地利

John Kemp Starley (1855—1901) was an English inventor and industrialist who was widely considered the inventor of the modern bicycle, and also originator of the name Rover. In 1885 Starley made history when he produced the Rover Safety Bicycle - a rear - wheel - drive, chain - driven cycle with two similar - sized wheels, making it more stable than the previous high wheeler designs.

Thonet's essential breakthrough was his success in having light, strong wood bent into curved, graceful shapes by forming the wood in hot steam. This enabled him to design entirely novel, elegant, lightweight, durable and comfortable furniture, which appealed strongly to fashion – a complete departure from the heavy, carved designs of the past – and whose aesthetic and functional appeal remains to this day.

维也纳开设索涅特公司。他善于创造性地使用新材料，引进新设备和新技术，他设计的曲木家具极为有名。他最重要的技术突破是成功地将轻而坚硬的木材通过蒸汽加热弯曲成优美的曲线造型，这项技术为他设计全新的优美、轻量、耐用的家具提供了保障。曲木家具具有很强的时尚性，与以往的雕刻设计完全不同，其功能和美学价值一直延续至今。具体做法是：将细木条用蒸汽加热，借助机械力使之弯曲到合适的形状，再将其胶合在一起形成厚度，并用螺钉进行装配。索涅特公司将机械化批量生产应用于家具制造，生产的很多产品的部件都可以进行互换，因此在保证产品的美学价值的基础上，降低了生产成本，很快占领了市场，进入普通百姓家。

图 3-1-22　迈克尔·索涅特　　图 3-1-23　索涅特于 1859 年设计的 14 号椅

Thonet's most famous furniture design was the No. 14 chair which was introduced in 1859. The chair was called "coffee shop chair" or "chair of chairs" with some 50 million produced up until 1930 and still in production today. As soon as the chair was launched, Michael Thonet won an international reputation. What was revolutionary about the former No. 14, which is today's No. 214, was the fact that it could be disassembled into a few components and thus produced in work – sharing processes. The chair could be exported to all nations of the world in simple, space saving packages: 36 disassembled chairs could fit into a one cubic meter box. It yielded a gold medal for Thonet's enterprise at the 1867 Paris World's Fair.

索涅特（图 3-1-22）最有名的家具设计当属 1859 年设计生产的 14 号椅（当年被称为 14 号椅，现在被称为 214 号椅，图 3-1-23）。这把椅子也被称为咖啡馆椅或者"椅子中的椅子"，一经推出，便为索涅特赢得国际声誉，到 1930 年已经销售 5000 万把，至今仍然在生产销售。这把椅子没有繁琐的造型，但曲木的技术融合了洛可可的古典风格，表现出优雅高贵的线条。14 号椅在家具行业中最为革新的成就是可拆卸设计，它可以分解为 6 根弯曲木条、1 个坐垫、10 个螺丝以及 2 个螺帽，因此也很节约空间，方便运输。36 把椅子部件打包为一个立方体箱子销往世界各地。14 号椅被视为工业设计品的成功典范，瑞士建筑师勒·柯布西耶（Le Corbusier，1887—1965）曾说过："你可以在欧洲大陆和南北美洲看到成千上万的 14 号椅，它的确典雅超群。"丹麦设计师保罗·汉宁森（Poul Henningsen，1894—1967）则用 14 号椅为未来的椅子制订了"标准"："如果一位设计师设计的椅子，价格是它的 5 倍，重量是它的 3 倍，且美感只需达到它的 1/4，那么，他足以为他的作品自豪了。"除了英国的温莎椅和中国的明式椅，很难有其他的椅子能超过索涅特的 14 号椅的生产年限和数量。然而，对索涅特而言，更重要的是它开创了现代工业家具和设计的先河。1867 年，在巴黎世界博览会上，14 号椅为索涅特公司赢得了金奖。

3.1.3.5　其他产品设计

19 世纪，新材料、新技术、新工艺层出不穷，在各个领域都催生出新的产品。

赛璐珞是出现于 19 世纪下半叶的第一种塑料材料，1855 年由亚历山大·帕克斯发明，并于 1867 年在伦敦国际博览会上展出，开创了现代塑料工业。它的问世引起了设计师的注意，设计师开始思考新材料的用途。赛璐珞能够在水的沸点温度下模塑成形，也可以在较低的温度下被切割、钻孔或锯开，它的形态可以是坚硬的团块，也可以是柔软的薄片。正是因为这些特性，19 世纪末，这种材料已经在饰品、儿童玩具、眼镜架、箱子、纽扣等产品中广泛应用（图 3-1-24），并在化工、航天、机械、印染、建材、包装、化妆品等领域发挥更大的作用。

玻璃工业在 19 世纪诞生了两种技术革新，从而增加了产量并扩大了产品范围：一是模内吹制成型技术，这使瓶一类的容器能以较低成本重复生产，满足了酿造、食品和医药工业日益增长的需要；二是玻璃压制成型技术，熔融的玻璃置于加热的金属模具中，然后压入一个内模使制件成型。后来美国人开发了一种新的技术，即浮点和点刻装饰技术，后来演化为"花边"风格。"花边"玻璃制品的图案设计成为材料和生产工艺的适当而优美的表现。19 世纪中后期，印有字母的薄壁玻璃瓶开创了瓶装设计的新风尚，可口可乐玻璃瓶的设计就是这种技术的经典案例（图 3-1-25）。

随着商业的发展，新型的办公产品开始进入办公室以减轻劳动负荷提高劳动效率。最典型的产品当属打字机，它的发明经历了漫长的时间。早在 18 世纪初期，人们就意识到需要一台机器代替人力进行文字撰写工作，也有很多人为此做过努力，但都没有实际的使用价值，未能投入生产。19 世纪打字机的设计和制造在全球开展起来，意大利人莱里尼·图 1808 年发明了最早的打字机，使用该打字机打出的信件至今仍保存在意大利勒佐市的档案馆里。19 世纪 60 年代，美国发明家克里斯托弗·肖尔斯（Christopher Latham Sholes，1819—1890）与合作者卡洛斯·格里登（Carlos Glidden，1834—1877）制成一台木质打字机，它结构简单，由木板和打电报的电键及玻璃板组成，像个玩具一样，被肖尔斯描述为"打字机器或打字机"（the typewriting machine, or typewriter）。以往的打字机的键盘排布都是按照英文字母的顺序排列的，使用起来极为不便。后来经过改进，1873 年肖尔斯和格里登制成了第一台实用的打字机，"QWERTY"的键盘排列开始应用于打字机上，这种键盘排列与现在的计算机键盘基本一样。雷明顿公司后来收购了肖尔斯的发明权，并在 1874 年开始批量生产这种打字机，被称为雷明顿一号打字机（图 3-1-26），并在后来的改进中使用"Shift"键来切换大小写字母。外观设计也随着商业化变得更加美观，甚至在打字机外壳上喷绘了各式各样的花纹。事实上，打字机并没有人们想象的那样很快普及，人们还是习惯清晰易辨的普通手写

图 3-1-24　赛璐珞最早用在眼镜架等产品的设计上

图 3-1-25　可口可乐饮料瓶的进化

图 3-1-26　雷明顿一号打字机

The Sholes and Glidden typewriter (also known as the Remington No.1) was the first commercially successful typewriter. Principally designed by the American inventor Christopher Latham Sholes, it was developed with the assistance of fellow printer Samuel W. Soule and amateur mechanic Carlos S. Glidden. After several short-lived attempts to manufacture the device, the machine was acquired by E. Remington and Sons in early 1873. An arms manufacturer seeking to diversify, Remington further refined the typewriter before finally placing it on the market on July 1, 1874.

图 3-1-27　1845 年霍威设计的第一台现代意义上的缝纫机

图 3-1-28　19 世纪后期胜家改进后的缝纫机

图 3-2-1　英国女王亚历山德丽娜·维多利亚画像

方法，机械打字容易出错，这种方式也显得有些怪异甚至粗俗。但是在追求利益、快速高效的商业化环境中，打字机最终还是被广泛使用。如今随着计算机技术的发展和普及，打字机的市场已经悄然消失了。

19 世纪另一个重要发明——缝纫机的外观与打字机有相似之处，那就是机壳喷绘花纹，似乎在暗示这两种机器的主要用户均为女性。打字机在办公室中更多由女办事员操作，缝纫机也更多地由家庭主妇使用。第一台缝制机械的发明者是英国人托马斯·山特（Thomas Saint），1790 年，他用机械来模仿替代手工缝制的过程，制造出第一台缝制皮鞋的缝纫机。1845 年，美国人伊利亚斯·霍威（Elias Howe，1819—1867）对缝纫机进行了重大改进，设计生产了第一台现代意义上的缝纫机（图 3-1-27），他首次采用了双线连锁缝纫法，并发明了两个重要的缝纫机结构——设置在针尖的针眼引线和自动进料装置。1851 年之后，艾萨克·胜家（Isaac Singer，1811—1875）在霍威缝纫机的基础上做了重要改进，后来又发明了脚踏式的缝纫机，同时将机械构件包裹在一个紧凑而又具有雕塑感的机壳中，上面喷涂了花纹，外观和功能得到有效统一，确定了缝纫机的基本形态（图 3-1-28）。

19 世纪 70 年代至 20 世纪初，以电力的广泛应用和内燃机的发明为主要标志的第二次工业革命使人类社会由蒸汽时代进入电气时代。电的使用使家用电器的设计和发明成为工业设计的重要内容之一，电灯、电话、电水壶等家用产品开始出现，一些主要生产电器产品的企业也在 19 世纪末纷纷成立，如西门子公司、德国通用电器公司（AEG）等。

3.2　艺术与手工艺运动时期的设计

1815 年，英国结束了长期的战争混乱，成为欧洲重要的大国，工业城市急遽扩大，城市人口迅速增长，新的工业层出不穷。1818 年开始，摄政王主持了庞大的伦敦市中心改造项目，为了显示英国的财富和国力，改造项目中大量采用了典雅的新古典主义建筑，导致新古典主义在伦敦和英国各地流行一时。到了 1837 年，亚历山德丽娜·维多利亚（Alexandrina Victoria，1819—1901）（图 3-2-1）登基为英国女王，此时英国已经基本上完成了资本主义工业革命，为了满足原料产地和销售市场的要求，英国开始加大扩张力度，在全球建立很多殖民地，形成了英国强盛的所谓"日不落帝国"时期。财富的增长刺激了新的消费需求，尽管有"贫民窟"的存在，但从宏观上看，人们的生活水平和消费欲望还是有了大幅度的提高，购买的物品也不再局限于生活必需品。大众消费的出现对近代设计产生了重要的推动作用，设计可以引导消费，消费也在改变设计的方向，引导新的设计潮流。在设计方面，维多利亚时代的欧洲出现了纷繁混乱的局面，出现了以装饰为主的"维多利亚风格"。

3.2.1　水晶宫国际工业博览会

工业革命之后，机械产品渗透到人们生活的各个方面，一方面，机器大批量生产忽略了工匠的创造力和想象力，产品设计几乎全部由技术决定，各种标准化、程式化的简陋设计和制作充斥市场；另一方面贵重材料仿制技术的出现也造成了设计上良莠不齐、浮夸庸俗之风，一些简单的产品也被制造商赋予装饰使其显得复杂、昂贵，以从中获利。产品设计风格混乱，机械理性主义的美学遭到遗弃，各种复古风、装饰风盛行，这种设计风格的产品集中体现在第一次世界博览会——水晶宫国际工业博览会上。

19 世纪中期，欧洲各国逐步迈入资本主义阶段，为了加强国际贸易往来，各国之间逐渐取消贸易壁垒，鼓励出口。英国是工业革命的发源地，工业革命及对外扩张使英国资本高速运作和聚集，很快成为欧洲的金融贸易中心，为了显示其工业技术实力以及在工业革命中取得的成就，改善公众的审美情趣，进一步促进贸易发展，英国艺术学会提出在 1851 年举办第一次国际工业博览会，维多利亚女王的丈夫阿尔伯特亲王（Prince Albert，1819—1861）亲自出任该博览会的组委会主席，积极组织筹备此次博览会。阿尔伯特亲王本人一直对工业设计和设计教育十分关注，他认为，艺术和工业创作并非某个国家的专有财产和权利，而是全世界的共有财产。前文提到过的英国设计教育家科尔以及设计理论家、建筑师普金都参与了博览会的组织实施和展品的评审工作。

博览会举办的地点设在伦敦著名的海德公园，博览会组委会举办了全欧洲的设计竞赛，选拔优秀的博览会主建筑的设计方案，欧洲各国设计师踊跃参与，组委会共收到 200 多份设计方案，但遗憾的是没有收到能够在短时间内搭建、耐火性好、采光足的方案，主要原因在于建筑师只会采用传统建筑材料和构造方式来设计。后来组委会采用了皇家园艺师约瑟夫·帕克斯顿（Joseph Paxton，1803—1865）的设计方案——水晶宫（图 3-2-2、图 3-2-3）。它采用了温室装配和铁路站棚建造的方法，用玻璃、钢铁、木头建成庞大的外壳，高三层，以钢铁为结构框架，外墙与屋面使用玻璃，整体通透明亮，故得名"水晶宫"，此次博览会也因此得名"水晶宫国际工业博览会"。在水晶宫之前，欧洲的建筑基本上都是用厚重的石头砌成，水晶宫的出现改变了人们对于建筑的传统认识。水晶宫主体长约 564 米，宽度约为 125 米，占地约 7.7 公顷（相当于 8 个足球场），是世界上第一座采用重复生产的标准预制单元构件建立起来的大型建筑。它的价值不仅仅是为展览会提供了展览场所，更重要的是开创了两种新材料——钢铁和玻璃在建筑中的应用，预示了一种新的建筑美学

The emergence of mass consumption played an important role in promoting modern design. Design could guide consumption. In the meanwhile, consumption changed the direction of design and guided new design trend. In the aspect of design, complex and chaotic situation appeared in Europe in the Victorian era and "Victorian style" focusing on decoration emerged.

After the Industrial Revolution, machine products penetrated into every aspect of people's life. On the one hand, machine mass production neglected the creativity and imagination of craftsmen. Product design was almost completely determined by technology. The market was filled with all sorts of standardized and stylized simple design and production. On the other hand, the imitation technology of precious materials appeared, which gave rise to a mixed, exaggerated and vulgar style in design. Some simple products were endowed by manufacturers with decoration to be complex and expensive so that manufacturers could make profits.

图 3-2-2　帕克斯顿设计的水晶宫

The Crystal Palace was a cast-iron and plate-glass structure originally built in Hyde Park, London, England, to house the Great Exhibition of 1851.

图 3-2-3　展会期间水晶宫内部场景

It not only provided exhibitions with an exhibition site, but also started the application of two kinds of new materials, steel and glass in construction, which indicated the emergence of a new kind of architectural aesthetics and accelerated the development of modern architecture.

The Great Exhibition was opened on 1 May 1851 by Queen Victoria. It was the first of the World's Fair exhibitions of culture and industry. The exhibits were grouped into four main categories—Raw Materials, Machinery, Manufacturers and Fine Arts.

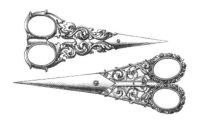

图 3-2-4　一对剪刀展品

There was a pair of scissors that showed an obsession with decoration. They had been elaborated almost beyond recognition: the ornament obscured the form. Many designers naively believed that adding more ornament made an object more beautiful.

的出现，推动了现代建筑的发展。这座原本是为世博会展品提供展示的一个场馆，却成了本届世博会最成功的作品和展品。该建筑从打地基到竣工历时仅 9 个月，它后来被移动并重建于伦敦南区的塞登哈姆。

博览会于 1851 年 5 月 1 日正式开幕，这是世界上第一次关于文化和工业的博览会，共有 10 个国家接受邀请参展。原材料、机械、制造商及美术作品成为博览会的主要大类。蒸汽机、抽水机、印刷机、火车、电动马达等机器发明成为人们最感兴趣的展品，这些不同的机器又通过特别建造的锅炉房产生的蒸汽一起驱动，让人领悟到工业革命给世界带来的变化。中国的瓷器、屏风、珐琅彩铜器等也参加了展览，值得一提的是中国广东人送展的"荣记湖丝"荣获了金奖。博览会共有 18000 个参加商，提供了 10 万多件展品。与现代化的建筑相比，内部陈设的展品却令人失望。大部分的机制产品都是为此次博览会特制的，展品风格毫无章法，反映了一种为装饰而装饰的热情，极尽装饰之能事，漠视任何设计原则。

简单的生活用品工具剪刀的设计显示了设计师对于装饰的痴迷，装饰大于形式，几乎使剪刀的样子面目全非（图 3-2-4），那个时期的设计师认为装饰越多，产品越漂亮。英国约克市的设计师设计的椅子装饰繁杂（图 3-2-5），椅子扶手上的威武的狮子头和狮子腿状的椅腿体现了民族象征，传达了英国的骄傲与自信，类似的椅子设计还有很多。这种装饰也在机器、武器设备上加以应用。作为致命武器的手枪的表面被金银细丝的花纹所装饰，反而显得更加"柔美"（图 3-2-6）。

美国人为此次展会送来了 500 多件展品，这些展品有很多没有受到过多的传统文化的限制，而以消费市场为导向，朴实无华，形式非常简洁，在功能方面的优势也很明显。折叠床、保险柜、收割机等产品受到了广泛的好评。特别是柯尔特工厂生产的"36 Colt Navy"左轮手枪（图 3-2-7），造型简洁明快，没有任何装饰，被德国建筑师、著名的艺术评论家哥特弗里德·谢姆别尔（Gottfried Semper，1803—1879）誉为"博览会中唯一纯粹的展品"，也有力地证明了机器的标准化生产也能获得美学上的

图 3-2-5　展会中的椅子

图 3-2-6　展品中的手枪

图 3-2-7　1851 年柯尔特海军左轮手枪

成功。马克思在博览会闭幕前写给恩格斯的一封信中提到了美国人的成功:"英国人承认美国人在工业展览会中得奖,在一切方面胜过他们。一、树胶,有新的材料和新的生产;二、武器,有连发手枪;三、机械,有割草机、播种机和缝纫机;四、银版照相第一次大量应用;五、航海中的快艇。最后,为表示美国人也能够供给奢侈品,特陈列加利福尼亚金矿的巨大金块一块和纯金的餐具一套。"

　　博览会共持续 5 个多月,吸引了来自全世界 600 多万人参观,也引发了热烈的争论。有人为其大唱赞歌,认为工业革命带来了伟大的成就,英国诗人丁尼生就专门为展会写了赞美诗:"神圣艺术的色彩和形态,创造了一个美妙的新世界,所有的美,所有的功用,都汇集到了这个地方。"也有人认为展会毫无益处,展品缺乏从总体出发的统一设计,外观简单粗陋,有的以装饰的伪装加以弥补,更落俗套。谢姆别尔作为展会的批评者,在参观展会后的第二年,针对展会写就《科学、工业与艺术》一书,他意识到艺术与工业分离的情况,他说:"我们有艺术家,但没有实在的艺术。"同时提出新艺术应建立在接受和采用机械化的基础上,提倡艺术与技术的结合。作为此次展会的组织者之一的普金认为,工业似乎失去了控制,展出的批量生产的产品被粗俗和不适当的装饰破坏了,许多展品过于夸张而掩盖了其真正的目的,仅仅是那些纯实用的物品才是悦目和适当的。

　　博览会的举办具有重要的历史意义,它一方面展示了欧美国家工业革命期间取得的成就,标志了工业化时代的到来,另一方面也给世人抛出了一个问题:新时代背景下,设计该如何引导工业的发展。一些有识之士已经意识到这个问题,并进行了艺术与技术结合方面的实践活动,引领 19 世纪的设计改革。

3.2.2　约翰·拉斯金与威廉·莫里斯

　　工业革命后,大批量工业化生产和维多利亚时代的烦琐装饰两方面同时造成的设计水准的下降,"水晶宫"国际工业博览会上的展品也反映出这两方面趋向。英国和其他国家的设计师一方面展开了理论上的批评与宣传,另一方面也积极致力于设计实践,希望能够复兴中世纪的手工艺传统。

3.2.2.1　约翰·拉斯金

　　约翰·拉斯金(John Ruskin,1819—1900)是英国的艺术家与批评家,他对博览会的展品极为不满。他承认机器的精确与巧妙,但机器及其产品在其美学思想中绝对没有一席之地。他断言"这些喧嚣的东西,无论其制作多么精良,只能以一种鲁莽的方式干些粗活"。他认为工业化生产和劳动分工剥夺了人的创造性,剥夺了从头到尾制作产品的乐趣,需要回归中世纪的社会和手工艺劳动,主张美术家应从事产品设计,美术与技术需要结合。

The holding of expositions had important historical significance. On the other hand, it displayed the achievements made by European and American countries during the Industrial Revolution and marked the arrival of the industrialized era. On the other hand, it posed a question to people. Namely, how should design guide industrial development under the background of new era? Some people of vision had already realized this problem and carried out practical activities in the aspect of combining art with technology, guiding the design reform of the 19th century.

图 3-2-8 工业设计思想的
奠基者约翰·拉斯金

（1）John Ruskin emphasized the combination of art and industry and pointed out，"In the place with the most developed industry，art is the most developed too."

（2）John Ruskin advocated closely connecting art with public life, emphasized the democracy of design and opposed the design of elitism.

（3）Design and art had to learn from nature and respect the reality and demanded to observe the reality and nature, take design elements and inspirations from nature and put them into design.

（4）Advocated using traditional materials，objected to using industrial materials like steel and glass and emphasized that design should be loyal to the function of items and the authenticity of materials.

图 3-2-9 艺术与手工艺
运动的奠基人和领导人
威廉·莫里斯

William Morris（1834—1896）was an English textile designer，poet，novelist，translator，and socialist activist. Associated with the British Arts and Crafts Movement，he was a major contributor to the revival of traditional British textile arts and methods of production.

作为工业设计思想的奠基者，拉斯金（图 3-2-8）的思想是丰富而又庞杂的。他的思想集中在《建筑的七盏明灯》（*Seven Lamps of Architecture*）、《威尼斯的石头》（*The Stones of Venice*）等著作中，书中提出的一系列设计理论对后来的设计观念和艺术学科产生重大影响，奠定了后来的艺术与手工艺运动的重要理论基础。他的设计思想主要包括以下几点：

（1）对机械化大工业生产深感不安的同时认为工业化和批量生产是人类社会发展的必然。他强调艺术与工业的结合，指出："工业最发达的地方，艺术也最发达。"

（2）主张艺术要密切联系大众生活，强调设计的民主性，反对精英主义设计。他指出："如果作者与使用者对某件作品不能引起共鸣，那么，哪怕把它说成是天堂里的神品，事实上也不过是一件无聊的东西。"

（3）设计与艺术必须师法自然、尊重现实，要求观察现实和自然，从大自然中汲取设计元素和设计灵感，贯穿到自己的设计中去，"建筑和装饰设计师不应当只从古代汲取营养，只有大自然才是我们从事创造的取之不尽、用之不竭的源泉"。这一观点也成为后来新艺术运动提倡的"走向自然"的口号。

（4）提倡使用传统的材料，反对使用钢铁和玻璃等工业材料，同时强调设计要忠实于物品的功能和材料的真实性。

从拉斯金的几本著作看，他的设计思想事实上是有些冲突和矛盾的，例如，他既对机器大工业生产表示接受，认为艺术与工业需要结合，又对此深感不安；既强调设计为大众服务，反对因袭旧有式样，又热衷复兴哥特风格；他的实用主义思想与后来的功能主义也有很大区别。作为一名批评家，拉斯金的观点主要针对设计与社会问题展开，但无论如何，拉斯金的设计思想为当时的设计师、艺术家提供了重要的理论指导，更多的设计师继承了这些思想并将其付诸实践。

3.2.2.2 威廉·莫里斯

威廉·莫里斯（William Morris，1834—1896）（图 3-2-9）是英国纺织品设计师、诗人、小说家、社会活动家、设计师，艺术与手工艺运动的奠基人和领导人，对复兴英国传统纺织艺术和生产方式贡献巨大，也是真正实现拉斯金思想的一位重要设计先驱。他出生于英国埃塞克斯华尔泽姆斯多镇的一个富裕家庭，其父是一位证券经纪商。富有的生活背景使威廉·莫里斯从小就迷恋美丽的大自然和英国传统艺术优雅的品质，崇尚哥特风格和艺术。早在 17 岁时，威廉·莫里斯就跟随母亲参观了"水晶宫"国际工业博览会，对展会展出的粗劣产品深恶痛绝，对混杂古典主义、洛可可风格、巴洛克风格的低俗的产品装饰感到难以接受。这件事对其影响极深，莫里斯试图以一己之力扭转当时英国产品市场设计低劣、风格混乱、趣味低俗的弊病。在牛津大学学习期间他读到了拉斯金的名著《威尼斯的石头》，对书中介绍的

欧洲中世纪设计思想，尤其是哥特式风格和自然主义风格设计极
为认同，并与日后的合作伙伴爱德华·伯恩-琼斯（Edward
Burne-Jones，1833—1898）到法国旅游，考察了那里的哥特式
建筑，展开了对哥特风格和自然主义风格设计的研究。

　　1859 年莫里斯与同学菲利普·韦伯（Philip Webb，1831—
1915）合作建造了位于离伦敦市中心 10 英里（约 16 千米）处肯特
郡的贝克利·希斯住宅。这个房屋的设计初衷是为莫里斯建造婚
房。莫里斯负责房屋内部的装修等设计，而韦伯则负责外部的设
计。由于使用红砖红瓦，这个房屋被称为"红屋"（图 3-2-10）。
红屋在设计上没有采用传统的对称样式，而成 L 形，室内采光好，
空间利用合理，注重功能而完全没有表面装饰。风格上受到当代新
哥特式样式的影响而显得特别，比如塔楼、尖拱入口等元素，重视
局部和整体的和谐。红屋摆脱了维多利亚时代烦琐的建筑手法，单
纯依靠建筑本身的肌理而呈现特别的视觉效果。红屋与花园交相辉
映，与周围环境巧妙地融合在一起，莫里斯将其描述为"非常中世
纪精神"。

　　"不要在家里放置你认为有用，而你却不相信它是美的东西"，
这是莫里斯给所有人的居家黄金律。红屋里的家具、壁纸、彩色玻
璃、灯具、餐具等装饰品或日用品是莫里斯组织和自行设计的，也
体现了这一黄金律。内部的结构也十分强调功能性，餐厅装饰和布
局营造了温暖和优雅的好客气氛，二楼的客厅则提供白天劳累后休
闲慰藉的地方，门厅和楼厅是实用的空间过渡，它们可以将居住者
由外引向内，各个厅室大小、氛围均不同，但却以材质、细节、家
具等元素连为一体。莫里斯在红屋完工后邀请朋友们来参观，琼斯
称其为"地球上最美的房屋"（The beautifullest place on Earth）。

　　红屋所体现的设计原则成为英国和其他国家建筑师奉为神明
的信条，对 19 世纪下半叶的建筑设计影响很大。红屋建成后，
1861 年，莫里斯与马歇尔、福克纳共同出资创建了莫里斯·马歇
尔·福克纳公司（简称"MMF 公司"），这是世界上最早的由艺
术家领导的设计公司。公司承接各种各样的设计业务，在公司发
行的一本说明书里列举了包括家具、壁画、雕刻、日用品、地
毯、彩色玻璃、书籍装帧、金属加工等各种装饰物品的设计业
务。在莫里斯的影响下，包括琼斯、韦伯在内的近 10 位艺术家
和设计师来到公司，设计和创作了不少与当时流行的维多利亚风
格截然不同的全新风格和特点的作品。公司的产品在 1862 年的
南·肯辛顿国际博览会上获奖引起公众的注意，名声大噪。1866
年公司生产的苏赛克斯椅采用了车木构件和灯芯草坐垫，具有自
然主义的特色（图 3-2-11）。随着业务的扩张，MMF 公司逐渐
成为当时最有影响力的设计公司，出品的产品在当时最为流行，
一些富人以拥有 MMF 公司的产品而自豪，MMF 公司获得了巨
大的经济效益，逐渐成为设计、生产、销售一体的设计公司，在
工业设计发展史上具有里程碑意义。

图 3-2-10　艺术与手工艺运动
时期的代表性建筑——红屋

Morris desired a new home for him-
self and his wife, resulting in the
construction of the Red House in the
Kentish hamlet of Upton near Bex-
leyheath, ten miles from central
London. The building's design was a
co-operative effort, with Morris fo-
cusing on the interiors and the exteri-
or being designed by Webb, for
whom the House represented his first
commission as an independent archi-
tect. Named for the red bricks and
red tiles from which it was construc-
ted, Red House rejected architectur-
al norms by being L-shaped. Influ-
enced by various forms of contempo-
rary Neo-Gothic architecture, the
House was nevertheless unique,
with Morris describing it as "very
mediaeval in spirit". Situated within
an orchard, the house and garden
were intricately linked in their de-
sign.

图 3-2-11　MMF 公司出品
的苏塞克斯椅

Morris stressed two basic principles. Firstly, art and design served the public rather than the minority; secondly, design work had to be collective labor rather than individual labor.

图 3-2-12　莫里斯设计的
纺织品图案

The Arts and Crafts movement was an international movement in the decorative and fine arts that flourished in Europe and North America between 1880 and 1910, emerging in Japan in the 1920s. It stood for traditional craftsmanship using simple forms, and often used medieval, romantic or folk styles of decoration. It advocated economic and social reform and was essentially anti-industrial.

莫里斯继承了拉斯金的设计思想，并结合自己的设计实践提出了新的见解，在 MMF 公司设计实践中逐步形成和完善了自己的设计思想。他在设计实践中强调两个基本原则：一是艺术与设计为大众服务，而不是为少数人服务；二是设计工作必须是集体劳动，而不是个体劳动。他强烈批判资本主义社会中一切为了追求利润而生产产品的行为，直指商业社会产品之伪：在资本主义社会，"最好的商品是一些普通的下等货，最坏的商品简直就是冒充货……商品是做出来卖的，而不是做出来用的……在世界市场的严酷统治之下，这些虚假的或者人为的必需品对于人们来说，变得和维持生活的真正必需品同样重要"。他的设计提倡整体设计的思想，主张设计风格的整体性和统一性；主张从哥特式风格中汲取灵感，从自然物质尤其是植物中提取素材。他的设计一反当时矫揉造作的浮夸风格，清新、自然、颇具田园气息，他用自然元素的图案对地毯、织物进行平面化和风格化的装饰处理，作品具有浓厚的浪漫主义气息。他于 1881 年创建了一家挂毯工厂，专门从事挂毯等染织品的生产，常用的纹样是缠绕的植物枝蔓和花叶，自然气息浓厚（图 3-2-12）。

在拉斯金对中世纪劳动的愉悦大加歌颂的基础上，莫里斯进一步完善了快乐劳动的思想："人们在使用日常用品时享受到愉快，这是装饰的一个重要功能；而且人们在制作东西中得到乐趣，这是其另一个功能。"在莫里斯的理想中，真正的艺术品要在愉快中生产，并且在生活中愉快地使用，这两者之间是相互关联的。莫里斯在其重要著作《乌有乡消息》中所描绘的他理想中的社会里，商品是完全根据实际需求制造的。

晚年的莫里斯通过出版物和演讲积极参与社会主义实施纲领的宣传活动，甚至与马克思的女儿创建"社会主义同盟"。在 1877—1894 年的一系列演说中，他强调了设计的民主性和公平性，即要顾及贵族和平民的多种消费需求，他认为艺术就是"人们在劳动中获得乐趣的表现"，真正的艺术必须是"为人民所创造，又为人民所服务的，对于创造者和使用者来说都是一种乐趣"。

3.2.3　艺术与手工艺运动的发展及影响

3.2.3.1　艺术与手工艺运动的兴起

莫里斯的理论和实践在英国社会引起了强烈的反响，为一大批年轻设计师树立了典范，一些艺术家和建筑师也纷纷效仿，对一系列设计问题进行探索。在莫里斯及其追随者的实践影响下，1880—1910 年，英国掀起了设计史上著名的"艺术与手工艺运动"，并蔓延至法国、斯堪的纳维亚及美国，甚至对 20 世纪 20 年代的日本也产生了一定影响。"艺术与手工艺运动"代表了传统工艺的复兴，风格上强调中世纪、浪漫主义及民间风格，它主张经济和社会变革，从本质上来讲，它是反机械化的。

1887 年，由莫里斯担任主席的工艺美术展览协会在伦敦成立，以促进装饰艺术而非纯艺术的发展。协会的成立成为促进艺术与手工艺运动发展的重要因素，标志着艺术与手工艺运动高潮的来临。协会通过定期的设计展览，为大众提供了解优良设计和高雅设计品的机会。尽管"艺术与手工艺运动"的原则、方法和风格在英国已存在 20 余年，但"艺术与手工艺运动"一词最早出现在 1887 年的工艺美术展览协会的会议上，由 T. J. 科布登-桑德森（T. J. Cobden - Sanderson，1840—1922）提出并使用。艺术与手工艺运动发展的理论依据来自普金、拉斯金和莫里斯的论著思想，具体表现在以下三个方面：

（1）强调手工艺生产，反对机械化生产。艺术家们对于机制产品粗制滥造和对自然环境的破坏的现状感到痛心疾首，力图为产品及生产者建立或者恢复标准。提倡复兴手工艺，目标是"使艺术家变成手工艺人，使手工艺人变成艺术家"。

（2）推崇自然主义、东方装饰和东方艺术的特点。主张艺术家向自然学习，把源于自然的简洁和忠实的装饰作为活动的基础，同时向东方艺术学习，大量的装饰都具有东方艺术的特征，如中国的龙凤元素（图 3 - 2 - 13）、日本式的平面装饰元素等。

（3）反对维多利亚矫揉造作的风格以及各种复古主义风格，反对哗众取宠、华而不实的设计，提倡中世纪哥特式风格，设计力求简单朴实、诚实诚恳，忠实于材料本身特点，突出功能性。

作为艺术与手工艺运动的实践先行者，莫里斯的设计主张主要体现在图案的设计上，他的图案设计大多以植物为题材，枝蔓缠绕，叶子和花朵间穿插小鸟，极富自然主义气息。莫里斯的书籍设计也同样具有这种装饰特点。他设计的书籍封面和插图灵活运用自然界花草形态，并加以变形处理，使装饰纹样呈现变化丰富的曲线，富有生机与动感。1891 年，莫里斯与沃尔特·克兰合作的奇幻小说《呼啸平原的故事》（*The Story of the Glittering Plain*）出版，该书被誉为工艺美术风格的典范（图 3 - 2 - 14）。1896 年出版的《乔叟集》（*The Works of Geoffrey Chaucer*）被称为是莫里斯最伟大的著作（图 3 - 2 - 15），这里面也少不了他的好友琼斯的贡献，琼斯为该书创作了 87 副木刻插画，设计与印刷共耗费了莫里斯与琼斯 4 年的时间，《乔叟集》完成不久莫

图 3 - 2 - 13　莫里斯设计的带有龙凤元素的图案

(1) Emphasized handicraft production and opposed mechanized production.

(2) Highly praised the characteristics of naturalism and oriental decoration and art.

(3) Objected to the mannerist style of the Victorian era and all kinds of revival styles, opposed grandstanding and flashy design, advocated the Gothic style of the Middle Ages and pursued simple, plain, honest and sincere design which was loyal to the inherent characteristics of materials and highlighted functionality.

图 3 - 2 - 14　《呼啸平原的故事》封面

图 3 - 2 - 15　《乔叟集》中的插图

William Morris'work had an enormous and beneficial effect on the printers of his time. His passion for perfect craftsmanship，his attention to detail，and his success in focusing attention on the craft of printing are his most enduring legacies.

图 3-2-16　马克莫多设计的
《雷恩的城市教堂》封面

The title - page of this work with its design of sinuous foliage was recognized as the first printed expression of the Art Nouveau in England.

图 3-2-17　马克莫多设计的椅子

里斯就去世了。莫里斯对完美手工艺的激情，对细节和印刷工艺的关注影响后世，这本书也成为后中世纪时代最优秀、最漂亮的装帧书籍。

3.2.3.2　运动代表人物与组织

行会原是中世纪手工艺人的行业组织，从拉斯金 1871 年创建"圣乔治公司"开始，以拉斯金和莫里斯为代表的艺术家就希望通过中世纪行会体系来改造维多利亚时代的工业化社会。除了莫里斯公司外，具有影响力的行会组织包括阿瑟·马克莫多（Arthur Mackmurdo，1851—1942）的 1882 年组建的"世纪行会"、沃尔特·克兰（Walter Crane，1845—1915）等人参与的"艺术工作者行会"、查尔斯·罗伯特·阿什比（Charles Robert Ashbee，1863—1942）组建的"手工艺行会"等，这些行会对于艺术与手工艺运动的普及做出了重要贡献。

1. 马克莫多与世纪行会

马克莫多是一位激进的建筑师和设计师，1851 年出生于英国伦敦。1873 年，马克莫多就读于拉斯金执教的绘图学校，受到拉斯金和莫里斯思想的影响很大，是艺术与手工艺运动后期的代表人物。1882 年，马克莫多成立了艺术家世纪行会，成员包括雕塑家克雷齐克、插图画家伊梅杰、金属品工匠霍恩在内的多位艺术家，行会的章程里提到"所有艺术分支当归属于艺术家的本分，而不再是企业家的经营范围"，在民主平等理念的指引下，艺术家们被鼓励参与设计和生产，与手工艺人通力合作，在家具、彩色玻璃、金属制品、装饰绘画、建筑设计等领域都有别具风格的作品。这个行会是当时公认的最成功的行会之一。

马克莫多自学了许多手工艺的基本功，并能够在纺织品、家具、印刷品和书籍插图等方面做设计工作。1883 年他为《雷恩的城市教堂》（Wren's City Churches）做了封面设计（图 3-2-16），在晃动的花茎上，火焰般的花朵呈现出强有力的波动起伏的形式，两侧以及底部填充衰弱的孔雀图案，倾斜的飘带状的标题与曲线律动的形态相呼应，同一时期他设计的红木餐椅的靠背也具有类似的图案（图 3-2-17）。马克莫多的设计非常重视对植物自然状态下的线条、花头、叶子形状的利用，这些元素的运用也给后来新艺术运动的艺术家们以有益启发，该封面中蜿蜒的曲线设计也被认为是英国新艺术运动的首次印刷式的表现，因此有评论家认为马克莫多是艺术与手工艺运动后期和新艺术运动早期的过渡人物。

世纪行会在 1884 年出版了第一份杂志《木马》（The Hobby Horse），由马克莫多、霍恩、伊梅杰合作完成，在该杂志中世纪行会的会员分享和交流了很多意见，促进了与机械工业相对的手工艺术的发展，莫里斯称赞该刊物"是一块被征服了的新工艺领地"。世纪行会从 1888 年开始就不再接受设计委托，事实上已接近解散，但世纪行会影响了许多设计师，例如沃赛、麦金托什等，也促成了工艺美术展览协会的成立。

2. 沃尔特·克兰与艺术工作者行会

在世纪行会杂志发布的 1884 年，两个动机相同的社会团体——圣乔治艺术协会、15 人社，在莫里斯和艺术与手工艺运动的思想指引下，联合成立了更加正式的"艺术工作者行会"。行会的主旨是促进所有艺术门类的融合，"促进建筑、艺术和设计的创造性婚姻"，消除纯艺术与应用艺术的差别。

行会中的许多艺术工作者不仅是技艺高超的艺术家、建筑师、手工艺人，还有肩负复兴艺术教育使命的教育家，沃尔特·克兰（Walter Crane，1845—1915）就是其中一位。1888 年，他成为艺术工作者行会的第三任主管，1898 年被任命为皇家美术学院副院长。

克兰是儿童彩绘书的最早倡导者，自己画过很多儿童书，里面的图案甚至文字都是手绘的，他偏爱古典人物造型和浓重的装饰风格，书画插图具有明显的东方艺术影响的痕迹，特别是日本的浮世绘风格（图 3-2-18），对 19 世纪的欧洲插图风格影响深远。克兰不仅是一个插图画家，他的艺术实践还包括石膏浮雕、瓷砖、彩绘玻璃、墙纸和纺织品图案，他的设计充满韵律和运动，比马克莫多作品多了一份浓郁的抒情性。

19 世纪 80 年代初，在莫里斯影响下，克兰紧密参与社会主义运动，将艺术带入各阶层的日常生活中，因此他很重视纺织品、墙纸、家居装饰等设计领域，他也通过漫画的方式宣传社会主义运动。除了热心政治外，克兰还到处演讲，他的演讲稿后来被整理付梓，这就是 1898 年的《设计的基础》（*The Bases of Design*）和 1900 年的《线与形》（*Line and Form*），这也是他对艺术与手工艺运动的重要贡献。

查尔斯·沃赛（Charles Voysey，1857—1941）也是行会的成员，在 20 世纪 20 年代成为行会的领导人物。沃赛早年受过专业的建筑训练，在家具、染织、金工等方面也很有建树。沃赛与其他艺术与手工艺运动设计师一样，在很多设计作品中带有哥特式的风格，但却对其进行了改良，造型更加有力质朴、结实大方。如在家具设计中使用了朴实无华的橡木，配以黄、红铜饰，选用风格化的花心、花茎的图案造型语言进行装饰性处理，成为艺术与手工艺运动家具设计的典范（图 3-2-19）。

艺术工作者行会一直存在至今，值得一提的是，最初行会只有男性会员，直到 1907 年莫里斯的女儿梅·莫里斯（May Morris，1862—1938）开始组织女性艺术家行会，这种情况才有所改善，20 世纪中期妇女工作者得到行会承认，雕刻家琼·哈索尔（Joan Hassall 1906—1988）在 1972 年成为艺术工作者行会的主管。越来越多的女艺术家和女设计师参与到行会，开创了艺术设计行业新的局面。

3. 阿什比与手工艺行会学校

查尔斯·罗伯特·阿什比（Charles Robert Ashbee，1863—

The Art Workers' Guild promoted the "unity of all the arts", and "the creative marriage of architecture, art and design" denying the distinction between fine and applied art.

图 3-2-18　克兰设计的带有日本艺术风格的书籍封面

From the early 1880s, initially under William Morris's influence, Crane was closely associated with the Socialist movement. He did as much as Morris himself to bring art into the daily life of all classes. With this object in view he devoted much attention to designs for textiles and wallpapers, and to house decoration; but he also used his art for the direct advancement of the Socialist cause.

图 3-2-19　沃赛 20 世纪初期设计的椅子

图3-2-20　手工艺行会学校车间

图3-2-21　阿什比设计的银器
和玻璃器皿

图3-2-22　阿什比的珠宝首饰设计

In 1902 the Guild moved to Chipping Camden，in the picturesque Cotswolds of Gloucestershire，where a sympathetic community provided local patrons，but where the market for craftsman - designed furniture and metalwork was saturated by 1905. The Guild was liquidated in 1907.

图3-2-23　德雷塞1879年
设计的茶壶

1942）是英国的设计师和企业家，被称为莫里斯接班人，他继承了莫里斯的思想，并将其发扬光大。

1888年，年仅25岁的阿什比正式组建"手工艺行会学校"。这个组织依照拉斯金和莫里斯的思想效仿中世纪行会组织结构，构建了一个充满幸福的工匠组织，诚实地生产令自己和广大民众愉悦身心的手工艺品（图3-2-20）。阿什比是一位有天分和创造性的银匠，擅长金属和珠宝工艺，在设计风格上很少带有历史主义痕迹，代之以有机统一性和纯粹形式的抽象性，采用了各种纤细、起伏的线条，显示出早期新艺术运动曲线的运用方式。

1902年，为了使行会组织更加理想化，阿什比毅然否定了大城市里的环境，率领行会的150名成员及家属移居到一座名为奇平·卡姆登的偏僻乡村小镇，这座小镇远离城市的喧嚣，古朴典雅，风景如画，在当地社区的赞助下，阿什比按中世纪模式建立了一个行会组织，在那里生产珠宝、金属器皿等手工艺品（图3-2-21、图3-2-22），完全实现了莫里斯早期所描绘的理想化社会生活方式。正如阿什比所说："当一群人学会在工场中共同工作、互相尊重、互相切磋、了解彼此的不足，他们的合作就会是创造性的。"阿什比想通过这次搬迁，致力于探索一种新型的社会结构关系，全面实施其行会式社会改革。但当地对于工匠们设计制作的家具和金属制品在两三年内就达到饱和了，加之与外界市场隔绝，阿什比这种乌托邦式的实验注定遭遇失败。1907年，阿什比的行会由于财政问题被迫宣布破产。

行会的解体对阿什比造成了沉重的打击。此后，他游历各国，尤其是美国之行令其视野大开，并逐步改变了对机械大工业生产的看法。他坚信由于现代工业所引发的文化危机可以通过合理使用机器解决。1911年在《我们是否应该停止教授艺术》（*Should We Stop Teaching Art*）一书中，阿什比宣称："人们常常以为凡是机器制造的产品都是丑陋的，或者说机器制造的产品即使是美的也是因为它符合手工制作的标准。但是，没有经验证明这一假设。在现代的机械工业中，'标准'是必要的，'标准化'也是必要的。在每一个健全的社会中，这两个原则都是必要的。"可以看出，经过行会解体与反思的阿什比已经放弃了莫里斯的反机器立场，对标准化工业体系表示赞同。

在艺术与手工艺运动期间的艺术家中，克里斯托弗·德雷塞（Christopher Dresser，1834—1904）的作品呈现出与其他设计师不一样的现代化风格。德雷塞是英国重要的设计师和理论家，与其他艺术家不同，他重视为工业而设计，采用绘制图纸、机械生产的方式，有意识地扮演工业设计师的角色。他的设计简洁明快，展现了大胆的形式创新。一些器皿的设计在细部上简化到了最基本的几何形体和线条，而不加装饰以免破坏其功能性（图3-2-23）。这种纯洁的几何形体的塑造也预示了工业时代的审美趋势。

3.2.3.3 运动的影响和局限性

维多利亚时代机械产品的丑陋不堪以及在产品上肆意装饰的方式，激起了拉斯金、莫里斯为代表的设计先行者们的愤慨，他们通过理论与实践致力于扭转这种现状，极力倡导美术与技术、实用与审美的结合，从而发起了人类进入现代工业社会后第一个具有广泛而深远影响的艺术与手工艺运动。首先，首次提出了"美与技术相结合"的原则，主张艺术家从事设计生产，强调手工艺的重要性，向中世纪的工艺美术学习以弥补机器生产的不足；其次，艺术与手工艺运动的设计强调师承自然，忠实于材料本身特点，引导设计师注重产品设计与其功能的协调性，为现代主义设计理论奠定基础；第三，艺术家们都怀有改造社会的理想，强调要为大众服务的思想，具有浓厚的民主色彩，反对精英主义设计，反对设计只为少数贵族服务，这在设计思想上为近代设计运动灌输了伦理观念；第四，英国的艺术与手工艺运动直接影响到美国的艺术与手工艺运动，但在美国较少强调中世纪哥特式风格，更多讲求装饰上的典雅与细节；最后，在英国艺术与手工艺运动的感召下，欧美国家掀起了一场影响更为广泛、规模更为宏大的新艺术运动。20 世纪初的艺术与手工艺运动的作品已经带有新艺术运动风格的特征，如马克莫多、阿什比等的作品。

作为艺术与手工艺运动的领军人物，莫里斯反对机械生产，提倡为大众而设计，而具有讽刺意味的是，由于过于强调装饰，增加了产品的制作成本，莫里斯的精美设计只有通过大规模机器生产才能降低成本、得以推广，为平民所使用。这也体现了艺术与手工艺运动的先天局限性：反对机械化大批量生产，将手工艺推向工业化对立面。这种片面的认识无疑是与现代设计发展背道而驰的，使英国工业设计走了弯路。

Firstly, Arts & Crafts Movement put forward the principle of "combining beauty with technology" for the first time, advocated the engagement of artists in design production, emphasized the importance of handicraft and learned from arts and crafts of the Middle Ages to make up for the deficiencies of machine production; secondly, the design of Arts & Crafts Movement laid emphasis on learning from nature, being loyal to the inherent characteristics of materials, guiding designers to pay attention to the coordination between production design and its functions and laying a foundation for the theory of modernism design; thirdly, artists harbored the dream of changing the society, emphasized the strong democratic color of thought serving the public, opposed the design of elitism and objected to the idea that design only served a few nobles, which instilled ethical concept for modern design movement in the aspect of design idea; fourthly, British Arts & Crafts Movement directly affected American Arts & Crafts Movement; finally, European and American countries created an Art Nouveau with wider influence and grander scale, inspired by British Arts & Crafts Movement.

Arts & Crafts Movement objected to mechanized mass production and pushed handicraft to the opposite of industrialization. Such unilateral cognition ran counter to the development of modern design without doubt and made British industrial design take detours.

本章关键名词术语中英文对照表

折中主义	Eclecticism	复古主义	Revivalism
水晶宫国际工业博览会	Great Exhibition of the Works of Industry of all Nations	圣乔治公司	St George's Company
		艺术工作者行会	The Art Workers' Guild
水晶宫	Crystal Palace	东方文化	Oriental Culture
世纪行会	Century Guild of Artists	蒸汽机车	Steam Locomotive
手工艺行会学校	Guild and School of Handicraft	赛璐珞	Celluloid
哥特复兴式风格	Gothic Revival Style	萨默里艺术品制造厂	Summerly's Art Manufactures
曲木家具	Bentwood Furniture	莫里斯·马歇尔·福克纳公司	Morris, Marshall, Faulkner & Co.
艺术与手工艺运动	Arts and Crafts Movement		
维多利亚风格	Victoria Style		

思 考 题

1. 19 世纪欧洲设计风格有哪些特点？

2. 什么是折中主义，其流行的原因有哪些？

3. 如何评价索涅特设计的 14 号椅？

4. 约翰·拉斯金的设计思想包括哪些内容？

5. 什么是艺术与手工艺运动？该运动的设计主张包括哪些内容？其影响和局限性表现在哪些方面？

参 考 文 献

［1］　RAIZMAN D. History of modern design：Graphics and products since the industrial revolution ［M］. London：Laurence King Publishing，2003.

［2］　HILL R. God's architect：Pugin and the building of romantic Britain ［M］. London：Penguin UK，2007.

［3］　LAYSON J F. George stephenson：the locomotive and the railway ［M］. Columbia：Nabu Press，2013.

［4］　HADLAND T，LESSING H E. Bicycle Design，An Illustrated History ［M］. London：MIT Press，2014.

［5］　HOUNSHELL D A. From the american system to mass production，1800—1932：the development of manufacturing technology in the United States ［M］. Baltimore：Johns Hopkins University Press，1985.

［6］　RUSKIN J，COOK E T，WEDDERBURN A. The works of John Ruskin ［M］. Cambridge：Cambridge University Press，2010.

［7］　RUSKIN J. The stones of venice ［M］. Scotts Valley：Createspace Independent Pub，2016.

［8］　RUSKIN J. The seven lamps of architecture ［M］. Scotts Valley：Createspace Independent Pub，2015.

［9］　MACCARTHY F. William Morris：a life for our time ［M］. London：Faber & Faber，2010.

［10］　CAMPBELL G. The grove encyclopedia of decorative arts：two - volume set ［M］. Oxford：Oxford University Press，2006.

［11］　BLAKESLEY R P. The arts & crafts movement ［M］. London：Phaidon Press Ltd，2006.

［12］　JACKSON，LESLEY. Twentieth century pattern design ［M］. New York：Princeton Architectural Press，2002.

［13］　PARRY L. Textiles of the arts and crafts movement ［M］. London：Thames & Hudson，2005.

［14］　程能林. 工业设计概论 ［M］. 北京：机械工业出版社，2003.

［15］　李砚祖. 艺术设计概论 ［M］. 武汉：湖北美术出版社，2009.

［16］　李艳，张蓓蓓，姜洪奎. 工业设计概论 ［M］. 北京：电子工业出版社，2013.

［17］　许喜华. 工业设计概论 ［M］. 北京：北京理工大学出版社，2008.

［18］　张怀强. 工业设计史 ［M］. 郑州：郑州大学出版社，2004.

［19］　王受之. 世界现代设计史 ［M］. 北京：中国青年出版社，2002.

［20］　何人可. 工业设计史 ［M］. 北京：高等教育出版社，2006.

［21］　王敏. 西方工业设计史 ［M］. 重庆：重庆大学出版社，2013.

［22］　李亮之. 世界工业设计史潮 ［M］. 北京：中国轻工业出版社，2006.

［23］　胡天璇，曾山，王庆. 外国近现代设计史 ［M］. 北京：机械工业出版社，2012.

［24］　高茜. 现代设计史 ［M］. 上海：华东理工大学出版社，2011.

［25］　袁熙旸. 寻梦乌托邦：C.R. 阿什比与手工艺行会 ［J］. 南京艺术学院学报（美术与设计版），2003（4）.

［26］　威廉·莫里斯. 乌有乡消息 ［M］. 黄嘉德，等译. 北京：商务印书馆，1981.

［27］　中央美术院设计学院史论部. 设计真言 ［M］. 南京：江苏美术出版社，2010.

CHAPTER 4

第 4 章

新艺术运动
Chapter 4　Art Nouveau

新艺术运动是一场关于艺术、建筑和应用艺术，尤其是装饰艺术的国际设计艺术运动，在 1890—1910 年达到高潮。它受到自然结构和形态的启发，特别是植物和花卉的曲线形态，以蜿蜒交织的线条和非对称的构架来表现大自然的勃勃生机与无限活力，而曲线形态也并非单纯的装饰，更多是强调其功能性。新艺术涉及的内容十分广泛，涵盖了建筑、绘画、平面艺术、室内设计、珠宝、家具、纺织品、陶瓷、玻璃艺术、金属等诸多设计领域。新艺术运动在形式上受到了英国艺术与手工艺运动的影响，带有手工艺艺术和洛可可风格的痕迹，同时两者都反对维多利亚矫饰的风格和粗制滥造的工业产品，崇尚自然的装饰主题。同时又摆脱了折中主义的外衣，采用象征主义的美学原理，以更为自由和富有想象力的形式表述自然。新艺术强调整体艺术环境，追求和谐统一的艺术效果，认为艺术家不能只关注创造单件艺术品，而应该创造一种为社会生活提供适当环境的综合艺术。新艺术还受到日本装饰风格的影响，特别是日本江户时期的浮世绘风格。新艺术运动的中心人物塞缪尔·西格弗里德·宾（Samuel Siegfried Bing，1838—1905）就非常着迷于日本艺术，1888 年还出版了杂志《日本艺术》来宣传日本的艺术品和艺术风格（图 4-0-1）。

4.1　新艺术运动背景

新艺术运动的发生与发展有社会、经济、文化等多方面的原因。

首先，新艺术运动的一些思想观念受到英国设计师拉斯金、莫里斯的启发，试图通过自然元素的设计解决工业革命后矫揉造作的装饰之风。艺术与手工艺时期的一些设计师的思想和实践更为直接地为新艺术铺平道路，如琼斯在 1865 年《装饰的句法》一书中谈道：“形式的美产生于起伏不定和相互交织的线条之

Art Nouveau was an international style of art, architecture and applied art, especially the decorative arts, that was most popular between 1890 and 1910. It was inspired by natural forms and structures, particularly the curved lines of plants and flowers.

Art Nouveau was a total art style: It embraces a wide range of fine and decorative arts, including architecture, painting, graphic art, interior design, jewelry, furniture, textiles, ceramics, glass art, and metal work.

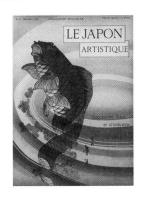

图 4-0-1　《日本艺术》封面

First of all, some ideas of the Art Nouveau Movement were inspired by British designers Ruskin and Morris, trying to change the artificial decorative style through the design of natural elements after the industrial revolution.

The economic development promoted the social demand for new art forms, while the progress of science and technology provided more new materials for design. Artists and designers were keen to explore the new trend of art in the application of new materials and structures.

Thirdly, culturally speaking, the so - called "Gesamtkunstwerk" philosophy was very popular among artists.

图 4-1-1　德国作曲家，著名的
浪漫主义音乐大师
威廉·理查德·瓦格纳

Wagner revolutionised opera through his concept of the Gesamtkunstwerk ("total work of art"), by which he sought to synthesise the poetic, visual, musical and dramatic arts, with music subsidiary to drama. He described this vision in a series of essays published between 1849 and 1852.

中。"德莱赛的金属制品设计更像是新艺术风格的先声。但同艺术与手工艺运动做法不同的是，新艺术运动的设计改革家并不反对机器大工业生产，宾认为"机器在大众趣味的发展中将起到重要作用"。而实际上，新艺术这种有机的线条在工业批量生产中是很难做到的，但无论如何，新艺术在接受机器大生产的背景下进行探索是迈向现代主义设计的重要步骤。

其次，从社会背景看，1870 年普法战争后，欧洲社会有一个较长的和平时期，各国致力于发展经济，政治形势稳定，财富和消费需求增加，科学技术水平迅猛提高。经济的发展促进了社会对新的艺术形式的需求，而科技的进步则为设计提供了更多的新型材料，艺术家、设计师们热衷于在新材料、新结构的应用中探索艺术的新形势。电和电器的广泛应用也为现代工业设计的发展提供了无限可能性，1879 年爱迪生发明电灯后，电成为一种新的能源，而脉冲电波图形则通过新艺术鞭形曲线纹的艺术加工广为传播，并成为当时装饰设计的主导风格。这一切为新艺术运动的展开提供了良好的物质基础和社会条件。

第三，在文化上，所谓的"整体艺术"的哲学思想在艺术家中甚为流行。欧洲音乐史上最具争议的人物威廉·理查德·瓦格纳（Wilhelm Richard Wagner，1813—1883）（图 4-1-1）认为人是肉体的人、情感的人、理智的人的综合，真正的艺术应当把这三者统一起来。瓦格纳以"整体艺术"的概念革新歌剧艺术，他试图将诗意的、视觉的、听觉的和戏剧的艺术辅以音乐综合展示在舞台艺术中，并在 1849—1852 年发表的一系列论文中描述了这一观点："如果一切局限都依照这样一种方式归于消失，那么不论是各个艺术品种，也不论是些什么局限，都统统不再存在，而是只有艺术，共有的、不受限制的艺术本身。"这种共有的、不受限制的艺术本身，就是瓦格纳所梦想建立的"整体艺术"，它是对所有艺术门类的综合，是为"整体的人"而创造出来的艺术，这种哲学思想在 19 世纪影响深远。受"整体艺术"思想的影响，艺术家们致力于将艺术各方面，包括绘画、雕塑、建筑、平面设计及手工艺融为一体。

新艺术以法国、比利时为中心，波及荷兰、德国、奥地利、西班牙、意大利、俄罗斯等国，甚至越过大西洋传播到美国，成为一个影响广泛的设计艺术运动。各国对"新艺术"运动的称谓不同，意大利被其为"自由风格"，苏格兰按照"格拉斯哥学派"的设计称其为"格拉斯哥风格"，比利时因"自由美学协会"的成立称其为"自由美学风格"，西班牙称其为"现代主义"，德国因《青春》杂志称其为"青年风格"。

这场运动在欧洲各国产生的背景虽然相似，但体现出的风格却是不一样的，如英国的麦金托什的家具设计和西班牙建筑家安东尼·高迪的设计就毫无相似之处，虽然他们都属于新艺术运动期间的艺术家。不过从时间、根源、思想、影响因素等方面来看，他们又有千丝万缕的联系。

4.2 新艺术运动的曲线派

4.2.1 新艺术运动的发源地——法国

1895 年，来自德国汉堡的艺术商人西格弗里德·宾在巴黎的普罗旺斯路开设一家专营艺术品的商店，取名为"新艺术之家"（图 4-2-1），主要陈列日本工艺品和欧美艺术家的家具作品，并资助一些设计家从事新艺术风格的产品设计，"新艺术之家"聚集了数位艺术家和设计师从事新艺术设计，包括美国艺术家路易·蒂凡尼（Louis Tiffany，1848—1933）、法国家具设计师尤金·盖拉德（Eugène Gaillard，1862—1933）、美国艺术家爱德华·科洛纳（Edward Colonna，1862—1948）、法国画家乔治·得弗尔（Georges de Feure，1868—1943）等。西格弗里德·宾作为新艺术运动的发起人，崇尚"回归自然"。"新艺术之家"展出的作品也大多具有自然主义的倾向，模仿植物形态和纹样，刻意强调有机形态。1900 年，"新艺术之家"举办了一次家具设计展并获得成功，同时在这一年，巴黎世界博览会也为新艺术运动提供了广阔的展示舞台，华丽、唯美、典雅的新艺术风格开始受到世界各国的重视，新艺术运动开始在欧洲广泛发展起来。

法国新艺术运动的摇篮有两个中心：巴黎和南锡。

从 19 世纪开始，印象主义及后印象主义就在巴黎创新发展，并使巴黎成为法国绘画和雕塑艺术的中心。到了 20 世纪，巴黎吸引了来自世界各地的艺术家并且成为现代艺术重要创新的焦点，特别是为视觉传达设计提供了强大基础的野兽派、立体派、抽象艺术及超现实主义，新思想在这里传播较快，汇集了众多的艺术家和设计师，并在当时出现了几个有影响力的组织，除了西格弗里德·宾的"新艺术之家"外，还有"现代之家"和"六人社"。

与西格弗里德·宾的"新艺术之家"类似，1898 年，德国人朱利叶斯·迈耶-格雷夫（Julius Meier-Graefe，1867—1935）在巴黎创办了设计与展销中心"现代之家"，并设立工场，主要用于新艺术风格家具、室内和用品的设计、制作和展示。朱利叶斯·迈耶-格雷夫是一位艺术评论家，他的很多关于印象主义、后印象主义以及近现代艺术的评论被翻译成英、法、俄等文字，对推动新艺术运动的发展起到重要作用。通过"现代之家"，阿贝尔·兰德利（Abel Landry，1871—1923）、保罗·弗洛特（Paul Fallot，1877—1941）、毛利斯·杜福尔（Maurice Dufrêne，1876—1955）等设计师设计了大量新艺术作品（图 4-2-2～图 4-2-4），观念、形式、风格都与"新艺术之家"作品大同小异。1903 年"现代之家"关闭之后，迈耶-格雷夫回到德国柏林，自 1904 年起开始编写《现代艺术的进化史》，后改名为《现代艺术》。

图 4-2-1　新艺术之家

图 4-2-2　阿贝尔·兰德利
于 1900 年设计的扶手椅

图 4-2-3　保罗·弗洛特
于 1900 年设计的台灯

图 4-2-4　毛利斯·杜福尔
设计的锡碗

图 4-2-5　普伦密特与塞尔斯
海姆共同参与的室内设计
亮相于 1900 年巴黎世博会

图 4-2-6　吉玛德设计的
巴黎地铁入口

As a building material Guimard chose iron alloy for the decorative entrance structure, often with the vegetal motives, stone for the basement and glass for covering the entrances. The gate's curvilinear lines and patterns were inspired by vines and flowers. Symmetrical, floral lights frame the metro sign, both lighting the entrance and advertising the subway. This blend of design, architecture, and advertisement was important to modern ideas.

"六人社"（Les Six）是与"现代之家"同年成立的设计师组织，包括赫克托·吉玛德（Hector Guimard，1867—1942）、亚历山大·察平特（Alexandre Charpentier，1856—1909）、查尔斯·普伦密特（Charles Plumet，1861—1928）、托尼·塞尔斯海姆（Tony Selmersheim，1871—1971）、乔治·霍恩切尔（Georges Hoentschel，1855—1915）以及鲁帕特·卡拉宾（Rupert Carabin，1862—1932）。"六人社"结构比较松散，但其成员的新艺术风格相对统一，设计理念也高度一致，热衷自然植物的曲线形态（图 4-2-5）。

吉玛德在这六人中成就最高，他是一位建筑师、家具设计师、装饰艺术家，曾在法国国立装饰艺术学院、巴黎美术学院学习，接受过装饰艺术的专业训练，年轻时曾到英国和比利时参观，英国艺术与手工艺运动的理念和比利时建筑师霍塔的抽象曲线风格对其影响很大。吉玛德的设计通常采用大量的动植物纹样和花卉图案相互缠绕的造型作为装饰，表现出对具有运动感的自然曲线和有机柔韧形态的崇尚，同时也能够将实用功能和线性装饰结合起来。他认为对于一幢建筑来说，建筑、室内、装饰、家具等设计应该是一个协调统一的整体。使用装饰的目的不是外在的表现和象征，而应该和建筑之间产生有机的关系，并且体现出材料的本性。吉玛德认为"自然的巨著是我们灵感的源泉，而我们要在这部巨著中寻找出根本原则，限定它的内容，并按照人们的需求精心地运用它"。

吉玛德在设计中广泛应用预制建筑构件，尤其关注铸铁构件，从植物造型中获取灵感，将结构延伸成一种完美装饰，为铸铁这种新材料赋予了全新的艺术表达。1900 年，吉玛德接受委托为巴黎地铁做入口设计（图 4-2-6）。吉玛德选择铸铁构件做框架结构，为铸铁这种新材料赋予了全新的艺术表达。入口以石头作为底座，玻璃覆盖在上方。铸铁装饰曲线的纹样来源于葡萄藤蔓和花朵的造型，顶端的花灯架不仅能够照亮入口，而且也成为地铁广告的标识，这种融合设计、建筑、广告的做法对现代设计思想非常重要。当他的代表作巴黎地铁入口设计完成之后，"吉玛德风格"被人们称为"地铁风格"，成为法国新艺术风格的代名词。1902 年吉玛德与一些艺术家和建筑师成立了巴黎新艺术风格协会，为的是"向情感极度匮乏的现代生活注入一些魅力和美感，同时要重新找回 20 世纪里把人们最基本的生活都融入艺术中的传统"。此时新艺术运动已不再局限于装饰艺术中（图 4-2-7、图 4-2-8）。社会精英在追求个性化的同时，也注意到如何把新技术自然化，缓解和消除技术的非人性的一面，提倡设计的民主理想。

法国另外一个新艺术中心是位于东北部的工艺重镇南锡。埃米尔·盖勒（Émile Gallé，1846—1904）是新艺术运动南锡派的主要倡导者，他出生在一个手工艺家庭里，父亲是一位陶器和家具制造商。盖勒年轻时学习了哲学、植物学、绘画，并且在梅森塔尔学习了玻璃制造技术。普法战争之后，盖勒回到父亲的工厂工作。为了促销，他的早期作品采用珐琅装饰透明玻璃。凭借植物学方面的知识，盖勒很快转向自然风格，并以雕刻和蚀刻的手法在重的、不透明的玻璃上进行装饰（图4-2-9）。对自然的浓厚兴趣促使他创造了一种视觉特征醒目的独创风格。

1900年，盖勒在《装演艺术》上发表了一篇题为《根据自然装饰现代家具》的文章，提出自己对家具设计的看法。他认为自然风格、自然纹样应该成为设计的思考来源，他还提出了设计装饰的主题要与设计的功能一致，成为新艺术运动中最早提出在设计中重视功能重要性的设计家之一。在盖勒的影响下，南锡市的新艺术运动极为活跃。路易斯·梅杰列（Louis Majorelle，1859—1926）是南锡新艺术运动的另一位杰出代表，他的家具和铁制品设计在结构和装饰细节上体现了一种和谐、流动的韵律感，圆润的外形增添了作品的雕塑品质（图4-2-10），同时作品中融入了传统和国外的风格，其中包括洛可可、日本风格等。南锡派其他知名的设计师还包括埃米尔·安德烈（Emile Andre，1871—1933）、维克多·普罗夫（Victor Prouve，1858—1943）、雅克格·鲁博（Jucques Gruber，1870—1936）等，并于1901年在盖勒的号召下创办南锡工业艺术学校，这个学校对促进南锡新艺术运动的发展起到重要作用，特别是在推动艺术与工业结合以及发明创造、改进新技术等方面。

图4-2-7 吉玛德设计的位于法国里尔的克里奥特大厦（Maison Coilliot）

图4-2-8 吉玛德设计的住宅入口

图4-2-9 盖勒设计的玻璃制品

4.2.2 比利时线条

在第一次世界大战前夕，比利时外事平稳、经济繁荣、工业发达，是欧洲最早工业化的国家之一。比利时地处英法两国之间，与各国之间的文化交流比较频繁，布鲁塞尔在当时成为欧洲文化和艺术的中心，吸引了大批先锋派艺术家。比利时的新艺术运动仅次于法国，而且更具有民主色彩，强调把理想主义、功能

图4-2-10 梅杰列吊柜设计

Henry van de Velde was a Belgian painter, architect and interior designer. Together with Victor Horta and Paul Hankar he could be considered as one of the main founders and representatives of Art Nouveau in Belgium. Velde was strongly influenced by John Ruskin and William Morris's English Arts and Crafts movement and he was one of the first architects or furniture designers to apply curved lines in an abstract style.

Although a Belgian, Velde would play an important role in the German Werkbund. Velde called for the upholding of the individuality of artists while Hermann Muthesius called for standardization as a key to development.

图 4-2-11　威尔德于 1902 年
设计的烛台

主义和设计革命结合起来，倡导大众设计，提出"人民的艺术"的口号，并注重手工艺和工业的关系。主要的设计组织有 1884 年成立的"二十人小组"及其更名后的"自由美学社"。

"二十人小组"由奥塔克·茅斯（Octave Maus，1856—1919）发起成立，成立初期该组织主要介绍前卫的现代艺术思潮，比如新印象派、象征主义等。1888 年，该组织从纯艺术转向新艺术形式，进行实用美术的设计。1891 年开始，每年举办一次设计沙龙，展出最新的设计成果，传播实用美术向设计转化的理论，宣扬工业化产品应同时具有实用价值和美学价值，应当为广大人民群众服务。1894 年，该组织改名为"自由美学社"，传播莫里斯的思想，并举办各种家具、饰物展览。

亨利·凡·德·威尔德（Henry van de Velde，1863—1957）是比利时画家、建筑师、室内设计师和教育家，他与维克多·霍塔、保罗·汉卡一起被认为是比利时新艺术运动的创始人和代表人物。威尔德深受英国艺术与手工艺运动中拉斯金和莫里斯的影响，是最早使用曲线抽象风格的建筑师和家具设计师。比莫里斯的设计理念更先进的是，威尔德承认机械化，他认为，如果机械能运用适当，可以引发设计与建筑的革命。威尔德指出"技术是产生新文化的重要因素"，根据理性结构原理所创造出来的完全实用的设计，才是实现美的第一要素，同时也才能取得美的本质。威尔德提出"产品设计结构合理，材料运用严格准确，工作程序明确清楚"，并以这三点作为设计的最高准则（图 4-2-11）。他的理念突破了新艺术运动只关注产品形式的陈旧观念，引领了传统设计向现代设计的过渡，大大推进了法、比、德等国家设计理论的发展。1899 年，威尔德定居德国魏玛，引领德国新艺术运动的发展，并成为德意志制造同盟的重要成员。在该同盟中，威尔德发挥了重要的作用。与创始人之一的穆特修斯以标准化作为发展关键的观点不同，他更加支持艺术家的个性创作。

在魏玛，威尔德得到了魏玛大公的支持，被任命为艺术顾问。他在 1905 年倡导并创办了以设计教育为主的学校——魏玛工艺美术学校，提出"通过进行设计，制作模型、样本之类的手段，向工匠和工业家们提供艺术灵感"，认为"一个支持工匠与工业生产的机构，它在某种程度上更像是一个实验室，免费向每位匠人或者工业家提供建议，帮助他分析与改进产品"。1915 年，威尔德由于国籍问题被迫辞去校长职务，并推荐格罗皮乌斯接任，后来在格罗皮乌斯的带领下，该学校与魏玛高等艺术学校合并成为包豪斯学校，从这个意义上讲，魏玛工艺美术学校是包豪斯学校的前身。

比利时新艺术运动另外一位极负盛名的人物是维克多·霍塔（Victor Horta，1867—1947）。霍塔是一位建筑师，被认为是欧洲新艺术建筑的关键人物。他早年就读于位于根特的皇家艺术学院建筑系，1878 年离开比利时到了法国，在蒙马特尔找到一份建筑设计的工作，受到了新兴的印象派和点彩派画家的影响，也尝试在建筑中使用铸铁和玻璃等材料。回到比利时后，霍塔作为建筑师加入新古典主义建筑师阿尔芬斯·巴拉特（Alphonse Bharat）的设计事务所，担任其助手。在建筑设计中，霍塔注重结构创新，实现了由木材到铸铁、由手工艺到工业技术的转变，并在自然界有机物构成元素的启发下，发展了自己全新的风格。1892—1893 年，霍塔被任命设计了塔塞尔酒店（图 4 - 2 - 12）。该建筑打破了古典主义的束缚，创造性地使用了半开放式的平面格局，同时在内部使用了铸铁结构的植物曲线形态。这种曲线形态在霍塔的室内造型设计中扮演了重要的角色，并很快被人们所效仿，被称为"比利时线条"或"霍塔线条"。塔塞尔酒店被认为是新艺术在建筑领域的首次亮相。2000 年，联合国教科文组织将塔塞尔酒店及其他 3 座霍塔设计的建筑一起列进了世界遗产名录。

图 4 - 2 - 12　塔塞尔酒店楼梯

The design had a groundbreaking semi open - plan floor layout for a house of the time, and incorporated interior iron structure with curvilinear botanical forms, later described as "biomorphic whiplash". The building has since been recognized as the first appearance of Art Nouveau in architecture. Together with three other town houses of Victor Horta, The Hotel Tassel was put on the "UNESCO World Heritage List" in 2000.

4.2.3　英国唯美主义大师——比亚兹莱

英国新艺术运动是艺术与手工艺运动的延续，特别是马克莫多在平面设计中运用花头和茎叶等植物元素，启发了新艺术运动风格的设计师，被认为是英国艺术与手工艺运动向新艺术运动过渡的重要人物。英国维多利亚时代后期，特别是从 19 世纪 70 年代开始，英国的政治制度已开始跟不上社会经济发展的速度，英国工业的霸主地位开始动摇，美国和德国迎头赶上，维多利亚时代的价值观日渐式微，腐败奢靡之风盛行，这种社会环境使艺术创作带有一种悲观的情绪，先锋艺术家以作品抵制维多利亚价值体系中的奢华，以悲观主义情调剖析社会现状，发起了抵制和批评维多利亚价值观和社会规则的前卫运动。

奥伯利·比亚兹莱（Aubrey Beardsley，1872—1898）（图 4 - 2 - 13）是英国新艺术运动中备受争议的插画艺术家，也是唯美主义、颓废主义、象征主义的代表人物。比亚兹莱以其阴暗、反常的形象和怪诞的色情作品而闻名，同时积极讽刺批评了维多利亚时代压抑的性、美、性别角色和消费主义观念。1872 年比亚兹莱出生于英国布莱顿，7 岁时被确诊为遗传性结核病，虽然后来经过诊治有所好转，但他的一生还是伴随病痛与死亡的阴影，最终在 1898 年因病情发作在法国南部的一个小旅馆去世。在其短暂的 26 年生命里，比亚兹莱留下了大量的具有争议的作品，他的绘画风格和手法受到了拉斐尔前派、古典主义、日本浮世绘等风格的影响，借鉴了多种异域文化的艺术形式逐渐形成自己鲜明的风格。他的作品极为简洁，大部分使用墨水完成，采用了大量优美而有节奏的线条，以大面积的黑色区域和大面积的空白区域形成对比。他的作品偏爱新艺术运动中的象征元素和东方元素，善于使用卷草和鳞片纹饰，构图展现了黑与白的微妙平衡

图 4 - 2 - 13　英国唯美主义
大师——比亚兹莱

Beardsley was the most controversial artist of the Art Nouveau era, which closely aligned with Aestheticism, the British counterpart of Decadence and Symbolism. Beardsley was renowned for his dark and perverse images and grotesque erotica, while aggressively critiquing repressive Victorian concepts of sexuality, beauty, gender roles, and consumerism.

Most of his imageswere done in ink with a large number of graceful and rhythmic lines and featured large dark areas contrasted with large blank ones.

图 4-2-14　比亚兹莱
设计的插图《孔雀裙》

图 4-2-15　比亚兹莱设计的
《黄皮书》封面

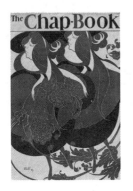

图 4-2-16　布拉德利为
The Chap-Book 设计的
封面 The Twins

Bradley's 1894 design for Chap-Book, titled The Twins, had been called the first American Art Nouveau poster; this and other posters for the magazine brought him widespread recognition and popularity.

Bradley's work was often compared to that of his English contemporary, Aubrey Beardsley, so much so that some critics dismissed him as simply "The American Beardsley."

和富有韵律的非对称结构，对当时的新艺术运动产生强烈冲击，也对现代平面设计产生深远影响。鲁迅先生在他的《比亚兹莱画选》中对这位艺术家赞赏备至："没有一个艺术家，作为黑白画的艺术家，获得比他更为普遍的声誉；也没有一个艺术家影响现代艺术如他一般广阔。"

图 4-2-14 所示是比亚兹莱为英国唯美主义作家奥斯卡·王尔德于 1893 年创作的戏剧《莎乐美》所做的插图《孔雀裙》，他用简单洗练的曲线勾勒出莎乐美曼妙的形体，而在头饰和裙摆处进行了丰富的细节刻画。莎乐美身着一身飘逸的带有孔雀羽毛图案的裙子，头戴蓬勃上昂的孔雀翎，一只开屏的孔雀在左边盘旋，莎乐美摆弄姿态仿佛在威胁和诱惑年轻人约翰。在很多为《莎乐美》所做的插图中，比亚兹莱都试图挑战维多利亚时代的性别角色和性观念，在这个作品中，与以往女性处于从属被动的地位不同，比亚兹莱将莎乐美刻画成自负的、性欲旺盛的主导者。1894—1896 年，比亚兹莱还为著名杂志《黄皮书》《萨伏伊》进行插图设计（图 4-2-15），在题材和技法上有新的突破，引起轰动。

4.2.4　新艺术在美国的回声

19 世纪下半叶，美国结束南北战争，经济开始快速发展。作为一个从殖民地建立起来的国家，美国主流艺术也是从欧洲迁徙而来，如美国的白宫、国会山等地标性建筑都是欧式建筑风格的体现，但在脱离英国殖民统治后，美国试图通过对舶来艺术的再创新在艺术上构建本土化的形象。从 19 世纪末开始，美国社会为各种艺术流派创新和交融提供了自由的场域，美国开始走上确立自己艺术身份之路。新艺术运动在这个时期在美国开始流行，产生了广泛而深远的影响，在建筑、家居、玻璃制品、招贴设计、插图设计等方面均有所反映。

威廉·布拉德利（William Bradley，1868—1962）是美国新艺术派的插画家和艺术家，受新艺术运动影响较为深刻，特别是其招贴设计的风格受到英国艺术家比亚兹莱的线条风格的决定性影响，1894 年他为杂志 The Chap-Book 设计的名为 The Twins 的海报，被称为美国新艺术运动第一张海报，他为这本杂志所做的海报为他赢得了广泛的认可和声望。从这张海报上可以看出流畅的曲线、有机的外形、独具美感的女性形象等新艺术流派的特点，当然也有媒体抱怨布拉德利的作品眯起眼睛看像是一只奇形怪状的火鸡（图 4-2-16）。布拉德利的作品经常被拿来与比亚兹莱的作品相提并论，以至于一些评论家将其称为"美国比亚兹莱"。但布拉德利在后来的设计中也总结了一些新的技法而形成个人风格，如用重复线条图案建立纹理色调区，黑白色调用来衬托彩色和装饰线条。1954 年，布拉德利获得了 AIGA（美国专业设计协会）奖章，这是在美国平面设计领域的最高荣誉。

玻璃艺术是新艺术运动找到的新的、多种多样的表达媒介。在美国，路易斯·康福特·蒂芙尼（Louis Comfort Tiffany，1848—1933）和他的设计师们以灯具设计而闻名，这些灯具的玻璃罩使用了错综复杂的花卉主题。蒂芙尼是美国新艺术运动的杰出设计师和艺术家，同时也是世界著名的珠宝品牌蒂芙尼的第二代掌门人兼设计总监。蒂芙尼主要从事家居器皿设计，尤其擅长玻璃制品设计。1865 年，蒂芙尼前往欧洲游历学习，在那里他迷上了如画的乡村风景和建筑上的彩绘玻璃，他钦佩中世纪的彩绘玻璃，并相信当时的玻璃质量可以进一步提高。回国后，蒂芙尼开设工作室，从事室内设计和家具设计，同时也对玻璃制品进行了试验和创新。蒂芙尼在乳白色玻璃上绘制各种颜色和纹理，期望获得独特的彩色玻璃效果。他试验了铜箔技术，这是一种在铜箔中镶嵌切割玻璃并将玻璃焊接在一起的技术，他用这种技术设计了灯具和窗户（图 4-2-17）。1885 年蒂芙尼开设了自己的第一家玻璃公司。当时美国在全国各地新建了很多教堂，蒂芙尼的彩绘玻璃有了广阔的用武之地。四年间，蒂芙尼为各地教堂设计制作了 100 多扇玻璃窗（图 4-2-18）。蒂芙尼玻璃作品受到中世纪风格以及东方和欧洲玻璃制品的影响，将光线、色彩和自然环境完美融合，新艺术自由、自然的设计风格在蒂芙尼的玻璃风景画中得以体现，对美国新艺术的发展具有重要意义。蒂芙尼的彩绘玻璃在吹制花瓶和照明台灯上得到更好的展现。台灯作品的青铜底座是树根、树干造型，具有不规则边界的玻璃灯罩上绘制了百合花、紫藤花等装饰图案，还采用了三角形、正方形、矩形和椭圆等几何形构成图案……所有灯具设计都遵循了自然植物形态，具有一种自然而浪漫的情调。

Glass art was a medium in which Art Nouveau found new and varied ways of expression. In the United States, Louis Comfort Tiffany and his designers became particularly famous for their lamps, whose glass shades used common floral themes intricately pieced together.

图 4-2-17　弗吉尼亚美术博物馆展出的蒂芙尼设计的灯具

图 4-2-18　在 1900 年巴黎世博会上，蒂芙尼 "Flight of Souls" 玻璃窗获得金牌

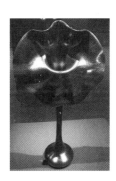

图 4-2-19　法夫赖尔系列产品——讲堂花瓶

1894 年蒂芙尼注册了法夫赖尔商标专利，它使用金属氧化物对熔融玻璃的内部进行着色，使其具有闪光效果（图 4-2-19）。法夫赖尔系列作品大部分采用鲜艳的彩虹色，模仿古代风化玻璃器皿上深浅不同的各种颜色，并将这些色彩独立或组合使用，巧妙而别有新意。蒂芙尼说："法夫赖尔玻璃以明亮或深色调的颜色为特征，通常像某些美国蝴蝶的翅膀、鸽子和孔雀的脖子、各

According to Tiffany："Favrile glass is distinguished by brilliant or deeply toned colors, usually iridescent like the wings of certain American butterflies, the necks of pigeons and peacocks, the wing covers of various beetles."

种甲虫的翅膀一样具有彩虹色。"

除了招贴设计、玻璃设计之外，美国建筑设计也受到新艺术运动的影响。以建筑师沙利文为代表的芝加哥学派摸索和发展了现代建筑思想，突出功能在建筑设计中的重要地位，主张"形式永远服从功能的需要，这是不变的法则""功能不变，形式也不变"。与欧洲传统建筑不同，新艺术装饰风格在美国建筑上已退居其次，成为建筑的点缀。

4.2.5　上帝的建筑师——安东尼·高迪

西班牙拥有灿烂辉煌的文化艺术，全国遍布各种文化遗产，文化氛围浓厚。西班牙同时也是盛产艺术大师的国家，许多著名的艺术家、建筑师如达利、毕加索、米罗、高迪均生于此、长于此，奉献了许多传世的作品。新艺术在西班牙被称为"加泰罗尼亚现代主义"，主要集中在巴塞罗那。安东尼·高迪（Antonio Gaudi，1852—1926）是来自巴塞罗那加泰罗尼亚的建筑师，西班牙新艺术运动的重要代表和践行者。高迪早期的建筑作品古埃尔宫就运用了新艺术风格的植物元素和有机形态，1903 年之后的作品如巴特罗公寓、米拉公寓也与新艺术的元素密切相关。高迪的建筑作品具有独一无二的个性化风格，大部分都位于巴塞罗那，其中也包括他职业生涯晚期的重要作品圣家族大教堂。

In Spain，a highly original variant of the style，Catalan Modernism，appeared in Barcelona. Its most famous creator was Antoni Gaudi，who used Art Nouveau's floral and organic forms in a very novel way in Palau Guell. His designs from about 1903，the Casa Batllo（1904—1906）and Casa Mila（1906—1912），were most closely related to the stylistic elements of Art Nouveau. Gaudi's works had a highly individualized，and one - of - a - kind style. Most were located in Barcelona，including his main work，the church of the Sagrada Familia.

图 4 - 2 - 20　巴特罗公寓　　　图 4 - 2 - 21　米拉
外立面　　　　　　　公寓外观

高迪的建筑设计带有哥特式风格的特征，并将新艺术运动的有机形态、曲线风格发展到了极致，自然和宗教要素在他的作品中得到完美呈现。巴特罗公寓（图 4 - 2 - 20）是高迪最富创造性的杰作之一，整体建筑外形借鉴了自然界中的凹凸、双曲线、螺旋、抛物线等各种不规则的曲线形态，形成漩涡般的节奏感，流动的曲线造型使建筑看上去仿佛处于不断的运动之中，加上立面釉面瓷砖和镶嵌彩色玻璃的蓝绿色光泽，让人联想到海洋泡沫和植物，充满生气，极富魅力。米拉公寓（图 4 - 2 - 21）建于1906—1912 年，是高迪设计的最后一座私人住宅。米拉公寓将新艺术的有机形态和曲线风格发挥到极致，同时融合了东方建筑风格和哥特建筑结构，体现了高迪的折中主义风格。建筑物的外立面使用了大块的石灰石堆砌而成，被处理成一系列连续的水平起伏的线条，阳台的栏杆也使用扭曲回绕的铁条完成。高迪认为："直线属于人类，而曲线归于上帝。"整座公寓的外部和内部，包括家具在内，都尽量避免采用直线，没有直角，像是一件雕塑艺术品。屋顶使用的抛物线的拱形产生了不同高度，显得凹凸不平、错落有致。

　　高迪一生中最重要的建筑作品是为之投入近半个世纪时间之久的圣家族大教堂（图 4-2-22）。高迪于 1881 年接受委托开始设计，但由于资金短缺、天灾人祸等原因，直到高迪去世之前这个建筑也没有完成。圣家族大教堂将哥特式和新艺术的曲线形式结合起来形成有机风格。尖塔保留了哥特式的韵味，但结构相对简练；建筑的整体布局也运用了哥特式教堂典型的拉丁十字平面。教堂带有强烈的自然色彩和效果，内外贴以彩色玻璃和蜥蜴、鸽子、棕榈等自然生物造型的装饰，《圣经》中的人物、场景、故事等也通过建筑上的各种雕塑进行了展现，使人感到置身于神话世界。教堂设计完全没有直线和平面，而是以螺旋线、锥形、抛物线、双曲线等的线条变化组合形成动感。教堂内部的装饰丰富多彩，多数的抽象形状由平滑的曲线和锯齿状的节点组合而成，高迪希望在内部创建一个简单而坚固的结构，使用分叉的 Y 形立柱进行支撑，如同枝条纵横的树丛伸向大顶，整体环境像一片森林。高迪的作品超越了主流的现代主义，形成由自然形式启发的有机风格。高迪以其非凡的建筑才华以及在作品中宗教元素的体现为他赢得了"上帝的建筑师"（God's Architect）的称号。

4.2.6　意大利家具设计大师布加迪

　　意大利自由风格的名称来源于英国自由百货公司，这个百货公司的彩色纺织品当时在意大利非常受欢迎。这家百货公司开设于 1875 年，一开始销售来自东方的装饰品和艺术品。19 世纪 90年代，自由百货公司与很多英国设计师建立了紧密的联系，包括设计师阿契贝尔德·诺克斯（Archibald Knox，1864—1933），自由百货公司鼓励和帮助这些设计师对新艺术和艺术与手工艺的艺术风格进行设计实践，并与新设计风格联系在一起，以至于在意大利新艺术被称作是"自由风格"。

　　意大利新艺术运动的代表人物是家具设计师卡罗·布加迪（Carlo Bugatti，1856—1940），他的作品充满异国情调，显得独特古怪、识别性强。在世纪之交，当时的艺术家和设计师在寻求一种新的设计语言，既要现代而新颖，又要以合理的设计原则为基础，他们试图从异域、古代的文化中获取灵感，而不是简单的模仿，最具影响力的是哥特式、日本和伊斯兰文化。布加迪的作

图 4-2-22　圣家族大教堂和室内外观

Gaudi's work transcended mainstream Modernism, culminating in an organic style inspired by natural forms.

During the 1890s, Liberty built strong relationships with many English designers. Many of these designers, including Archibald Knox, practised the artistic styles known as Arts and Crafts and Art Nouveau, and Liberty helped develop Art Nouveau through his encouragement of such designers. The company became associated with this new style, to the extent that in Italy, Art Nouveau became known as the Stile Liberty.

The most important figure in Italian Art Nouveau furniture design was Carlo Bugatti. His work was distinguished by its exoticism and eccentricity. Around the turn of the twentieth century, artists and designers were seeking a new kind of design, one that was properly modern and new while still resting on sound design principles. They were trying to use foreign, exotic past cultures as inspiration, not for imitation. Carlo Bugatti turned to these three influences in his own work. But he combined them and transformed them in a totally unique way, somehow avoiding the rather obvious orientalizing tendencies of some of his peers.

图 4-2-23　布加迪设计的
Snail Room 酒吧间

Bugatti created the furniture for the room, including his Cobra chairs, and won the top award at Turin. Bugatti was dubbed "the first in Italy to realize rather than dream modern furniture."

品也受到这些文化的影响，但以一种独特的风格将这些文化进行整合，避免与同时代明显东方化倾向的作品雷同。

布加迪设计的家具经常是以"钥匙孔"的设计为特征，装饰性强，家具表面覆盖不同寻常的材料和装饰，如羊（牛）皮纸、丝绸等，还使用骨头、金属、象牙等进行镶嵌。布加迪喜欢采用大量的圆形弧线，同时以动植物的抽象图形进行装饰。

1902 年，布加迪参加都灵国际艺术与手工艺展览，从此声名鹊起。他在展览会上展出了名为"Snail Room"的酒吧间设计（图 4-2-23），在这个酒吧间里，布加迪展示了包括眼镜蛇椅在内的具有流线型生物形态的家具作品。眼镜蛇椅像是自然生长出来，没有椅腿，圆形的靠背上带有铜浮雕的嵌板，表面高度刻画出形式感极强的昆虫与植物造型。座面和背部用丝绒密封，形成连续弯曲的曲线。半圆形的沙发后设计了一个酒柜，就像是背负了厚重的蜗牛壳，墙壁上全是早期家具中木制的圆圈，每个圆圈上都覆盖着牛皮，中间还有一个锤打过的黄铜牌匾。布加迪的设计赢得了展会的最高奖项，他也被称为"意大利第一个真正实现现代家具的人"。

4.3　新艺术运动的直线派

4.3.1　格拉斯哥四人团

格拉斯哥是英国的第四大城市，位于苏格兰西部，由于其浓厚的历史文化和艺术氛围，被誉为是"建筑和设计之城"。19 世纪末 20 世纪初，当新艺术的浪潮席卷欧洲，格拉斯哥的建筑师和设计师也试图寻求新的设计元素打破纯艺术和实用艺术之间的界限，取得较大成就的是格拉斯哥四人团，包括查尔斯·雷尼·麦金托什（Charles Rennie Mackintosh，1868—1928）、赫伯特·麦克内尔（Herbert Mcnair，1868—1953）、马格蕾特·麦克唐纳（Margaret Mcdonald，1865—1933）、法朗西丝·麦克唐纳（Frances Mcdonald，1874—1921），他们在建筑、家具、工艺美术等方面具有独特的苏格拉新艺术风格，即柔软的曲线和坚硬高雅的垂直线混合交替使用，加强直线造型，设计中采用大面积的中性色，如淡橄榄色、淡紫色、乳白色、灰色和银白色构成的清淡优美的色彩。和大部分新艺术作品一样，自然风格图案的装饰用于点缀，风格化的叶子和玫瑰花苞赋予作品一种持续增长的活力情调。

While working in architecture, Charles Rennie Mackintosh developed his own style: a contrast between strong right angles and floral - inspired decorative motifs with subtle curves, e.g. the Mackintosh Rose motif, along with some references to traditional Scottish architecture. The project that helped make his international reputation was the Glasgow School of Art (1897—1909).

麦金托什是格拉斯哥四人团的核心和灵魂人物，是新艺术运动时期格拉斯哥重要的设计师和建筑师，他在设计实践中形成了自己的设计风格：强烈的纵横直线和带有巧妙曲线的花卉装饰图案（如"麦金托什玫瑰图案"）之间形成对比，以及一些对传统苏格兰建筑的参考。格拉斯哥艺术学院建筑设计项目是麦金托什设计风格的集中体现，既具新艺术的设计元素，又有现代主义建筑的特征。格拉斯哥艺术学校（图4-3-1）在主体建筑上采用简洁的立体几何形式，为了保证充足的自然光照，设计了大面积的开窗，同时通过将直线进行不同的编排、布局和设计进行装饰，显得朴实大方而又前卫。在建筑内部设计上使用了大量木材，营造了温馨氛围，内部装饰不仅有自然形态的曲线和干净利落的直线交替使用，还吸收了日本浮世绘中抽象、简约的设计特点。

希尔住宅是麦金托什将传统价值观和现代主义理念相结合的典型案例（图4-3-2），这个建筑是麦金托什和他的妻子马格蕾特·麦克唐纳共同完成的，包括建筑、装饰、照明、家具等所有项目，具有典型的麦金托什的风格。建筑外观参照了传统苏格兰建筑风格，内部设计具有较强的装饰性，融合了东方主题、新艺术和装饰艺术的细节。麦金托什设计的高背椅（图4-3-3）也是其风格的具体体现，干净利落的茎状垂直线条体现了生长的活力，为了缓和刻板的几何形式，麦金托什也会以曲线、抽象花卉和对称的形式进行装饰。

图4-3-1 格拉斯哥艺术学校

The building displayed typical Mackintosh influences，with a robust exterior referencing Scottish vernacular architecture，contrasting with a highly ornamental interior，featuring oriental themes alongside art - nouveau and art - deco details。

图4-3-2 希尔住宅   图4-3-3 麦金托什设计的高背椅

麦金托什及格拉斯哥四人团的其他成员的设计通过世界各地的展览会迅速传播开来，在欧洲影响很大，引起维也纳分离派的关注。

4.3.2 维也纳分离派

维也纳分离派成立于1897年，是由奥地利艺术家组成的艺术团体，涉及的领域包括建筑、室内、绘画、雕塑、室内、图形、金属制品、装饰品等，代表人物包括约瑟夫·霍夫曼（Josef Hoffmann，1870—1956）、科洛曼·莫瑟（Koloman Moser，1867—1918）和约瑟夫·M.奥布里奇（Joseph M. Olbrich，1867—1908），他们都是维也纳艺术学院教授奥托·瓦格纳（Otto Wagner，1841—1918）的学生，在瓦格纳的影响下，分离派的艺术家反对保守主义和传统历史主义的倾向，强调艺术作品的整体性（Gesamtkunstwerk）和对手工艺的艺术改造，提倡"为时代的艺术，艺术应得自由"（To every age its art，to every art

图 4-3-4　莫瑟为杂志《圣泉》
设计的封面

图 4-3-5　奥布里奇设计的维也纳
分离派礼堂及建筑细节

Viewing Olbrich's original sketches for the building, we could see a gradual reduction of decorative elements to basic geometric forms signifying a break from Wagner's grandious art nouveau style.

Nevertheless, the Secession developed its own unique 'Secession-stil' centred around symmetry and repetition rather than natural forms. The dominant form was the square and the recurring motifs were the grid and checkerboard.

The Wiener Werkstatte, established in 1903 by Koloman Moser and Josef Hoffmann, was regarded as a pioneer of modern design, and its influence can be seen in later styles such as Bauhaus and Art Deco.

its freedom）。分离派将自然主义者、现代主义者、印象主义者汇集在一起，他们寻求艺术的整合，各种思想相互渗透交流，形成完整的艺术作品，正是由于对艺术的多元化处理使这个团体在欧洲独树一帜。欧洲新艺术运动对维也纳分离派影响很大，很多分离派的艺术家在加入之前都是以新艺术的风格进行工作，分离派的设计师将新艺术的元素用于建筑，比如用曲线装饰建筑物的外立面。维也纳分离派在其官方杂志《圣泉》（*Ver Sacrum*，1898—1903）（图 4-3-4）中也毫不掩饰对新艺术的尊崇，该杂志在1898 年的一整期页面全部用来刊登新艺术著名画家阿尔丰斯·穆夏（Alphonse Maria Mucha，1860—1939）的作品。1897 年，奥布里奇设计了用于展览的维也纳分离派礼堂（图 4-3-5），成为分离派艺术家的活动阵地。该建筑用植物枝叶、猫头鹰、古代女怪头像进行细节的装饰，同时也具有丰富的象征意义，如入口处三个女怪头像分别代表了建筑、绘画和雕塑。从这个建筑和原始的设计草图上，我们可以看到奥布里奇对新艺术装饰元素的简化，简化到基本的几何形式，标志着对瓦格纳华丽的新艺术风格的突破，白色无窗的外立面也预示着包豪斯现代风格的出现。

随着工业和科学技术的发展和设计改革运动的推进，人们的审美趣味在逐渐改变，对产品实用功能的需求也在提升，而新艺术运动提倡的"回归自然"根本无法解决工业化的问题。分离派的艺术家和设计师对设计风格、方法、产品功能性以及工业化的态度进行了探索，逐渐形成了自己独特的风格，核心是对称和重复，而不是自然主义，其主导形式是方形，并使用网格和棋盘格的图案形式进行重复设计。

1903 年，维也纳分离派的核心人物霍夫曼和莫瑟创立了维也纳生产同盟，这是一个由艺术家、建筑师、设计师组成的工作坊，设计和生产领域主要包括银器、陶瓷、服装、家具和图形艺术（图 4-3-6）。工作坊生产的产品十分简洁，采用精炼的几何形式，突出产品的功能性。霍夫曼设计的作品最能体现生产同盟的设计风格，他受到麦金托什的影响，反对欧洲流行的装饰风，回避历史风格，在设计中喜好使用垂直构图，并逐渐演化为网格形式，他的装饰手法的基本要素就是并置的几何形状、直线条和黑白对比色调。1905 年霍夫曼为普克斯多特疗养院设计的一款摇椅在外观设计上使用重复的方格以及垂直的线条排列，是他几何

图 4 - 3 - 6　1910 年维也纳
工作坊生产的茶具

图 4 - 3 - 7　1905 年霍夫曼
设计的摇椅

图 4 - 3 - 8　1896 年《青年》杂志
封皮（Otto Eckmann 设计）

结构设计思想的具体体现，被他称为"坐的机器"（图 4 - 3 - 7），也预示着机器美学的出现。扶手后方的小球不仅可以作为装饰，也可以进行椅背高度的调节。由于在家具、平面和室内设计中喜好使用黑白方格图形手法进行设计，霍夫曼获得"方格霍夫曼"的雅称。

作为现代设计的先锋，维也纳生产同盟的影响力延伸至包豪斯、装饰艺术运动、新艺术运动以及北欧和意大利的现代设计。1932 年，由于资金问题，维也纳生产同盟宣布解散。

4.3.3　德国青年风格

新艺术在德国被称为"青年风格"，这一称谓来自德国的一本杂志《青年》（图 4 - 3 - 8），这本杂志在慕尼黑出版发行，它支持新艺术运动，并聚集了许多著名的新艺术运动的艺术家，成为德国新艺术的风向标。

初期的青年风格受到欧洲新艺术运动、日本绘画艺术、中国花草画的影响，在风格上强调飘逸柔软的长线条，推崇新艺术运动象征新生命的自然主义曲线图形。进入 20 世纪，曲线风格受到节制，在德国传统木刻版画和中世纪字体的影响下，青年风格逐渐摆脱主流的以曲线装饰为中心的风格，呈现相对简洁的、线条硬朗的独特风貌。

建筑师和设计师理查德·瑞默克米德（Richard Riemer-schmid，1868—1957）是青年风格的主要人物，也是德意志制造联盟的创始人之一，他与彼得·贝伦斯（Peter Behrens）并称德国现代设计先驱。瑞默克米德在 1900 年设计的餐具更多地考虑了用户的使用习惯和使用方式，相对于传统餐具，其装饰性更加节制，造型更加简洁（图 4 - 3 - 9）。瑞默克米德设计的家具结构简单，构思精巧，非常注重使用功能。1898 年瑞默克米德为一间音乐教室设计了钢琴椅（图 4 - 3 - 10）。椅子的材料是橡木和皮革，坐面前宽后窄，并覆以皮革提高舒适性。前椅腿和后椅腿自上而下逐渐变细，减轻了体量感，前腿在接触地面处设计明显的

German Art Nouveau is commonly known by its German name, Jugendstil. The name is taken from the artistic journal, *Jugend*, which was published in Munich and which espoused the new artistic movement.

图 4 - 3 - 9　1900 年瑞默克米
德设计的餐具

图 4 - 3 - 10　1989 年瑞默克米德
设计的钢琴椅

图 4-3-11 赫尔辛基中央火车站
（Helsinki Central railway
station, 1919）

By 1910, Art Nouveau was already out of style. It was replaced as the dominant European architectural and decorative style first by Art Deco and then by Modernism.

支撑增加整体稳定性。最特别的是椅子扶手，瑞默克米德开创性地用枝茎一样的木杆件连接椅背和椅子前腿的下方，椅面下方的部分是直线，而椅面上方的木杆做了弯曲处理，与靠背做了有弧度的融合，同时可以看到木杆在坐面的上方和下方分别与后腿和前腿形成了稳定的三角形结构，整体造型比例舒适、线条明快，不仅造型简洁优美，功能性上也十分完善，把严谨和自然简约的风格融为一体，是新艺术运动的自然元素和简洁直线风格的完美结合。

在北欧国家，新艺术运动也被称为青年风格，通常与各个国家民族浪漫主义风格相结合。挪威新艺术运动与维京民间手工艺复兴相结合，如杰哈德·蒙特（Gerhard Munthe，1849—1929）设计的具有维京人船只和龙头图案的椅子。建筑设计上，新艺术与当地传统建筑特色相结合，形成一种新的地区化的现代艺术形式，丰富了"新艺术运动"的内涵。埃利尔·沙里宁（Eliel Saarinen，1873—1950）设计的赫尔辛基中央火车站（图4-3-11）使用了一种古典而又现代的建筑语言，既体现了芬兰的民族特性，又紧随时尚潮流。建筑总体采用了古典主义的建筑手法，采用了较为对称的布局，入口处设计巨大拱券山花，而山花、柱式的形象被简化，标志性的雕塑也是使用简洁的现代雕刻手法。

新艺术运动发生于世纪之交，其影响席卷欧美。它继承了艺术与手工艺运动的部分设计思想，同时又改良了矫饰的流行风格，对现代主义进行了探索和尝试，在世界设计史上起到了继往开来的作用。到1910年，新艺术运动开始退出历史舞台，逐渐被欧洲的艺术装饰风格和现代主义取代。

本章关键名词术语中英文对照表

新艺术运动	Art Nouveau	印象主义	Impressionism
整体艺术	Gesamtkunstwerk（或 Total Art）	六人社	Les Six
后印象主义	Post Impressionism	铸铁构件	Iron Alloy
地铁风格	Subway style（法：Le Style Métro）	加泰罗尼亚现代主义	Catalan Modernism
鞭线风格	Biomorphic Whiplash	青春风格	Jugendstil
自由风格	Stile Liberty	格拉斯哥玫瑰风格	Glasgow Rose
维也纳分离派	Vienna Secession	现代之家	La Maison Moderne
新艺术之家	La Maison Art Nouveau	自由美学社	The Libre Esthetique
巴黎新艺术风格协会	the Nouveau Paris society	点彩派画家	Pointillist
魏玛工艺美术学校	Grand-Ducal School of Arts and Crafts	铜箔技术	copper foil
法夫赖尔	Favrile	圣家族大教堂	Sagrada Familia
希尔住宅	Hill House	眼镜蛇椅	Cobra Chair
浮世绘	Ukiyoe	格拉斯哥四人团	The Glasgow Four

思 考 题

1. 新艺术运动和艺术与手工艺运动的联系和区别有哪些？
2. 新艺术运动发生的背景是什么？
3. 维也纳分离派的代表人物有哪些？他们各自的设计主张是什么？
4. 新艺术运动曲线派的代表国家和人物有哪些？
5. 新艺术运动直线派的代表国家和人物有哪些？

参 考 文 献

[1] KOCH R，BRADLEY W H. American artist in print：a collector's guide [M]. New York：Hudson Hills Press，2002.
[2] SOUTER N，SOUTER T. The illustration handbook：a guide to the world's greatest illustrators [M]. Edison，NJ：Chartwell Books，Inc.，2012.
[3] DUNCAN A，MARLIÈRE G. Art nouveau [M]. London：Thames and Hudson，1994.
[4] ZEVST R. Antoni gaudi cornet：a life devoted to architecture [J]. Cologne：Benedikt Taschen Verlag，1988.
[5] MACKINTOSH C R，CERVER F A，KLICZKOWSKI S，et al. Charles rennie mackintosh [M]. New York：TeNeues，2002.
[6] PEVSNER N. Pioneers of modern design：from William Morris to Walter Gropius [M]. New Haven：Yale University Press，2005.
[7] PACHTER H. Weimar Etudes [M]. New York：Columbia University Press，1982.
[8] LAVALLÉE M. Art nouveau [M] //Grove dictionary of art. London：Oxford University Press [accessed 11 April 2008].
[9] Art nouveau european route：Cities [EB/OL]. http：//www. artnouveau. eu/en/cities. php.
[10] 李砚祖. 艺术设计概论 [M]. 武汉：湖北美术出版社，2009.
[11] 王受之. 世界现代设计史 [M]. 北京：中国青年出版社，2002.
[12] 何人可. 工业设计史 [M]. 北京：高等教育出版社，2006.
[13] 常雪敏. 城市与自然的交融：美国现代艺术的创新之路 [J]. 云南艺术学院学报，2018（2）.
[14] 梁梅. 新艺术运动概览 [J]. 装饰，2007（5）.

CHAPTER 5

现代主义设计的产生与发展
Chapter 5　The Appearance and Development of Modernism

Modernism was a philosophical movement that, along with cultural trends and changes, arose from wide - scale and far - reaching transformations in Western society in the late 19th and early 20th centuries. Among the factors that shaped modernism were the development of modern industrial societies and the rapid growth of cities, followed then by the horror of World War I.

5.1　现代主义的萌芽

现代主义是一场哲学运动，与之相伴的是艺术文化的发展和衍变。在 19 世纪末 20 世纪初，西方社会产生了广泛而深远的变革。促使现代主义形成的因素中，首要的是现代工业社会的发展和城市的快速增长，人与人之间的关系变得疏远和冷漠，在快速发展的社会环境下，作为个体的人感到渺小与孤独；其次则是第一次世界大战给人们带来的恐惧。科技发明的武器肆无忌惮地应用于战争屠杀，西方文艺复兴时期的人文主义和自由、平等、博爱等观念被抛弃。

纵观现代设计史的发展，现代主义设计运动是对人类物质文明最具影响力的设计活动。现代主义设计运动的宗旨是强调设计应该随时代而变化，强调功能和社会责任感，提倡在设计中更多地发挥材料的特性以及应用新技术，主张形式要服从于功能。

5.1.1　现代主义产生的背景

(1) Social background. Many artists and designers were strongly dissatisfied with the reality, explored new ways to change the situation, abandoned dignitary thought in design and made design serve the public.

（1）社会背景。第一次世界大战后，整个世界动荡不安，欧洲国家尖锐的社会矛盾进一步暴露。不少艺术家、设计师对现实强烈不满，探索用新的途径来改变现状，摒弃设计中的权贵思想，让设计为大众服务。这一时期的西欧工业迅速发展，生产力水平大幅提高，城市规模不断扩大，大众市场和大批量消费也进一步扩大，给公众的生活带来了巨大的变化，随之也带来许多问题，如：产品丰富了，但功能和外形的设计都有待提高；建筑，特别是高层建筑以及城市规划缺乏合理的模式；广告等大量视觉传达对象如何处理等。工业和科技水平迅速成熟，面对这一系列问题各国进步设计师都不得不承认技术的力量，进而需要对迅速变化的社会做出反应。

（2）思想背景。科技的发展促进了文化的更新，进一步加快了现代主义设计的产生和发展。近代哲学思想，如德国唯心主义哲学家尼采的唯意志论、奥地利心理学家弗洛伊德的精神分析论、法国哲学家柏格森的直觉主义等都对现代主义设计产生了直接影响。

（3）新建筑运动影响。现代主义最早在建筑界出现。19 世纪末 20 世纪初，新材料、新技术和新结构的广泛应用对传统建筑观念发起冲击，在建筑形式上掀起了新建筑运动。彼得·贝伦斯为德国电器公司（AEG）设计的透平机制造车间（图 5-1-1）被誉为第一座真正的现代建筑。该建筑抛弃传统样式，造型简洁，充分利用新材料和新形式。玻璃镶嵌在钢结构的骨架上形成墙体，匀称的比例使建筑不再显得过于庞大笨重，简洁明快的造型与传统建筑大相径庭，是建筑结构上的革命。第一次世界大战后，一些思想进步的建筑设计师在总结前人实践的基础上，提出了系统而彻底的改革主张，形成了现代建筑思潮，进而影响到工业设计的发展。德国的瓦尔特·格罗皮乌斯和密斯·凡·德·罗以及法国的勒·柯布西耶被称为现代建筑的三大支柱，他们对现代主义的发展起到了积极的推动作用。

5.1.2　现代主义设计的产生及意义

现代主义首先在德国兴起，并在 20 世纪 20 年代达到顶峰，在德国、荷兰、苏联等国家开展得如火如荼，在设计思想、设计方法以及设计形式上对后来的设计产生了深刻的影响。

现代主义的核心要素是功能主义和理性主义。功能主义强调"形式追随功能"，产品设计不能有附加的装饰，形式必须要有目的，必须符合功能要求，强调形式对功能的决定作用。哲学上的理性主义建立在承认人的推理可以作为知识来源的理论基础上，要求以理性的思考和计算来进行设计，减少设计中的个人主观因素。

现代主义主张创造新的形式，反对因袭旧有样式和附加装饰，强调新材料和新技术的应用，注重以计算和功能为基础的工程技术。除了功能主义和理性主义思想外，现代主义还有更为广阔的思想含义，包括民主主义、精英主义、理想主义和乌托邦主义。民主主义主张设计服务普通大众，通过设计改变社会现状；精英主义不是为社会精英设计，而是在精英领导下的新精英主义，体现出其从现实出发理解和阐释政治与社会结构及其发展的政治取向；理想主义和乌托邦主义是基于信仰的一种追求，希望通过设计建立良好的社会秩序，改变普通大众的生活状态，改善人类的生活质量，实现社会大同。而复杂的社会问题不能仅凭形式主义美学解决，现代主义设计的理想与当时社会工业环境现实差距太大，以致很多思想并未在欧洲实现。

虽然如此，现代主义在设计发展史上具有重要的意义：首

（2）Thought background. Technological development promoted the updating of culture and further accelerated the emergence and development of modernism design.
（3）Influence of New Architecture Movement. Modernism first appeared in the construction industry.

图 5-1-1　贝伦斯设计的透平机制造车间

Rising in Germany firstly, modernism reached a peak in the 1920s, grew vigorously in countries and regions like Germany, Netherlands and Soviet Union and exerted profound effects on later designs in the aspect of design philosophy, method and form.
The core elements of modernism were functionalism and rationalism.

Modernism advocated creating new forms, opposed to continuing to use old styles and additional decorations, emphasized the application of new materials and techniques and paid attention to engineering technology based on calculation and function.

先，它形成了新的设计理论和法则，以抽象的几何形式反映工业时代的本质特点，逐渐演化为所谓的"机器美学"；其次，它引领了世界范围内的设计潮流，对 20 世纪各种艺术形式产生重要影响；最后，它具有革命性、民主性，打破了长期以来设计为权贵和精英服务的状态，使设计能够为普通大众服务，为人类物质生活带来深刻的影响。

5.2 机器美学

工业革命带来了生产率水平的大幅提升，机器（图 5-2-1）开始在广泛的领域内给人们的生活带来巨大影响。工业化的逻辑影响着人们的思维，同时也影响着城市的节奏和秩序。美国艺术史家亨利·塞热（Henry M.Sayre，1948— ）说，"在 20 世纪二三十年代，机器美学事实上主宰了一切的现代风格和现代运动""关于艺术与机器的修辞……在一战后事实上泛滥于所有的先锋杂志"。这样的背景引发了思想界的变革，理性主义和机械哲学的创立为机器美学提供了理论支持。建筑中理性主义可以总结为空间理性、技术理性和功能理性三个方面，而机械哲学则认为万物皆可以机械理论来解释。机械的整体性、拆分性和叠加性可以应用到包括建筑在内的许多领域。正是在这样的社会背景和学术背景的影响下使机器美学得以发展。

机器美学是指以机器为隐喻，用净化的几何形式反映工业时代的本质，追求机器造型的简洁、秩序，反映机器本身所体现的理性和逻辑性，强调空间、直线、比例、体积等要素，抛弃一切附加装饰。美国学者巴里·布鲁迈特（Barry Brummett，1951— ）在《机器美学的修辞》（*Rhetoric of Machine Aesthetics*）中认为，机器美学灵感来自机械技术，如"齿轮、机械钟表、割草机、左轮手枪、活塞、硬而光洁的金属、钢水、多纱头的循环运动、凸轮轴令人眼花缭乱的舞蹈，以及工厂中简单实用、飞速穿过钢盒的轴和管"，也来自计算机、激光和电子产品等高技术，甚至包括残损的机器、坍塌的工厂、烧毁的主板、撞坏的硬盘、无用的 CPU。

5.2.1 机器美学的缘起——未来主义和立体主义

未来主义是发端于 20 世纪初期的艺术思潮，它对资本主义的物质文明大加赞赏，认为未来的艺术应具有"现代感觉"，并主张表现艺术家进行创作时的所谓"心境的并发性"。未来主义在 1911—1915 年广泛流行于意大利，在第一次世界大战期间传布于欧洲各国。

意大利诗人、作家兼文艺理论家菲利波·托马索·马里内蒂（Filippo Tommaso Marinetti，1876—1944）于 1909 年 2 月在《费加罗报》上发表了著名的《未来主义宣言》（*Futurist Mani-*

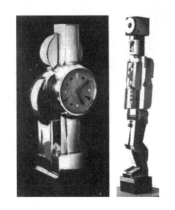

图 5-2-1 20 世纪 20 年代的座钟和扬声器

Machine aesthetics referred to taking machine as a metaphor, mirroring the nature of the industrial age in purified geometric forms, pursuing the conciseness and order of machine molding, reflecting the rationality and logicality embodied by machine, emphasized elements including space, straight line, proportion and volume and abandoning all additional decorations.

As an artistic ideological trend appearing in the early 20th century, futurism quite appreciated the material civilization of capitalism, identified with "the modern feeling" of future art and advocated showing so‐called "concurrency of mental state" of artists in the process of their creation.

festo），在该宣言中对由汽车的疾驶而带来的速度之美进行了热情的歌颂，对现代城市生活的运动、变化和节奏表示欣喜。马里内蒂认为科技的发展改变了人的时空观念，旧的文化已失去价值，美学观念也需随之改变。马里内蒂和他的追随者们表达了对速度、科技和暴力等元素的狂热喜爱，汽车、飞机、工业化的城镇等在未来主义者的眼中充满魅力，因为这些象征着人类依靠技术的进步征服了自然。该宣言的发布标志着未来主义的诞生。

未来派艺术家宣称需要创造一种全新的未来艺术来适应飞速发展的现代社会，艺术家必须否定过去，歌颂现代生活的最新特征，提出将机器和现代工业作为现代艺术的主题。平面设计的手法多表现动态与速度的精神，也有用光线放射或螺旋的形式（图5-2-2、图5-2-3）。意大利画家贾科莫·巴拉（Giacomo Balla，1871—1958）在其作品《被拴住的狗的活力》中用多条腿的组合表现狗正在跑动的姿态，并对狗的主人的姿态也运用了同样的描绘手法，连拴狗的带子也是呈现摇晃的状态。他的另一幅作品《卢格车站的火车》题材符合未来主义对速度、动力、机械的力量的迷恋，在图中可以看到火车进站时的各个角度，而火车本身及人物形体和脸部表情是相当模糊的，作品呈现的是光影和时间的变化以及动态的多角度组合。

在建筑设计上，未来主义建筑师认为，作为"一种严谨的、光和动态艺术"的新建筑应该回归到速度和造型动力学，指出未来主义的建筑应是"同所有方向发展的建筑性装置"。意人利未来主义建筑师安东尼奥·圣埃里亚（Antonio Sant'Elia，1888—1916）于1914年展出了一系列描绘"新城市"的素描作品（图5-2-4），多运用长线条象征速度、运动、紧迫性和抒情性，被认为是新时代建筑的象征。

未来主义这一艺术思潮在20世纪20年代后期开始衰落，但未来主义所倡导和主张的一些理念却成为西方文化的重要组成部分，影响深远。

继后印象主义、象征主义之后，年轻的艺术家们普遍关注的是如何革新形式来表现处于迅猛变革的工业社会中的人的内在情绪和心理。1908年，乔治·布拉克（Georges Braque，1882—1963）在卡恩韦勒画廊展出作品，法国艺术评论家路易·沃克塞尔见到布拉克的作品时称其"充满了小立体方块"，"立体主义"一词由此而来。立体主义主要追求一种几何形体的美，追求碎裂、解析、重新组合的形式，物体的各个角度交错叠放造成了许多垂直与平行的线条角度，追求形式的排列组合所产生的美感。它否定了从一个视点观察事物和表现事物的传统方法，把三度空间的画面归结成平面的、两度空间的画面。巴勃罗·毕加索（Pablo Picasso，1881—1973）、布拉克、胡安·格里斯（Juan Gris，1887—1927）被称为立体主义风格运动的三大支柱。

毕加索是西班牙画家，20世纪初开始往来于巴塞罗那和巴黎

图5-2-2　贾科莫·巴拉 1912 年作品《被拴住的狗的活力》

图5-2-3　贾科莫·巴拉 1912 年作品《卢格车站的火车》

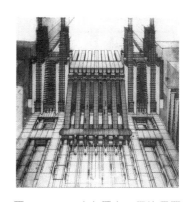

图5-2-4　安东尼奥·圣埃里亚于 1914 年创作的作品《酒店的透视图》

Cubism mainly pursued a kind of beauty of geometric forms and the form of fragmentation, analysis and recombination. All angles of objects interlaced and overlapped, giving rise to many angles of vertical and parallel lines and pursuing a sense of beauty produced by the permutation and combination of forms. Futurism denied the traditional method of observing and showing things from a viewpoint and summarized the pictures of three-dimensional space into the pictures of two-dimensional space.

图 5 - 2 - 5　毕加索名作
《亚维农的少女》

图 5 - 2 - 6　1908 年布拉克
画作《埃斯塔克的房子》

图 5 - 2 - 7　1913 年格里斯
画作《吉他》

工作。他的立体主义作品受到法国画家塞尚的影响，并在塞尚的基础上对绘画结构进行探讨研究，作品显示出几何化倾向，1907年创作的《亚维农的少女》（图 5 - 2 - 5）成为他立体主义风格的里程碑。

　　与毕加索一同开创立体主义的法国画家布拉克是立体主义运动中最富影响力的人物，立体主义的名称便由其作品而来。在画作中，他创新性地将字母和数字引入绘画中，同时采用拼贴的手段进行创作，革新了立体主义的创作手法。1908 年，布拉克开始通过风景画来探索自然外貌背后的几何形式。《埃斯塔克的房子》便是当时的一件典型作品（图 5 - 2 - 6）。在这幅画中，布拉克深入追求自然物象的几何化表现，房屋、树木均被其简化为圆柱体、锥体或球体等几何元素。

　　格里斯是一位忠实的立体主义画家，受毕加索的影响，他迅速成为立体主义的中坚力量。格里斯认为立体主义就是一种古典的精神状态，相比毕加索，格里斯的画面表达更加条理清晰，具有更强的秩序感与规律性（图 5 - 2 - 7）。

　　立体主义运动在艺术形式上的探索具有划时代的意义，成为后来艺术家和设计师创作的灵感来源，激发了一系列艺术改革运动，如结构主义、表现主义、未来主义等。

　　未来主义和立体主义开始以批量生产的产品作为绘画主题，标志着一种与工业社会相契合的新的美学产生。

图 5 - 2 - 8　现代主义建筑大师
勒·柯布西耶

Born in Switzerland, Le Corbusier (1887—1965) was a designer and architect with extensive influence and innovative spirit in the 20th century. Wild about reproducing the aesthetic feeling of machine through architecture, Le Corbusier was the main initiator of modernist architecture and important founder of machine aesthetics.

5.2.2　勒·柯布西耶与机器美学

　　勒·柯布西耶（Le Corbusier，1887—1965）（图 5 - 2 - 8）出生于瑞士，是 20 世纪具有广泛影响力和创新精神的设计师、建筑师，热衷于用建筑再现机器的美感，是现代主义建筑的主要倡导者、机器美学的重要奠基人。

　　1917 年柯布西耶定居巴黎，创立"纯粹主义"绘画，以几何关系和构图技巧描绘主体形状，只有强有力的形状轮廓，几乎没有细节。这种绘画风格进而影响到建筑设计领域，提倡建筑师要注意构成建筑自身的平面、墙面和形体，并应在调整它们的相互关系中创造纯净的美的形式。1920 年，柯布西耶与诗人德尔梅创立《新精神》杂志，发表了一系列文章鼓吹新建筑，1923 年这些文章汇编为《走向新建筑》（*Towards an Architecture*）一书。在书中，柯布西耶高度称赞现代工业的成就，歌颂飞机、汽车、轮船等新科技的结晶，认为这些产品的形式是经过严格的试验而确立的标准，不受任何传统式样的束缚，一切建立在合理分析问题和解决问题的基础上，达到了形式和功能的统一。他深入地表达了自己对秩序的理解：建筑师要把握秩序，这是一种精神力量，影响着设计师的创造。他歌颂了雅典卫城的比例，赞扬了古希腊建筑的秩序感，并认为工业时代的建筑更应该具备类似于产品的秩序感。书中的一些名言颇具影响和争议，例如"住宅是居住的机器"（a house is a machine to live in），"建筑是形体在光线下有意识、正确的和壮丽雄伟的相互组合""感谢机器，感谢其典型的统一性""轮廓线是纯粹的、精神的创造，它需要造型艺术家"等。

1926 年柯布西耶就自己的住宅设计提出著名的"新建筑五点"：①底层架空，让房体离开地面，用钢筋混凝土浇筑的支柱作为桩基，为建筑提供支撑；②自由立面，开放的立面代替承重墙，可以按建筑师的意愿进行设计；③自由平面，地板上的空间可以自由规划成房间而不受承重墙的限制；④横向长窗，具有像萨伏伊别墅二楼那样的横向长条形的窗户，大面积开窗，可得到良好的视野；⑤屋顶花园，将花园移往视野最广的屋顶，以弥补建筑消耗的绿化面积。萨伏伊别墅是实践柯布西耶"新建筑五点"的典型建筑（图 5-2-9），代表了现代建筑理念的基础，是国际主义建筑中最著名的作品之一。别墅的轮廓简单，像一个白色的方盒子被细柱支起，但内部空间复杂。该建筑采用了钢筋混凝土框架结构，平面和空间布局自由，空间相互穿插，内外彼此贯通，从建筑不同方向看去都可以得到不同的印象，这种不同不是刻意设计出来的，而是其内部功能空间的外部体现。建筑形体和内部功能配合，建筑形象合乎逻辑性，构图上灵活均衡而非对称，处理手法简洁，体型纯净，其设计理念至今影响和启发着无数的建筑师。

任何理论都不是一成不变的，总是在不断地丰富和发展，建筑师的理念同样也会随着时间和社会的变革而发生变化。第二次世界大战期间，柯布西耶感受到了工业化负面的因素，产生了悲观情绪，进而影响到了他的设计。

第二次世界大战后，法国进入建筑高潮。柯布西耶认为在当时条件下，城市既可以保持人口的高密度，又可以形成安静卫生的环境。他提出居住单位的"单体"建筑方案，并于 1952 年在法国马赛市郊建成了一座举世瞩目的超级公寓住宅——马赛公寓（图 5-2-10）。公寓底层架空，用柱子支撑，粗犷的外立面和精

图 5-2-9　"新建筑"代表作——萨伏伊别墅

The Five Points of a Modern Architecture：① The Pilotis；② The Free Facade；③ The Free Plan；④ The Ribbon Window；⑤ The Roof Terrace.

First，Le Corbusier lifted the bulk of the structure off the ground，supporting it by pilotis，reinforced concrete stilts. These pilotis，in providing the structural support for the house，allowed him to elucidate his next two points：a free facade，meaning non-supporting walls that could be designed as the architect wished，and an open floor plan，meaning that the floor space was free to be configured into rooms without concern for supporting walls. The second floor of the Villa Savoye includes long strips of ribbon windows that allow unencumbered views of the large surrounding garden，and which constitute the fourth point of his system. The fifth point was the roof garden to compensate for the green area consumed by the building and replacing it on the roof.

图 5-2-10　马赛公寓大楼

With different expression forms in different times and areas, machine aesthetics took abstract art theory as the basis, reflected the dialectical unity of technique and art in the design field in the machine age and had a far-reaching influence on the development of modernism.

致的内部形成对比。每个住宅都是一个独立单元，按照标准制造。柯布西耶运用文艺复兴时期达·芬奇的人文主义思想，演化为"模数"系列，并套用"模数"来确定建筑物的所有尺寸。公寓最多能容纳 1600 名居民，公寓底层架空，与外部城市绿化和公共活动场所相融合，复式起居可以避免压抑，使公寓中的人们既拥有私密空间，又形成一个集体，社会性和自然性都能得到较好的体现，还可增进居民之间的交往交流。大片玻璃能让人贴近自然，屋顶花园有泳池和娱乐设施，楼层中还有商业街，这些都使公寓成为满足居民心理需求的小社会。马赛公寓代表了柯布西耶对住宅和公共居住问题思考的最高成就，结合了他对现代建筑的思考，尤其是个人与集体关系的思考，对后世的建筑设计有着深远的影响。

机器美学在不同时代、不同地域的表现形式各不相同，它以抽象的艺术理论为基础，反映了大机器时代设计领域技术和艺术的辩证统一，对现代主义的发展影响深远。

5.3　美国现代主义建筑的探索——芝加哥学派

美国城市芝加哥早期的房屋都是木质结构，连接各建筑的街道也是用木栅栏圈围。当地人用木柴煮饭，到了冬季人们还有收集木柴过冬的习惯。1871 年 10 月，连续数十天滴雨未下的芝加哥遭受了人类历史上最惨重的火灾，全市三分之二的房屋被毁，几天几夜的大火几乎摧毁了这座美国发展最快的城市。城市的重建工作吸引了来自全国各地的工程师和建筑师，要在有限的区域快速、高效地建造大量房屋满足人们居住的要求，建筑师们想到了使用钢铁框架结构建立高层建筑，逐渐形成了趋向简洁独创的建筑风格，诞生了美国建筑界一个非常重要的流派——芝加哥学派。

在建筑发展史中，芝加哥学派是指活跃在 19 世纪末 20 世纪初的建筑风格流派，也被称为商业风格。它促进了以钢铁框架为主要结构的商业建筑，并发展了一种与之相协调的空间美学，进而影响了欧洲现代主义的发展。芝加哥学派建筑的共同特点是明确地定位了功能、结构和形式之间的主从关系，突出了功能的主导地位；建筑外立面简化，强调逻辑结构，符合时代工业化精神；受到编篮式木架的启发，建筑师们还创造了横向宽敞的大窗户，被称为"芝加哥窗"；肯定了建筑设计必须适应时代的特点，建筑艺术要反映新技术水平。

建造于 1883—1885 年的芝加哥家庭保险公司大厦被认为是芝加哥学派的代表性建筑之一，也是世界上第一幢按现代钢铁框架结构原理建造的高层建筑（图 5-3-1）。

Chicago's architecture was famous throughout the world and one style was referred to as the Chicago School. The style was also known as Commercial style. In the history of architecture, the Chicago School was a school of architects active in Chicago at the turn of the 20th century. They were among the first to promote the new technologies of steel-frame construction in commercial buildings, and developed a spatial aesthetic which co-evolved with, and then came to influence, parallel developments in European Modernism.

图 5-3-1　芝加哥家庭
保险公司大厦

5.3.1　芝加哥学派的中坚人物——路易斯·沙利文

芝加哥学派包括了众多的建筑设计师，路易斯·沙利文（Louis Sullivan，1856—1942）（图 5-3-2）可以说是芝加哥学派的中坚人物。沙利文生于波士顿，早年就读于麻省理工学院和巴黎美术学院，学成后在芝加哥做过绘图员，开过设计事务所。在其职业生涯中，沙利文设计了 100 多幢摩天大楼，被称为"摩天大楼之父"和"现代主义之父"，是芝加哥学派有影响力的建筑师和建筑设计理论的奠基人。他在设计领域第一次提出了著名的"形式追随功能"的口号，尽管他认为这个概念来自古罗马建筑师的设计理念。"形式追随功能"也成为现代建筑师所信奉的普遍原则之一。

沙利文在 1896 年发表的《从艺术的观点看高层市政建筑》（The Tall Office Building Artistically Considered）一文中说道："自然界的一切东西都具有一种形状，即一种形式、外观造型，它告诉我们这是什么，从而与别的东西区别开来……"哪里功能不变，形式也就不变。"他认为艺术创作的真正标准就是形式和功能的相互关系。

在建筑设计上沙利文提出了三段式的设计方法，即地表上两层成为一个模块，作为商场使用；顶层为设备层，放置水箱、水管、机械设备等；中间标准功能空间的各层通过窗户联系成一个整体，设置办公室、旅馆和剧院等。三段式的设计方法是其功能主义思想的体现。1899—1904 年由沙利文设计的施莱辛格-迈耶百货公司大厦是芝加哥学派的经典建筑（图 5-3-3），也是沙利文三段式设计的代表性建筑。该建筑设计利用横向的线条区分建筑的功能区域，利用纵向的线条划分中间的办公区域，同时采用横向的"芝加哥窗"来体现具有简洁、延伸视觉效果的外立面。

虽然沙利文提出"形式追随功能"的口号，提倡建筑的功能主义特点，但在其很多建筑作品中也可看出英国艺术与手工艺运动和新艺术运动的影子，自然纹样的装饰经常出现在他设计的建筑外立面上和室内空间中。"装饰一般都是切入切出的……然而，建筑完工后，装饰应该令人感觉到好像通过某一慈善家之手使它自然地从材料本体中生长出来"，沙利文毫不掩饰他对装饰的喜好。沙利文的建筑理念是复杂、矛盾的，但无论如何，他的理论和实践推动了现代主义建筑的发展。

5.3.2　芝加哥学派第二代领导人物——赖特

弗兰克·劳埃德·赖特（Frank Lloyd Wright，1867—1959）是第二代芝加哥学派的代表人物，著名的建筑师、室内设计师、作家，他曾在沙利文的设计事务所工作，主持和参与了多项建筑设计项目。赖特继承和发展了沙利文"形式追随功能"的设计思想，同时在建筑学中提出了有机建筑的概念。赖特将建筑看成是

图 5-3-2　易斯·沙利文

Louis Henry Sullivan was an American architect, and has been called the "father of skyscrapers" and "father of modernism". He was considered by many as the creator of the modern skyscraper, was an influential architect and critic of the Chicago School. "Form follows function" was attributed to him although he credited the origin of the concept to an ancient Roman architect.

"Form follows function" would become one of the prevailing tenets of modern architects.

图 5-3-3　施莱辛格-迈耶
百货公司大厦

Frank Lloyd Wright inherited and developed Sullivan's design philosophy of "Form follows function" and proposed the concept of organic architecture in architecture. In the eyes of Wright, architecture was animate and kept developing. Wright advocated coordinating every detail of architecture with the whole.

有生命的，处在连续不断的发展进程之中，主张建筑的每个细节都与整体相协调。建筑整体的设计理念要贯穿于建筑的每一个局部，形成相互关联，不可分割的整体，同时注重建筑与外部环境的关系。赖特崇尚自然的建筑观，善于从自然界生物生长的自然规律中获得启发，寻求设计灵感，注重使用天然材料以取得与自然界的协调，同时考虑人的需求和感情，注重室内空间的合理性，做到舒展、自由。

This philosophy of organic architecture was best exemplified by Fallingwater (1934), which has been called "the best all-time work of American architecture".

流水别墅是赖特有机建筑思想的完美体现，这座建筑也被称为"美国建筑史上最棒的建筑"（图5-3-4）。该建筑是赖特为考夫曼家族设计的周末住宅，设计地点位于宾夕法尼亚州西部的熊跑溪附近。赖特创造性地将建筑直接设计在瀑布正上方，创造了一种戏剧性的关系。在材料的使用上，既要从工程角度又要从艺术角度理解各种材料的不同特性，房体用天然石头，内部支柱也使用粗犷的岩石，使整个房子看起来就像是从石头上长出来一样；细长的水泥阳台在空间中水平地伸展出来，体现了建筑的动感和张力；室内空间自由延伸，相互穿插，内外空间相互交融，浑然一体，虚实对比十分强烈；在光的运用上，流水别墅充分利用了自然光源，同时辅以人工光源，显得温和、自然。

1901年，赖特在芝加哥发表著名演讲"机器的艺术与工艺"，表达了对机械化及其美学的态度，认为尽管机器趋向简化，但它能揭示材料的真实特点和自然美。在一些家具设计上，赖特意识到通过机器的严谨和精密能够获得更加简洁明确的线条，同时强调简单化和坚持自然的处理材料（图5-3-5）。

图5-3-4　赖特于1934年
设计的流水别墅

图5-3-5　赖特于1937年
设计的椅子

赖特是一位不知疲倦的建筑设计师，1958年，91岁高龄的他还接受了30多个设计任务，同时还创作了《生活的城市》（The Living City），表明自己的建筑设计思想。1991年，赖特被美国建筑师协会誉为"有史以来最伟大的美国建筑师"。

Architects and engineers of "Chicago School" actively adopted new materials, structures and techniques, solved the function needs of new high-rise commercial buildings, created new buildings with new styles and patterns and reflected American active exploration into modernist architecture. Wright was recognized in 1991 by the American Institute of Architects as "the greatest American architect of all time".

"芝加哥学派"的建筑师和工程师们积极采用新材料、新结构、新技术，解决了新高层商业建筑的功能需要，创造了具有新风格新样式的新建筑，是美国对现代主义建筑的积极探索。

5.4　装饰艺术运动

现代主义对设计对装饰的排斥并不意味着装饰的消失，与现代主义同时期出现的装饰艺术运动是艺术与手工艺运动和新艺术运动的延伸，同时也接受了工业时代的新材料和新技术，与现代主义相互影响，具有深层的内在联系。

　　装饰艺术风格是一场影响深远的视觉艺术设计风格，它将传统手工艺思想与机器时代的意象和材料相结合，其作品往往呈现出丰富的色彩、大胆的几何形状以及奢华的装饰。装饰艺术运动首先出现在第一次世界大战前的法国，以巴黎为中心，20 世纪 20 年代开始在国际上蓬勃发展，第二次世界大战结束后开始走向衰弱。它的名字来源于 1925 年在法国巴黎召开的国际现代装饰与工业艺术博览会。其范围涵盖了建筑设计、工业设计、书籍装帧、室内设计、时尚珠宝设计、绘画、玻璃、陶瓷等诸多领域。装饰艺术风格中所体现的高雅、时尚和功能性等线性对称元素使之有别于新艺术运动所推崇的非对称性有机曲线风格。

5.4.1　装饰艺术运动的形成

　　20 世纪初期，受到国际政治、经济及生产力水平的影响，以及全社会对机械加工的普遍依赖，部分艺术家和设计师开始重新审视自己的作品与时代的关系，他们深刻地认识到机械化生产和新材料已经是无法回避的新课题。他们敏锐地发现无论是英国的工艺美术运动还是法国的新艺术运动都存在一个巨大的弊端，即对现代工业中的机械化以及新材料、新技术的回避和抵触。他们站在新的高度肯定机械化生产，对采用了新材料、新技术的现代建筑和各种工业产品的形式美和装饰美进行新的探索，并将机械化视为速度、进步和自由的象征。这些艺术家和设计师采用大量新的装饰元素使机械元素和现代特征变得非常自然和华丽，他们的探索以及新的市场繁荣，为新的设计和艺术风格的形成提供了有利条件。

　　装饰艺术运动的来源是多元化的，除了工业化的时代背景外，它的形成还受到以下几个方面的影响。

　　（1）古埃及和其他装饰风格的影响。1922 年埃及法老图坦哈蒙墓被发现并挖掘，欧洲设计师开始再次关注古埃及的装饰风格。古埃及风格在造型、材料应用以及色彩方面对装饰艺术运动的影响都十分深远（图 5 - 4 - 1）。古埃及的装饰强化皇权和等级观念，强调理性要素，对几何形式和刚劲雄浑的线条十分热衷。装饰艺术运动中的造型语言趋于几何化，但并非过分追求对称，贵重金属、宝石和象牙等材料表现出的创新性与时尚紧密结合的高雅华贵等视觉触觉感受等都来源于古代埃及装饰风格特征。此外在色彩应用方面，大量绚丽夺目的色彩应用方式也与古埃及装饰风格有着密切的联系。

　　（2）原始艺术的影响。原始部落艺术中的象征性和夸张性以及雕塑作品的明快简练对欧洲艺术界的启发很大。前述图 5 - 2 - 5 所示的毕加索的画作《亚维农的少女》就是受到了非洲原始部

Art Deco was an influential visual arts design style that first appeared in France just before World War I and began flourishing internationally in the 1920s, 1930s and 1940s before its popularity waned after World War II. It took its name, short for Arts Décoratifs, from the International Exposition of Modern Decorative and Industrial Arts held in Paris in 1925. It was an eclectic style that combined traditional craft motifs with Machine Age imagery and materials. The style was often characterized by rich colours, bold geometric shapes and lavish ornamentation.

图 5 - 4 - 1　卡地亚（Cartier）
埃及石棺化妆盒

The source of Art Deco Movement was diverse. Apart from the historical background of industrialization, Art Deco Movement was still influenced by the following aspects.
(1) Influence of Ancient Egyptian decorative style and other decorative styles. Ancient Egyptian style had a very far - reaching influence on Art Deco Movement in the aspect of modeling, material application and color.
(2) Influence of primitive art. Symbolism and exaggeration in the art of primitive tribes and brightness and simplicity in sculptures greatly enlightened the art circles in Europe.

(3) Influence of industrial civilization. Art Deco Movement was closely related to the production environment of great industry. Geometric modeling with strong characteristics of the times was greatly favored by designers.
(4) Influence of Avant - garde School of Painting and stage art.

图 5 - 4 - 2　具有几何造型的
装饰艺术图案

图 5 - 4 - 3　1924 年，俄罗斯芭蕾
舞团在巴黎上演舞台剧
《蓝色火车》（服饰为
香奈儿设计，舞台布景为毕加索
和雕塑家劳伦斯设计）

图 5 - 4 - 4　鲁尔曼 1923 年
设计的角柜

落的影响。

（3）工业文明的影响。装饰艺术运动与大工业生产环境联系紧密，具有强烈时代特征的几何造型受到了设计师们的广泛热捧（图 5 - 4 - 2）。1898 年汽车问世后，这种机械产品就成为力量、速度和高科技融合的象征。此外，批量生产的钢管家具和芝加哥学派的摩天大楼在这个时期也层出不穷，艺术家和设计师充分感受到了现代工业文明的成果，这些现代化工业文明成果启发着他们设计的灵感，他们更加大胆地采用现代工业元素，在设计理念和创作形式上都更加贴近时代的要求。

（4）前卫画派及舞台艺术的影响。20 世纪初期的未来主义、立体主义对装饰风格的形成有很大影响，同时野兽派浓重鲜明的色彩风格也体现在装饰艺术中。这个时期，俄国芭蕾舞在巴黎上演（图 5 - 4 - 3），舞台设计的风格和服装设计大大影响了时尚界的设计观念。此外，美国的爵士乐欢快跳跃的节奏也激发了设计师的创作灵感。装饰艺术风格因此发生变化，不仅注重色彩的运用，更强调鲜明的节奏感。

5.4.2　各国装饰艺术运动的发展

法国是装饰艺术运动的发源地。法国人在近代大部分设计运动中都专注于奢侈品的设计，从未有平民化的设计运动在法国得到真正的发展，这其中也包括被冠以民主主义色彩和社会主义色彩的现代主义运动。法国的装饰艺术运动与俄国、德国等国家的现代主义设计运动是同期进行的，但与现代主义不同的是，法国装饰艺术运动体现了资产阶级特色的权贵与精英主义。家具设计是法国装饰艺术风格最突出的体现，这个时期的法国家具和室内设计主要受两种风格的影响，表现出两种截然不同的风格追求：一种是崇尚东方元素，形式表现上显得有些怪异，这种追求源自俄国舞台设计和服装设计的影响；另一种则强调新材料、新技术的应用。两种不同风格都顺应了时代的需求，进而在家具设计和室内设计领域生发出新的美学价值观。艾米尔-贾奎斯·鲁尔曼（Émile - Jacques Ruhlmann，1879—1933）是 20 世纪法国装饰艺术运动的代表人物，被称为"装饰艺术运动最伟大的艺术家"，他的家具设计运用了珍贵的国外木材，同时加以象牙配件，营造一种优雅、经典、永恒的吸引力（图 5 - 4 - 4）。与鲁尔曼风格截然不同的是从爱尔兰移居到法国巴黎的女设计师艾琳·格雷（Eileen Gray，1878—1976），她是装饰艺术运动的重要代表人物，涉足的设计领域包括家具设计、室内装饰、漆器、建筑等，她的部分作品受到风格派等现代主义风格的影响，偏爱几何造型的简洁形式（图 5 - 4 - 5）。

1925 年在巴黎举行的国际现代装饰与工业艺术博览会将装饰艺术风格传播到了欧美各国。在美国，装饰艺术运动受到百老汇歌舞、爵士音乐、好莱坞电影等大众艺术和通俗文化的影响，也受到蓬勃发展的汽车工业和浓厚的商业氛围的影响，美国人出于自己的需求对"装饰艺术"进行了美式改造，形成独具特色的美国装饰风格和追求形式表现的商业设计风格。相比法国奢侈、华美的设计，美国的装饰艺术更加务实，尤其在建筑、室内、家具等方面表现突出。克莱斯勒大厦是美国式装饰艺术风格的典型代表，它将现代主义的结构方法和装饰艺术运动的装饰手法相结合，主体部分为现代主义的直线造型，顶端装饰模仿汽车轮毂，与克莱斯勒汽车的装饰元素同根同源。楼体组成采用石材、钢架和电镀金属结构，顶部由 7 个放射状的拱组成，由"十"字形弧棱拱顶与 7 个同心圆搭配，使用了当时德国最新的钢制建筑材料。克莱斯勒公司的创始人沃尔特·P. 克莱斯勒要求将它们制成看上去与汽车散热器帽盖的装饰物一样，作为他显赫的汽车制造帝国的标记（图 5-4-6）。

图 5-4-5　格雷 1927 年设计的可调式茶几

由于艺术与手工艺运动的影响，英国在很长时间仍未摆脱传统的束缚，直到 20 世纪 30 年代，受到现代主义和装饰艺术的影响，英国设计并生产出大量奢华的艺术品，伦敦阿斯伯雷公司设计出品的银制品和沃林公司的奢华家具都具有显著的"装饰艺术"特征，尤其在装饰动机和材料应用上体现得更为明确，"装饰艺术"风格终于在英国迎来了全面发展的黄金时期。装饰艺术对英国住宅设计及各种公共建筑设计的影响效果明显，直线从白色房子的正面上升至平屋顶，尖锐的几何形大门和高大的窗户，以及带曲面的金属窗角，这就是那个时期的建筑设计特征。英国装饰艺术风格的另一个显著特征是大众化，尤其以平面设计和包装设计领域最为突出，这一特征在美国和法国是不多见的。

装饰艺术运动和现代主义运动发生在同一历史时期，都主张使用新材料，接受工业时代的机器美学。装饰艺术运动无论在材料的使用还是设计的形式上，都带有现代主义的痕迹，而同时一些现代主义的作品上也有装饰艺术的影子。两者在同一时期相互影响，相互制约，密切而复杂地关联着。但从艺术与工业的结合度来看，装饰艺术更加注重装饰形式，其色彩美艳夸张，而现代主义则更重视功能和实效。从服务对象看，装饰艺术更多的服务对象为富裕的社会上层阶级及少数权贵，而现代主义则更关注普通大众。

由于装饰艺术运动始终没有真正地与工业化进程紧密联系起来，在第二次世界大战后逐渐销声匿迹，在 20 世纪 70 年代的后现代主义设计中又重新被审视和运用。

5.5　现代主义的三大运动

受到新建筑运动的影响，在德国、荷兰、俄国等国家现代主义运动发展得如火如荼，在德意志制造联盟、荷兰风格派、俄国

图 5-4-6　建造于 1926—1931 年的克莱斯勒大厦

Art Deco had a noticeable effect on house design in the United Kingdom, as well as the design of various public buildings. Straight, white - rendered house frontages rising to flat roofs, sharply geometric door surrounds and tall windows, as well as convex - curved metal corner windows, were all characteristic of that period.

Reflecting the characteristics of the times and possessing the strong color of democracy and high‐degree features of idealization, modernism was a real revolution in design, had profound effects on later designs in the aspect of thought, method and design form and basically changed the connotation and essence of design.

The Deutscher Werkbund was a German association of artists, architects, designers, and industrialists, established in 1907. The Werkbund became an important element in the development of modern architecture and industrial design, particularly in the later creation of the Bauhaus school of design. Its initial purpose was to establish a partnership of product manufacturers with design professionals to improve the competitiveness of German companies in global markets.

图 5-5-1　德意志制造联盟
展览海报，1914 年

构成派运动的发展和完善下，现代主义运动在 20 世纪 20 年代发展到顶峰，特别是在德国，从德意志制造联盟到包豪斯的设计与实践，现代主义取得了非常重要的成果，达到惊人的高度。现代主义体现出了时代的特点，带有浓郁的民主主义色彩和高度的理想化特征，是一场真正的设计革命，在思想上、方法上和设计形式上对后来的设计产生了极其深刻的影响，基本改变了设计的内涵和本质。

1933 年，开办 14 年的包豪斯学校被德国独裁政府关闭，加之战争的影响，现代主义在欧洲国家的探索与实践遇到极大阻力，但随着包豪斯重要成员移居美国，现代主义的设计思想也随之传播，特别是在第二次世界大战后在美国迅速成长，并影响到世界各地。

5.5.1　德意志制造联盟

19 世纪后期，德国工业产品由于价格低廉、造型丑陋而缺乏市场竞争力，一些政治家、艺术家和设计师开始关注工业生产中存在的问题。以"青春风格"为特征的新艺术运动在德国并未解决这些问题，从 1902 年开始，一些设计师从"青春风格"中分离出来，尝试从新的角度探索工业化条件下新的设计形式。

1907 年，德意志制造联盟成立，这是一个积极推进工业设计发展的半官方的舆论组织，它的运作和发展得到了政府的资金支持。它的成立以及后来的包豪斯学校成为促进现代建筑和工业设计发展的重要因素，联盟成立的最初意图在于通过建立产品制造商和专业设计人员的合作关系来提高德国公司在全球市场的竞争力。联盟的组成成员包括建筑师、设计师、政治家、企业家、艺术家，他们热心于设计教育与宣传，通过宣讲、会议、展览和设计实践宣扬设计的新态度（图 5-5-1），试图通过设计提高工业产品的管理和质量，寻求一种更为严谨、更具功能性的设计语言代替"青春风格的自然主义"形式。

联盟成立之初，政治家弗里德里希·诺曼（Friedrich Naumann，1860—1919）起草了成立宣言，提出以下主张：①艺术、工业、手工艺相结合；②通过教育和宣传提高德国的设计艺术水平，提高艺术家、工业设计师和手工艺匠师的合作水平；③强调联盟走非官方路线，成为设计界的行业组织；④德国设计界要宣传和主张功能主义和接受现代工业；⑤反对任何形式的装饰；⑥主张标准化和批量化生产，并以此作为设计的基本要求。联盟的成立宣言表明了这个组织的目标："通过艺术、工业与手工艺的合作，用教育、宣传及对有关问题采取联合行动的方式来提高工业劳动的地位。"宣言同时指出："美学标准的合理性与我们时代的整个文化精神密切相关，与我们追求和谐、社会公正以及工作与生活的统一领导密切相关。"

赫尔曼·穆特休斯（Hermann Muthesius，1861—1927）是联盟的主要创始人之一，是德国著名的建筑师、作家、外交家，曾作为外交贸易官员在英国工作生活了 6 年。他将艺术与手工艺运动的思想传播到德国，同时也对德国现代主义建筑影响很大。在英国期间，他对英国建筑做了详细的调查研究，他写道："英国住宅最有创造性和决定价值的特点，是它绝对的实用性。"他反对任何设计上对于单纯艺术风格、单纯装饰化的盲目追求，主张设计所谓的"明确的实用性"，他认为简单和精确既是机械制造的功能要求，也是 20 世纪工业效率和力量的象征，认为设计必须讲究目的、实用功能和制作成本，大力宣传功能主义的设计原则。同时他肯定了国家的技术标准体系，强调形成"一种统一的审美趣味。"

彼得·贝伦斯（Peter Behrens，1868—1940）（图 5-5-2）早在 1904 年就开始参与了德意志制造联盟的组织工作，是联盟最著名的建筑师、设计师和创始人，德国现代主义设计的重要奠基人。贝伦斯在世纪之交引领了建筑改革，是用砖块、钢材和玻璃建造办公和工厂大楼的主要实践者。正是由于他实行的这些成功的改革，使他在设计界影响巨大，1903 年他开始担任杜赛尔多夫美术学院院长，并以此为平台推行建筑与设计教育新思想，他认为设计视觉训练的核心内容是对几何形态的比例的分析。他的这种强调基础课程特别是平面分析的基础课程为后来包豪斯的设计教育奠定基础。20 世纪现代主义建筑大师格罗皮乌斯、密斯·凡·德·罗和勒·柯布西耶早年都曾是他的助手和学生，贝伦斯的设计思想对他们影响深远。

1907 年，贝伦斯开始担任德国通用电气公司（AEG）的艺术顾问，开始了他作为工业设计师的职业生涯。他设计了包括标志、产品、视觉传达在内的一整套企业标识，被认为是历史上第一位真正的工业设计师。贝伦斯在为德国通用电气公司提供设计服务期间，企业的标志（图 5-5-3）、产品、建筑、广告、海报等都具有了统一的形式语言，形成了高度统一的企业形象，开创了现代企业识别计划的先河。

贝伦斯强调功能化的工业产品设计，设计中摒弃烦琐的装饰，强调产品的结构和良好的功能，体现工业时代机械化和标准化的特点，他于 1909 年设计的电水壶就很好地体现了这一点（图 5-5-4）。这套电水壶是以标准化零件为基础，通过各零件的自由装配和组合，可以完成 80 多种电水壶，加之不同材料体现的不同效果，实现了功能与审美的统一性。贝伦斯强调产品的逻辑结构和设计的理性分析，大胆采用新技术和新材料，但同时他也明确仅有纯理性是不够的，需要用设计的审美去完善（图 5-5-5）。1910 年，贝伦斯在《艺术与技术》杂志上总结了他的设计观："我们已经习惯于某种结构的现代形式，但我并不认为数学上的解决就会得到视觉上的满足。"贝伦斯还指出，在关于

Hermann Muthesius was a German architect, author and diplomat, perhaps best known for promoting many of the ideas of the English Arts and Crafts movement within Germany and for his subsequent influence on early pioneers of German architectural modernism such as the Bauhaus.

图 5-5-2　彼得·贝伦斯

Peter Behrens was one of the leaders of architectural reform at the turn of the century and was a major designer of factories and office buildings in brick, steel and glass.

In 1907, AEG retained Behrens as artistic consultant. He designed the entire corporate identity（logotype, product design, publicity, etc.）and for that he is considered the first industrial designer in history.

图 5-5-3　贝伦斯设计的德国通用电气公司标志

图 5-5-4　贝伦斯采用标准化　　图 5-5-5　贝伦斯于 1909 年为德国
零件设计的电水壶　　　　　　通用电气公司设计的工业挂钟

艺术与技术的关系中，与艺术家所坚持的传统相比，技术更能够确定现代风格，同时通过批量生产符合审美要求的消费品可以逐渐改善人们的趣味。

5.5.2　俄罗斯构成主义

1917 年俄国建立了无产阶级革命政权，在举国欢庆的同时，一些先锋派设计师和艺术家认为新政权基于工业化的秩序，意图将政治上的革命和艺术上的革命相联系，为新政权提供新的美学生活方式，他们在立体主义、未来主义的影响下，积极投身于前卫艺术运动和设计运动，探索工业时代的艺术语言，颂扬机器的特征，认为新时代的设计艺术应该采用新的材料和技术表现工业时代的特征，构成主义就是在这样的背景下产生了。

"构成主义"作为一个专业术语最早出现在 1920 年，由瑙姆·贾柏（Naum Gabo，1890—1977）和安东·佩夫斯纳（Antoine Pevsner，1886—1962）两位俄国雕塑家在《现实主义宣言》中正式提出。构成主义主张：①赞美工业文明和科学技术，崇拜机械结构中的构成方式以及现代工业材料，主张学习和使用现代工业生产的工具和材料，而有意避开传统材料（如油画颜料、帆布等），艺术品由既成物或既成材料（如木材、金属、玻璃、纸板等）构成；②主张用形式的作用和结构的合理性代替艺术的抽象性；③强调设计为无产阶级政治服务，带有明确的政治目的性，主张艺术家走进工厂，艺术要为构筑新社会而服务；④吸收了绝对主义的几何抽象理念，主张以结构设计为出发点，以矩形、正方形和圆形等几何形为主要造型方式创作艺术品。构成主义作品由于其造型的几何性和艺术的抽象性而曲高和寡，且售价高昂，无法为大众接受。

构成主义的代表人物包括卡西米尔·马列维奇（Kazimir Malevich，1878—1935）、乌拉迪莫·塔特林（Vladimir Tatlin，1885—1953）、艾尔·李西斯基（El Lissitzky，1890—1941）、亚历山大·罗德琴科（Alexander Rodchenko，1891—1956）等。

Gabo wrote and issued jointly with Antoine Pevsner in August 1920 a *Realistic Manifesto* proclaiming the tenets of pure Constructivism – the first time that the term was used.

马列维奇是 19 世纪末 20 世纪初俄国前卫艺术的代表人物，早期受到立体主义和未来主义的影响，在 1912 年，他甚至将自己描述为"立体未来主义"画派，借鉴立体主义和未来主义的经验，积极发展出一种完全抽象的美学形式。在现代绘画史上，他是第一位创作纯粹几何图形的抽象画家（图 5 - 5 - 6）。1915 年，马列维奇发表的宣言式小册子《从立体主义和未来主义到至上主义》，强调至上主义是艺术中的绝对最高真理，它将取代此前一切曾经存在过的流派，宣称"对于至上主义者而言，客观世界的视觉现象本身是无意义的，有意义的东西是感情……"宣扬人类社会可以以至上主义的原则进行组织和构建，反对物象的具象传达，他的设计通过一种出自物质和结构的形而上的价值观，对构成主义以及欧洲的抽象绘画产生了重要影响。

图 5 - 5 - 6　马列维奇 1916 年画作
《至上主义的构成》

塔特林是俄国著名的画家、建筑师，他与马列维奇同为俄国前卫艺术的重要代表人物，也是构成主义的中坚人物，他的代表作是 1919 年设计的纪念性建筑——第三国际纪念塔，通常称其为"Tatlin's Tower"。第三国际纪念塔原计划作为纪念碑建造在彼得格勒（今圣彼得堡），被设想为一个高耸的现代象征，在材料使用上运用了钢、铁、玻璃等工业材料，以新颖的形式体现了现代工业材料的特点和设计师的政治信念。塔身包含一个双螺旋，高达 400 米，同时有 3 个不同架构的透明形体放置其中，代表了不同的机构和管理者。由于新政府反对"非具象艺术"政策，致使这座建筑只做了一个按比例缩小的模型。虽然第三国际纪念塔最终并未完成，但它的设计理念给世人留下深刻印象，这个带有象征意义的现代主义的设计方案成为构成主义的代表作（图 5 - 5 - 7）。塔特林关注机械精神与设计艺术的结合，认为工业材料和有机组合的造型是一切设计的基础。塔特林把艺术家、设计师看成是创造生活、富于探索精神的人，他认为艺术家要熟悉技术，与马列维奇不同，塔特林能够深入工厂和车间，亲自进行实用品的设计和制作，把生活的新需求倾注到设计创意的模式中来。

Vladimir Tatlin was a Soviet painter and architect. With Kazimir Malevich he was one of the two most important figures in the Soviet avant - garde art movement of the 1920s, and he later became an important artist in the Constructivist movement. He was most famous for his design for The Monument to the Third International, more commonly known as Tatlin's Tower, which he began in 1919.

图 5 - 5 - 7　第三国际纪念塔模型

李西斯基和罗德琴科是构成主义的平面设计风格的代表人物。李西斯基是构成主义时期著名的艺术家、建筑师、印刷商，与马列维奇和塔特林一样，李西斯基积极探索新的艺术形式，主张艺术要适应社会在实用和思想上的需要，他以概念为基础，把几何形体结合在一起，创造出一种独特的抽象画图式，并以俄语"肯定新事物的设计"的缩写"普朗"来命名这种新的形式，并宣称"普朗是从绘画到建筑的中转站"（The station where one changes from painting to architecture），搭起了绘画与建筑的桥梁，将绘画的形式语言转为建筑的形式，同时为艺术作品的造型提供艺术基础和视觉形式。普朗在本质上是李西斯基对于空间元素的通过移动轴心和多视角观察的可视化探索，李西斯基希望将至上主义的二维空间的平面画块转变为

Proun was essentially Lissitzky's exploration of the visual language of suprematism with spatial elements, utilizing shifting axes and multiple perspectives; both uncommon ideas in suprematism. Suprematism at the time was conducted almost exclusively in flat, 2D forms and shapes, and Lissitzky, with a taste for architecture and other 3D concepts, tried to expand suprematism beyond this.

图 5 - 5 - 8 　李西斯基画作
《普朗 99 号》

图 5 - 5 - 9 　罗德琴科 1923 年
的海报设计

De Stijl focused more on horizontal and vertical lines and primitive colors (red, yellow, blue and neutral color) in performance, displayed "the real universe" through these forms and colors and showed equilibrium and harmony in the form of absolute abstraction. Artists of De Stijl pursued the geometric monomer form of products, paintings and sculptures, deeply studied and applied asymmetrical forms, advocated precise and rigorous mathematical spirit and sought for the variability of forms.

三维空间的立方体，颇有工业时代的风格特点。《普朗 99 号》是李西斯基画作的代表作之一（图 5 - 5 - 8），一个立方体悬浮在一片网状透视线上方，色块顶端和底部各有一个半圆形，一黑一白上下呼应。一道弧线跃过立方块，将两个半圆形连接。线状物、网状物和几何形体精心组构出一个带有三维错觉的空间形体结构。罗德琴科对构成主义的平面设计也有很大影响。他是一位摄影师，他认为，"相机是社会主义之社会与人民的理想眼睛""只有摄影能回应所有未来艺术的标准"，他的摄影追求形式上的创新，拍摄照片时总是基于一些独特的视角，如高角度的俯拍和低角度的仰拍，他的平面设计也经常用照片的剪贴来表现。罗德琴科创造了以强有力的几何结构、大面积的纯色和简洁易于识别的印刷文字为基础的视觉传达形式，在他的很多作品中都有所体现（图 5 - 5 - 9）。

5.5.3 　荷兰风格派

风格派于 1917 年形成于荷兰，该名称来自杜斯伯格主编的《风格》杂志，风格派的艺术家们也是通过这个杂志交流思想。从严格意义上讲，风格派与构成主义一样受到立体主义和未来主义的影响很大，但在表现上更侧重于水平和垂直的线条以及基本色（红、黄、蓝及黑白色），通过这些形式和颜色表现"宇宙的真实"，以绝对抽象的形式表现均衡与和谐。风格派的艺术家追求产品、绘画及雕塑的几何结构单体形式，深入研究与运用非对称形式，提倡精确和严谨的数学精神，追求形式的变化性。风格派艺术家在创造新的视觉风格的同时，也在力图创造一种新的生活方式。西奥·凡·杜斯伯格（Theo van Doesburg，1883—1931）是风格派的创始人和理论家，他声称："艺术已经发展成为足够强大的力量，能够影响所有的文化，而不是艺术本身受社会关系的影响。"杜斯伯格希望艺术家不仅进行纯艺术的创造，而是与实用的艺术设计相融合，适应机器美学的要求，形成整个风格统一的生活环境。

风格派的作品极为抽象，往往被冠以"构成 X 号"之类的名称，但也蕴含了深层的意义，传达秩序与和平的理念。皮特·蒙德里安（Piet Mondrian，1872—1944）的作品很好地体现了这一点。蒙德里安认为艺术应根本脱离自然的外在形式，以表现抽象精神为目的，追求人与神统一的绝对境界。他崇拜直线美，主张透过直角可以静观万物内部的安宁。他说："我一步一步地排除着曲线，直到我的作品最后只由直线和横线构成，形成诸十字形，各自互相分离地隔开……直线和横线是两相对立的力量的表现；这类对立物的平衡到处存在着，控制着一切。"在构成的作品中，蒙德里安努力探寻比例与分割的关系，设计方块的形状大小，色彩搭配，做到画面的均衡和美感，又不乏秩序与理性，这种几何抽象派的形式像是给艺术创作设计出了公式，大量的黄金分割与饱和度的契合使画面达到一种平衡，可以延伸出无数种变化的美感（图5-5-10）。

格里特·里特维尔德（Gerrit Rietveld，1888—1964）是风格派的重要人物，荷兰著名的建筑师和工业设计师，他将风格派的艺术从平面延伸到立体空间。他最著名的作品是红蓝椅和施罗德住宅。

图5-5-10　蒙德里安1930年画作《红、蓝、黄构图II》

图5-5-11　红蓝椅

图5-5-12　施罗德住宅

红蓝椅（图5-5-11）是里特维尔德1917年开始设计的，是第一次探索风格派艺术三维空间的设计实践。这把椅子由机制木条和层压板构成，13根木条相互垂直，形成了基本的结构空间。各个构件间用螺钉紧固搭接而不用榫接，以免破坏构件的完整性。椅的靠背为红色的，坐垫为蓝色的，木条漆成黑色。木条的端部漆成黄色，表示木条的连续性。1919年，他对设计的本质做了如下一番描述："这把椅子的设计尝试将每一个部件以其最简单的方式呈现出来，依据人体使用的规律和材料本身的特性来还原椅子最初的形态，所以形态本身就是最好的反应，通过这种均衡的设计与休息的状态达到完美的和谐。结构部件在互相连接的同时并没有损坏本身的完整性，所以每一个单独的部件都完整地覆盖在另一个之上，或者本身就作为辅助部件，这样整个椅子在空间中就变得自由而清晰，其形态真正地超越了材料。由于使用了木制连接件，才有可能制作出这种扶手尺寸就有25厘米×26厘米的大型座椅。"从功能上讲，这把椅子坐上去并不舒服，但它与众不同的形式完全摆脱了传统家具的风格，同时标准化部件的运用也为现代家具的设计提供了参考，对整个现代主义运动产生了深远影响。

1924年完成的施罗德住宅（图5-5-12）是里特维尔德又一重要的设计作品。该住宅位于荷兰的乌德勒支市郊，被认为是唯一的真正的风格派建筑。该建筑通过重叠和穿插各个在视觉上相对独立的部件，形成一个开放而灵巧的建筑空间，室内布局和陈设与室外一样具有灵活性，空间可以自由划分以符合不同的使用要求，色彩内外统一，且不同的部件运用不同的色

The Red and Blue Chair was a chair designed in 1917 by Gerrit Rietveld. It represented one of the first explorations by the De Stijl art movement in three dimensions.

The Rietveld Schröderhuis in Utrecht was an icon of the Modern Movement in architecture and an outstanding expression of human creative genius in its purity of ideas and concepts as developed by the De Stijl movement. （...） With its radical approach to design and the use of space，the Rietveld Schröderhuis occupied a seminal position in the development of architecture in the modern age.

彩加以区分。2000 年，施罗德住宅被列入《世界遗产名录》，世界遗产委员会给予高度评价："施罗德住宅是现代主义建筑的一个标志，并突出地表现了在由荷兰风格派运动所催生的思想与概念纯化方面的人类创造才能……施罗德住宅以其激进的设计和空间利用方法，在现代建筑发展领域中具有重要地位。"

风格派探索未来设计方向和艺术新形式的理论和实践对现代主义设计影响深远，《风格》杂志虽然于 1928 年停刊，但风格派的思想和影响通过杜斯伯格等艺术家的活动扩大到欧洲各国，对后来包豪斯的设计思想产生了一定影响。

本章关键名词术语中英文对照表

现代主义	Modernism	机器美学	Machine Aesthetics
理性主义	Rationalism	立体主义	Cubism
未来主义	Futurism	德意志制造联盟	Deutscher Werkbund
芝加哥学派	Chicago School	国际现代装饰与工业艺术博览会	International Exposition of Modern Decorative and Industrial Arts
装饰艺术运动	Art Deco Movement		
构成主义	Constructivism	风格派	De Stijl
有机建筑	Organic Architecture	立体未来主义	Cubo – Futuristic
芝加哥窗	Chicago window	萨伏伊别墅	Villa Savoye
功能主义	Functionalism	流水别墅	Fallingwater

 思 考 题

1. 现代主义的产生在设计发展史上有哪些意义？
2. 什么是机器美学？
3. 未来主义和立体主义各有哪些特征？
4. 什么是芝加哥学派？有哪些代表人物？各自的设计主张是什么？
5. 作为承上启下的艺术运动，装饰艺术运动与现代主义运动有何区别和联系？
6. 德意志制造联盟的设计主张有哪些？
7. 俄国构成主义和荷兰风格派有何异同点？

参 考 文 献

［1］ LEWIS P. Modernism，nationalism，and the novel［M］. Cambridge：Cambridge University Press，2000.

［2］ BILLINGTON，DAVID P. The tower and the bridge：the new art of structural engineering［M］. Princeton：Princeton University Press，1985.

［3］ ANDERSON S. Peter Behrens and a new architecture for the twentieth century［M］. London：The MIT Press，2002.

［4］ HONOUR H，FLEMING J. A world history of art［M］. London：Laurence King Publishing，2005.

［5］ BATCHELOR R，FORD H. Mass production，modernism and design［M］. Manchester：Manchester University Press，1994.

[6] BRUMMETT B. Rhetoric of machine aesthetics [M]. Boston：Greenwood Publishing Group，1999.

[7] GANTEFUHRER – TRIER A. Cubism [M]. Cologne：Taschen GmbH，2015.

[8] MORRISON H. Louis Sullivan：prophet of Modern architecture [M]. Revised Edition. New York：W. W. Norton & Company，2001.

[9] JAMES F. GORMAN O. Three American architects：Richardson，Sullivan and Wright，1865—1915 [M]. 2nd ed. Chicago：University of Chicago Press，1992.

[10] WEINTRAUB A，SMITH K. Frank Lloyd Wright：American master [M]. New York：Rizzoli International Publications，Inc.，2009.

[11] BENTON C. Art deco 1910—1939 [M]. London：V&A Publishing，2003.

[12] ANDERSON S. Peter Behrens and a new architecture for the twentieth century [M]. London：MIT Press，2002.

[13] 修·昂纳，约翰·弗莱明. 世界艺术史 [M]. 7 版. 吴介祯，译. 北京：北京美术摄影出版社，2015.

[14] 罗小未. 外国近现代建筑史 [M]. 2 版. 北京：中国建筑工业出版社，2004.

[15] 勒·柯布西耶. 走向新建筑 [M]. 杨志德，译. 南京：江苏科学技术出版社，2014.

第 6 章

现代主义发展的里程碑——包豪斯

Chapter6　A Milestone for the Development of Modernism—Bauhaus

6.1　包豪斯的成立

　　1918 年，德国在第一次世界大战中战败，随着君主专制政体的衰落和审查制度的废除，魏玛政府面临重建国家的艰巨任务。为了使经济、贸易得到振兴，政府在教育改革和新技术开发利用等方面采取了大力支持的政策，允许在所有艺术形式中进行彻底实验，依靠设计使产品具有竞争力，同时培育适应生产需要的新型设计人才。其实早在第一次世界大战前，德国就已经开始这方面的工作。1907 年成立的德意志制造联盟就以发展德国工业生产、提高产品竞争力为己任，在新的工业化背景下，重新审视工业生产中的审美、技术及功能等问题，在工业品的标准化方面做出了有效的实践。加之，19 世纪末 20 世纪初各国在现代主义设计中的探索与实践，现代意义上的设计思想理论体系已开始逐步形成，并直接导致战后包豪斯学校的出现。

　　包豪斯的前身是魏玛工艺美术学校（图 6-1-1），由威尔德在 1906 年创立。威尔德是比利时的建筑师、设计师、教育家，比利时新艺术运动的领导人物，到了德国之后又领导了德国的新艺术运动，并与贝伦斯等人参与创办德意志制造联盟。威尔德认为设计改革应该从教育入手，于是在 1906 年前往魏玛，被魏玛大公任命为艺术顾问并创办魏玛工艺美术学校。威尔德在 1908 年将其改建成魏玛市立工艺学校，并出任校长。学校倡导"产品设计结构合理，材料运用严格准确，工作程序明确清楚"，以这三点作为设计的最高准则，以达到"工艺与艺术的结合"，推动了德国现代主义设计理论的发展，对包豪斯初期的办学思想具有重要影响。1915 年，格罗皮乌斯接任威尔德成为校长。他试图将学校建造成为新型的设计学校，可以跨越多种专门学科进行综合训练，力图探索艺术与技术的新统一，实现美术与工业化社会之

图 6-1-1　1905—1906 年威尔德设计的魏玛工艺美术学校建筑

间的调和。然而由于第一次世界大战爆发，格罗皮乌斯投笔从戎，办学的事情就此搁置。

　　战争结束后，德国百废待兴，格罗皮乌斯认为德国重建需要大量的建筑设计人才，他退伍后致信魏玛政府，建议创建一所建筑与设计学校。1919 年 4 月，魏玛政府批准将魏玛高等艺术学校和市立工艺学校合并成立包豪斯学校，任命格罗皮乌斯担任第一任校长。包豪斯全称为"国立包豪斯"，是由德文"Bau"（建筑）和"Haus"（房屋）组成的，音译为"包豪斯"，就是建造房子的意思。它是第一所完全为发展设计教育而建立的学院，学校将工艺与美术相结合，并在宣传和教育的设计方法方面极负盛名。虽然包豪斯字面的意思为建造房屋，它的创始人也是一位建筑师，但实际上，在包豪斯创办时并没有建筑设计部门，它创建的想法是要统筹一切艺术形式，包括建筑设计都会被最终结合进来。包豪斯的设计风格最终成为现代主义、现代建筑与艺术、现代建筑教育中最具影响力的潮流，包豪斯学校的出现将现代主义设计艺术理论和实践推向了巅峰。

6.1.1　包豪斯的三任校长

　　包豪斯学校从 1919 年成立到 1933 年宣告解散，14 年的办学历程中先后有三任校长主持办学，分别是瓦尔特·格罗皮乌斯（Walter Gropius，1883—1969）、汉内斯·迈耶（Hannes Meyer，1889—1954）、路德维希·密斯·凡·德·罗（Ludwig Mies van der Rohe，1886—1969）。

6.1.1.1　包豪斯创始人——瓦尔特·格罗皮乌斯

　　格罗皮乌斯（图 6 - 1 - 2）是与密斯、柯布西耶、赖特齐名的现代建筑设计的先驱，由于在包豪斯的设计教育实践，更被认为是现代设计教育的奠基人。1883 年，格罗皮乌斯出生于柏林一个富裕家庭，家庭成员有画家、建筑师，因此他从小就受到了良好的艺术和建筑方面的教育与熏陶。青年时期求学于柏林夏洛滕堡工学院和慕尼黑工学院，学习建筑，并以优异的成绩毕业。1907 年，格罗皮乌斯与柯布西耶、密斯同时进入贝伦斯的设计事务所工作，在贝伦斯的影响下积极探索建筑设计的新方法和新思想。他后来说道："贝伦斯是第一个引导我系统地合乎逻辑地综合处理建筑问题的人。在我积极参加贝伦斯的重要工作任务中，在同他以及德意志制造联盟的主要成员的讨论中，我变得坚信这样一种看法：在建筑表现中不能抹杀现代建筑技术，建筑表现要应用前所未有的形象。"因而在设计思想方面，格罗皮乌斯发展了贝伦斯关于探寻适合大工业机械生产方式设计道路的思想。

　　1910 年，格罗皮乌斯与同事阿道夫·迈耶（Adolf Meyer，1881—1929）离开了贝伦斯的设计事务所，并在柏林开始相关的

Staatliches Bauhaus commonly known simply as Bauhaus, was an art school in Germany that combined crafts and the fine arts, and was famous for the approach to design that it publicised and taught. In spite of its name and the fact that its founder was an architect, the Bauhaus, during the first years of existence, did not have an architecture department. Nonetheless, it was founded with the idea of creating a "total" work of art in which all arts, including architecture, would eventually be brought together. The Bauhaus style later became one of the most influential currents in modern design, Modernist architecture and art, design and architectural education.

图 6 - 1 - 2　1919 年的
格罗皮乌斯

In 1910 Gropius left the firm of Behrens and together with fellow employee Adolf Meyer established a practice in Berlin. Together they share credit for one of the seminal modernist buildings created during this period: the Faguswerk in Alfeld - an - der - Leine, Germany, a shoe last factory. Although Gropius and Meyer only designed the facade, the glass curtain walls of this building demonstrated both the modernist principle that form reflects function and Gropius's concern with providing healthful conditions for the working class. The factory is now regarded as one of the crucial founding monuments of European modernism.

图 6-1-3　法古斯鞋楦厂

The design thought of Gropius had distinct democracy and socialist characteristics. Architectural design adopted materials including steel, concrete, rolled steel and glass and advocated a simple and undecorated style to reduce production cost, make architecture and products popular and enable the general public to be affordable.

图 6-1-4　格罗皮乌斯在美国
设计建造的私人住宅

In keeping with Bauhaus philosophy, every aspect of the house and its surrounding landscape was planned for maximum efficiency and simplicity. The house was conceived as part of an organic landscape, where Gropius utilized indoor/outdoor spaces to accentuate a relationship between the structure and the site. The house the Gropiuses built for themselves in Lincoln, Massachusetts, was influential in bringing International Modernism to the U. S.

设计业务。在这期间他们合作完成了一个开创性的现代主义建筑——法古斯鞋楦厂（图6-1-3）。法古斯鞋楦厂的幕墙由大面积玻璃窗和下面的金属板裙墙组成，立面简洁明快，室内光线充足；房屋的四角没有角柱，充分发挥了钢筋混凝土楼板的悬挑性能。尽管格罗皮乌斯和迈耶仅设计了工厂的外观，但是这座建筑中玻璃幕墙的运用反映了形式追随功能的现代主义设计元素以及格罗皮乌斯对工人阶级健康状况关注的思想，这座建筑被认为是欧洲现代主义的关键里程碑之一。

　　格罗皮乌斯的设计思想具有鲜明的民主主义色彩和社会主义特征，建筑设计采用钢筋、混凝土、钢材、玻璃等材料，倡导以简单的、无装饰的风格进行设计，降低生产成本，使建筑和产品面向大众，让普通大众可以消费得起。在建筑设计上，讲究充分的采光和通风，主张按空间的用途、性质和相互关系来合理组织和布局，同时利用机械化大量生产的建筑构件和预制装配的建筑方法。他积极倡导建筑设计和工艺的统一，艺术与技术的结合，讲求功能、技术和经济效益。他在《论现代工业建筑的发展》中指出："洛可可式和文艺复兴的建筑式样完全不适应现代世界对功能的严格要求和尽量节省材料、金钱、劳动力和时间的需要……新时代要有它自己的表现方式。"他还认为，要改变战后德国的现状，必须创办设计院校、培养新型的设计人才。他的理想在战后得以实现，1919年在魏玛政府的支持下，格罗皮乌斯创建了包豪斯学校。在包豪斯学校，格罗皮乌斯召集了一些优秀的设计师从教，制订了教学目标和计划，加强了艺术家、工业家和技术人员的合作关系，强调艺术与工艺的结合，他认为："必须形成一个新的设计学派来影响本国的工业界。"

　　1928年，由于右派势力对包豪斯进步思想的无端攻击，格罗皮乌斯辞去了包豪斯校长的职务。离开包豪斯之后，格罗皮乌斯在柏林从事建筑设计和研究工作，并作为德国新客观主义的重要成员主持和参与了柏林和德绍多项大型住宅项目，如西门子城等。德国纳粹上台后，包豪斯学校随之关闭，在英国建筑师麦克斯韦·福莱（Maxwell Fry，1899—1987）的帮助下，格罗皮乌斯于1934年来到伦敦，继续自己的建筑设计事业。1937年他应邀到美国哈佛大学设计研究院任教授和建筑学系主任，从此居留美国。到了美国后，他在马萨诸塞州林肯镇设计并建造了自己的住宅（图6-1-4），为了保持包豪斯的设计哲学，住宅的各个方面包括周围的景观都被纳入设计计划的范围，并充分发挥各方面的效用，同时保持设计的简洁。格罗皮乌斯利用室内和室外的空间，强调结构和位置的关系，使住宅成为有机景观的一部分。住宅的建成将包豪斯的国际现代主义的设计思想传播到了美国。1969年格罗皮乌斯在波士顿去世，享年86岁。

6.1.1.2　极具争议的校长——汉内斯·迈耶

1889 年汉内斯·迈耶（图 6-1-5）出生于瑞士巴塞尔，他是一位建筑师，在瑞士、比利时、德国等地主持和参与一些建筑设计项目。1928 年，时任包豪斯建筑系主任的汉内斯·迈耶出任包豪斯学校校长。

迈耶继承了格罗皮乌斯大批量生产建筑构件和功能主义的思想，把学校的重点放在建筑、广告和社会学的探讨上。格罗皮乌斯时期，包豪斯设计的作品在满足人们需求方面做到并不是很成功，而到迈耶担任校长时期，包豪斯首次实现盈利。格罗皮乌斯担任校长期间并未把建筑作为包豪斯的主要教学内容，只是将其作为整体艺术的一部分，而迈耶将其作为核心主题。同时迈耶当时也负责包豪斯两个重要的项目，一个是德绍公寓大楼，另一个是位于贝尔瑙的德国工会联邦学校。迈耶将彻底的功能主义理念带入到建筑设计中，并强调建筑应该是与美学无关的有组织的设计任务，应尽量降低成本而满足社会需求。在他的指导下，包豪斯不再注重造型，转而追求技术、经济和社会的设计，并以基于科学与专门知识的建筑教育为中心。对迈耶来说，建筑应该对人民和社会有用，最重要的是要让使用它的人感到舒适。迈耶具有强烈的泛政治化倾向，承认自己是一个共产主义者，并鼓励学生加入共产党。学校开设政治理论课，鼓励学生进行政治讨论，主张教学和社会密切联系。在迈耶的带领下，包豪斯的政治氛围越来越浓，引起一些教师和学生的不满，也受到来自德绍当局的压力，1930 年迈耶被迫辞职。同年秋季，他和几个包豪斯的学生移居到苏联，并在苏联的一所建筑和土木工程学院任教，并在苏联的城市开发与投资公司做城市项目的顾问，为莫斯科重建的第一个"五年计划"设计方案。

6.1.1.3　"少即是多"——密斯·凡·德·罗

密斯（图 6-1-6）出生于德国亚琛的一个石匠家庭，幼年失学，在父亲的石雕店加工石料构件，获得了初步的建筑加工知识。1901 年，密斯进入当地的一家建筑设计事务所当学徒工，在那里接触到了古典样式的建筑装饰浮雕，并从亚琛的精美的古建筑中获得了最初的造型训练。1908 年，密斯来到柏林，加入贝伦

图 6-1-5　1938 年的
汉内斯·迈耶

Under Gropius, the Bauhaus was not very successful at making things people wanted, and it was only after Hannes Meyer became director that it finally made its first profit. It was Meyer who established architecture as a core subject, and it was also Meyer who was responsible for the Bauhaus' two most important jobs – some apartment buildings in Dessau, and the Federal School of the German Trade Unions (ADGB) in Bernau.

For him, buildings had to be useful for people and for society. To him, what a building did and how comfortable it made the people who use it was the only thing that mattered.

图 6-1-6　密斯·凡·德·罗

Mies，like many of his post - World War I contemporaries，sought to establish a new architectural style that could represent modern times just as Classical and Gothic did for their own eras．He created an influential twentieth - century architectural style，stated with extreme clarity and simplicity．His mature buildings made use of modern materials such as industrial steel and plate glass to define interior spaces．He strove toward an architecture with a minimal framework of structural order balanced against the implied freedom of unobstructed free - flowing open space．He called his buildings "skin and bones" architecture．He sought an objective approach that would guide the creative process of architectural design，but he was always concerned with expressing the spirit of the modern era．He is often associated with his quotation of the aphorisms，"less is more" and "God is in the details"．

图 6 - 1 - 7　密斯设计的巴塞罗那
世博会德国馆

图 6 - 1 - 8　密斯设计的
巴塞罗那椅

斯的设计事务所开始建筑设计生涯，在那里，他和后来的包豪斯同事格罗皮乌斯、柯布西耶一起工作，充分吸收当时各种新的设计思潮以及德国进步的文化，才能很快被认可。

同格罗皮乌斯一样，密斯也曾应征入伍。第一次世界大战后，密斯发表了一系列文章宣传现代主义思想，如《建筑与时代》《建筑箴言》等。与同时代的设计师一样，密斯试图寻求一种像古典式和哥特式那样能够代表时代的建筑风格。密斯通过对钢框架结构和玻璃幕墙在建筑中应用的探索，创建了一种极为清晰和简单的、影响 20 世纪的建筑风格，其作品特点是整洁和骨架外露的建筑外观，灵活多变的流动空间以及简练而制作精致的细部。他称自己的作品为"皮肤与骨骼"的建筑。他认为："必须了解，所有的建筑都和时代紧密联系，只能用活的东西和当代的手段来表现，任何时代都不例外……在我们的建筑中试用以往时代的形式是无出路的。"因此，密斯虽然试图寻求一种客观的方法来指导建筑设计过程，但他最为关心的是设计对时代精神的表达。密斯的建筑哲学体现在他具有影响力的格言上，即"少即是多""上帝存在于细节中"。虽然密斯没有受过正式的建筑学教育，但他从实践和亲身体验中得到的设计思想引领贯穿了 20 世纪的建筑思想体系。1929 年，密斯设计了巴塞罗那世博会德国馆，整个建筑没有多余的装饰和无中生有的变化，也没有各种摆设品，轻灵通透的建筑隔而不离、里外连续流通的空间体现了密斯的建筑设计哲学（图 6 - 1 - 7）。德国馆之所以备受瞩目，也由于其优雅而单纯的现代家具。密斯设计的巴塞罗那椅以交叉的弧形不锈钢构架支撑真皮靠背与座位，不仅造型简洁漂亮（图 6 - 1 - 8），坐起来也特别舒适。

1930 年，经格罗皮乌斯推荐，密斯成为包豪斯学校的第三任校长。到任后，他一方面禁止学生参加政治活动，也不允许前任校长迈耶的支持者进入学校，另一方面则加强以建筑设计为主的学术研究，将学校其他系与工作室改编为建筑设计系和室内设计系两个部分，原来的基础课程也改为选修课程，使包豪斯的教学目标和课程设置都发生了巨大的变化。

包豪斯被关闭后，密斯来到美国，于 1938 年担任伊利诺斯工学院建筑系主任，继续建筑和教育事业，并发展了一种新的教育理念，在北美和欧洲影响巨大。1944 年密斯成为美国公民，在美国的 30 多年里，他发展了新的建筑设计理念，建立了当代大众化的建筑学标准。直到 1969 年去世前，密斯一直在芝加哥公寓里从事设计工作。

6.1.2　包豪斯宣言

1919 年 4 月，包豪斯正式成立，创办者格罗皮乌斯起草了著名的《包豪斯宣言》，表现主义画家莱昂内尔·费宁格（Lyonel Feininger，1871—1956）制作了宣言的封面（图 6 - 1 - 9），画面上刻画了象征包豪斯以表现主义为精神的木版画"哥特式大教堂"，上有三颗闪光的星星，象征以建筑师为中心、画家和雕塑家为左右依托的"宣言格局"：

"一切创造活动的终极目标就是建筑！为建筑进行装饰一度是美术最高尚的功能，而且美术也是伟大的建筑不可或缺的伙伴。如今，它们自鸣得意地离群索居，而可能从这种局面里拯救它们的唯一出路，就是让一切手工艺人自觉地进行团结合作。建筑师、画家和雕塑家必须重新认识到，无论是

图 6-1-9 费宁格设计的
《包豪斯宣言》封面

作为整体，还是它的各个局部，建筑都具备合成的特性。有了这种认识以后，他们的作品就会充满真正的建筑精神。而作为'沙龙艺术'，这种精神已经荡然无存。"

"老式的艺术院校没有能力来创造这种统一：说真的，既然艺术是教不会的，他们又怎么能够做到这一点呢？学校必须重新被吸纳进作坊里去。图案设计师和实用艺术家的天地里只有制图和绘画，它最终必须变回一个建造作品的世界。比如说，现在有一个年轻人在创造活动中感到其乐融融，如果让他像前人一样，一入行就先学会一门手艺，那么，不出活儿的"艺术家"就不会再为不合时宜的艺术性而横遭谴责，因为他还可以把自己的技巧用在一门手艺上，他可以借此做出伟大的作品来。"

"建筑师们、画家们、雕塑家们，我们必须回归手工艺！因为所谓的"职业艺术"这种东西并不存在。艺术家与工匠之间并没有根本的不同。艺术家就是高级的工匠。由于天恩照耀，在出乎意料的某个灵光乍现的倏忽间，艺术会不经意地从他的手中绽放出来，但是，每一位艺术家都首先必须具备手工艺的基础。但是，手工艺的熟练技巧对于每一位艺术家的作品都是最基本的，其中蕴涵着创造力最初的源泉。"

"让我们来创办一个新型的手工艺人行会吧，取消工匠与艺术家的等级差异，再也不要用它竖起妄自尊大的藩篱！让我们一同期待、构思并且创造出未来的新建筑，用它把建筑、雕塑与绘画都联成一个整体，有朝一日，他将会作为一种信念的象征从百万艺术工作者的手中冉冉升起，如日中天。"

在这个宣言中，格罗皮乌斯提出了学校的两个目标：一是破除行业和门类的差别，让一切技艺在新作品的创作中结合起来成为"包豪斯建造艺术"；二是提高手工艺人的地位，使其与艺术家平起平坐。宣言充满了表现主义所特有的支离破碎的动态风格，从宣言中可以看出，包豪斯具有理想主义的浪漫和乌托邦精

The complete building is the final aim of the visual arts. Their noblest function was once the decoration of buildings. Today they exist in isolation, from which they all can be rescued only through the conscious, cooperative effort of all craftsmen. Architects, painters, and sculptors must recognize anew the composite character of a building as an entity. Only then will their work be imbued with the architectonic spirit that it lost when it became a "salon art."

The old art schools were unable to achieve this unity and, after all, how could they, since art cannot be taught? They must be absorbed once more by the workshop. This world of designers and decorators, who only draw and paint, must finally become one of builders again. If the young person who feels within him the urge to create again, as in former times, begins his career by learning a handicraft, the unproductive artist will, in the future, no longer remain condemned to the creation of mediocre art, because his skill will redound the benefit of the handicrafts, in which he will be able to produce things of excellence.

Architects, sculptors, painters, we must all turn to the crafts! Art is not a profession. There is no essential difference between the artist and the craftsman. The artist is an exalted craftsman. In rare moments of inspiration, moments beyond the control of his will, the grace of heaven may cause his work to blossom into art. But proficiency in his craft is essential to every artist. Therein lies a source of creative imagination.

Let us create a new guild of craftsmen, without the class distinctions that raise an arrogant barrier between craftsman and artist. Together let us conceive and create the new building of the future, which will embrace architecture and sculpture and painting in one unity and which will rise one day toward heaven from the hands of a million workers, like the crystal symbol of a new faith.

神，以及共产主义的政治目的、建筑设计的实用主义和严谨的工作方法，造成了包豪斯的精神内容丰富而复杂。

6.1.3 包豪斯方针及原则

包豪斯学校方针和原则的形成与其创始人格罗皮乌斯的设计教育思想是分不开的。他说："包豪斯的目的是实现一种新的建筑，这种建筑要回归人性，应包含人的全部生活。通过解释概念和综合理解，使造型问题回归它的最初起源，艺术造型不是为了精神和物质奢侈，而是面对人本身的基本要求。艺术思想的变革给造型引入新的基本知识。把作品和现实结合起来，使艺术家的创造力从与世隔绝中解放出来……强调设计造型与人的关系，警惕设计造型可能引起的社会危险，这种一体性的社会思想是包豪斯的主导思想。"

在格罗皮乌斯的指导下，包豪斯学校逐渐形成了以下特点：

（1）在设计中强调自由创造，反对因袭模仿、墨守成规，格罗皮乌斯说："真正的追求务必经常创新，创造新的、更好的东西"。

（2）将手工艺和机器生产相结合，探索、理解并学会使用现代造型的强有力武器，重视工业设计。

（3）强调基础训练，从现代抽象绘画和雕塑发展而来的平面构成、立体构成和色彩构成等基础课程成了包豪斯对现代工业设计做出的最大贡献之一。

（4）强调设计为广大劳动者服务，通过现代生产方式和现代材料，减少设计中的装饰，降低生产成本，提供能够面向社会大众化的产品和建筑。

（5）强调学校教育和社会生产实践相结合，防止学校成为一座象牙塔。

（6）强调实际动能能力和理论素养并重。

在设计理论上，包豪斯提出三个基本观点。一是艺术与技术的新统一。格罗皮乌斯提出："在要求工业技术卓越的同时，还要实现外形美，世界各国用相同的技术制作的东西还必须通过外形表现出精神思想，使它在大量产品中表现出领先……现代工业也要考虑艺术问题，用机器的方式去生产像手工艺术品一样精美的商品。艺术家、推销、技术人员应该结合起来，逐渐是艺术家掌握能力，把精神灌输给机器产品。"二是设计的目的是人而不是产品。格罗皮乌斯说："我们的指导原则就是，认为有艺术性的设计工作既不是脑力活动的事情，也不是物质活动的事情，只不过使生活要素的必要组成部分。"强调设计的功能性和使用性，面向社会大众的需要；三是设计必须遵循自然和客观法则。格罗皮乌斯指出："艺术不是一种可以传授的东西，设计方案是靠精雕细琢的技巧还是靠创作的冲动，这都视个人的倾向而已。"这些观点对工业设计的发展起到了积极的作用，使现代设计逐步由

（1）Emphasized free creation and objected to imitation and scholasticism in design;

（2）Combined handicraft with machine production, explored, understood and learned to use the powerful weapons of modern modeling and paid attention to industrial design;

（3）Emphasized basic training;

（4）Emphasized that design served laborers;

（5）Emphasized the combination of school education and social production practice and prevented schools from being an ivory tower;

（6）Emphasized the equal importance of practical operational ability and theoretical attainment.

Firstly, design involved the new unity of art and technology; secondly, the purpose of design was people rather than products; thirdly, design had to follow natural and objective laws.

理想主义走向现实主义，即用理性、科学的思想来代替艺术上的自我表现和浪漫主义。相比包豪斯建校之初，学校的课程设置和教学方法也发生了重大改变。

6.2 包豪斯的发展

包豪斯的办学历程并非一帆风顺，在短暂的 14 年的办学历程中，共经历了三位校长，在三个不同的地方办学，分别是魏玛（1919—1925 年）、德绍（1925—1932 年）、柏林（1932—1933 年）。

6.2.1 魏玛时期

魏玛是包豪斯学校的创办地，它具有悠久的历史文化传统，在第一次世界大战之后成为魏玛共和国的首都，但当时的魏玛工业化水平很低，经济落后，包豪斯在魏玛办校初期十分艰难，不仅校舍破败、办学经费不足，而且其教学思想和教学方法也受到德国右翼实力的干预和制约。即使这样，在格罗皮乌斯的领导下，包豪斯坚持开始了教学工作。

格罗皮乌斯从世界各地召集了一大批前卫艺术家来到包豪斯任教。他聘用多位基础课教师，称为形式导师，包括瑞士画家约翰内斯·伊顿（Johannes Itten，1888—1967）、德裔美国画家莱昂内尔·费宁格（Lyonel Feininger，1871—1956）、德国雕塑家格哈德·马科斯（Gerhard Marcks，1889—1981）、德国画家乔治·蒙克（Georg Muche，1895—1946）、奥斯卡·施莱莫（Oskar Schlemmer，1888—1943）、瑞士画家保罗·克利（Paul Klee，1879—1940）、匈牙利画家拉兹洛·莫霍利-纳吉（László Moholy-Nagy，1895—1946）、德国艺术家洛塔·史莱尔（Lothar Schreyer，1886—1966）、俄国画家瓦西里·康定斯基（Wassily Kandinsky，1866—1944）等，九位教员中有八位是画家。问题在于这些画家如何能够教学生金属工艺、木工工艺呢？格罗皮乌斯很快便意识到了这个问题。可是当时的包豪斯成立伊始，各个方面的工作都没有走上正轨，包豪斯内部也矛盾重重。一些人认为包豪斯的教学方式扼杀了美术学院，有人致信格罗皮乌斯说："这些年轻人在包豪斯上完学后，连个工匠都不能胜任，更不要说当个画家了。"一些学生原本想通过包豪斯的学习成为一个艺术家，但学习的课程似乎离艺术家的距离越来越远，于是一些学生选择退学。而在教员中间，艺术家和工艺技师之间也会因为待遇问题发生矛盾，包豪斯的办学理想和前瞻性常常陷入困顿。1920 年 9 月，经魏玛当局批准，包豪斯分出一个绘画学校，尽管格罗皮乌斯认为这种分离教学与自己所追求的艺术与技术相结合的思想背道而驰，但原来美术学院的一些艺术家和学生还是成立了新的国立美术学校。因而稳定成为学校初始阶段的重要工作。这些画家并不是故步自封的传统艺术家，他们也没有把学院

These views played a positive role in the development of industrial design and guided modern design to gradually move towards realism from idealism. Namely, rational and scientific thoughts were used to replace self-expression and romanticism in art.

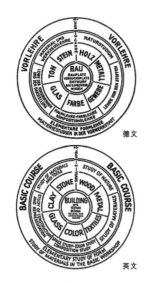

图 6-2-1　包豪斯课程结构图

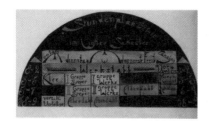

图 6-2-2　包豪斯 1921—1922 年
冬季学期课表

Bauhaus advocated "unity of teaching and learning", namely adopting "double-track system teaching". Education at the Bauhaus took place according to a plan determined by Walter Gropius. In the preliminary course, students received basic training in the properties of colours, forms and materials. The core of the advanced courses was the work in the workshops, directed in Weimar by a master of form and a master of works. In addition to the artistic disciplines, subjects such as geometry, mathematics and business management were also taught.

带上传统的美术教育的道路。相反，他们中的很多人都具有和格罗皮乌斯相同或近似的艺术理念和改革志向。经过几年的争论、调整、磨合与发展，在师生的共同努力下，包豪斯逐渐形成了比较清晰的教学思路和教学模式，建立了新的艺术设计教育体系（图 6-2-1、图 6-2-2）。

　　包豪斯主张"教学合一"，也就是采用"双轨制教学"。学生入学后，先要接受预备课程的训练，学习色彩、造型、材料的基本原理，进入高级课程阶段，学生进入车间，每一门课程都是由一位"形式导师"和"技术导师"共同教授，使学生共同接收艺术和技术的双重知识。"造型导师"负责教授形式内容、绘画、色彩与创造思维内容；"技术导师"负责教授学生技术、手工艺和材料学内容，使培养的未来设计师们在机器生产中能够保持主动。除了艺术学科之外，包括几何学、数学、企业管理等课程也在教授范围之内。包豪斯学校设有多个车间用于工业模型制作，实践工业技术和手工艺融合的教学理念。整个包豪斯的教学周期为三年半，学生先进行半年的基础课训练，然后到车间进行技能训练，在车间没有"老师"和"学生"的称呼，而代之以"师傅""工匠""学徒"等手工艺行会时期的称呼。在车间的训练和实习并不是闭门造车，而是要承担制造产品的任务，为企业和社会发展服务。格罗皮乌斯说："包豪斯力求在理论和实践上进行系统探索，从形式、技术和经济上发现每个对象造型的自然功能和操作使用方法。"包豪斯的车间包括木工车间、纺织车间、金属车间、陶瓷车间（图 6-2-3、图 6-2-4）、印刷装订车间等，但以建筑命名的包豪斯在初期却没有开设建筑系。

　　在包豪斯教员中比较有代表性的一位是伊顿（图 6-2-5），他和费宁格、马科斯是第一批入职包豪斯的教员，后来他成为魏玛包豪斯时期的核心人物。现今世界艺术设计院校的基础课程大多是建立在包豪斯教育体系基础上的，而伊顿正是包豪斯基础课程的首创者。他认为学生在进入车间训练之前必须具备一定的艺术水平，因此他重视对学生进行严格的视觉规律训

图 6-2-3　1924 年的
包豪斯陶瓷车间

图 6-2-4　包豪斯陶瓷
车间的作品

练，并要求学生对材料、肌理和色彩进行深入了解。他让学生用手去感触木料、玻璃、铁丝等材料，观察其质感、肌理，探索它们的可塑造性和应用性；他让学生进行色彩的科学构成训练，进行色彩自由表现，通过分析色彩科学原理，对色彩的表现规律有全面而正确的的了解。他认为："教师教育学生的主要目的在于促进学生真正的观察力，真正的感觉、情感和正确思维的培养，使学生从简单、机械的模仿学习中摆脱出来，鼓励他们恢复到本性的创造状态中从而进一步在主观的造型活动中发展他们的气质和才华。"伊顿是东方拜火教的忠实信徒，他一直严格保持自己的素食饮食，同时通过冥想来激发自己内在的理解和情感，并作为他艺术灵感和实践的主要来源。他常年身着长袍，他宣扬的通过与物质神秘交流进行"个人解救"的哲学观点给包豪斯带来许多消极的影响。他还对《包豪斯宣言》提出了质疑。包豪斯经常与世界各地各艺术流派进行交流活动，风格派领袖杜斯伯格对包豪斯影响很大。1922年，杜斯伯格在一次演讲中针对伊顿的设计思想展开论战，阐述构成派的理论，指责表现派的弊病。1922年，格罗皮乌斯在一篇文章中指出："伊顿最近在向我们挑战。我们每个人都必须决定，我们究竟应该抱着反对外在世界的态度去追求个人的天才，还是应该设法寻求与工业结合的力量？……我是在追求这种结合的途径，而不是在分离这两种生活方式。"1923年伊顿辞去包豪斯的职务，他的基础课程由纳吉接替负责。

纳吉是一位匈牙利画家和摄影师，他的身上有很深的构成主义的印记，并极力倡导将技术和产业融合为艺术。他将构成主义的要素带进了基础训练中，强调形式和色彩的客观分析，注重点、线、面的关系，并通过实践将过去对图形、色彩的探讨变为解决实际问题的作品，如采用现代材料设计使用的日用品等，同时也奠定了工业设计教育中三大构成（平面构成、色彩构成、立体构成）课程的基础（图6-1-6）。纳吉认为包豪斯的教学方向应该明确地定位为大工业化生产而设计，他肯定机器生产的重要性，要求学生掌握材料与机械加工的各种工艺，从而促使包豪斯由教授手工艺技能向现代产品设计模式转化。这意味着包豪斯开始由表现主义转向理性主义。格罗皮乌斯聘用纳吉也说明了他在思想上的转变——从重视艺术、手工艺转变为强调理性思维和技术知识的教育。

这一时期，对包豪斯教学产生深刻影响的还有另一位艺术大师——保罗·克利。在教学思想上，克利的态度比较接近伊顿，但是克利更强调不同艺术之间的相互关系。他是从表现派进入到纯粹抽象绘画的画家，1920年进入包豪斯之后主要担任设计基础和理论课的教授，克利的基础课也是以科学的理论为基础，但他的理论更强调的是感觉与创造性之间的关联，同时更注重各种形态之间的依存和融会贯通的能力的培养。

图6-2-5 包豪斯教员伊顿

Itten observed a strict vegetarian diet and practiced meditation as a means to develop inner understanding and intuition, which was for him the principal source of artistic inspiration and practice.

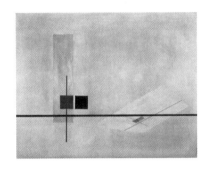

图6-2-6 Construction Z1
——纳吉的平面设计
作品（作于1922—1923年）

Laszlo Moholy-Nagy was a Hungarian painter and photographer as well as a professor in the Bauhaus school. He was highly influenced by constructivism and a strong advocate of the integration of technology and industry into the arts.

图6-2-7　左图为罗尔设计的
"小星人"标志，右图为施莱
莫设计的标志

图6-2-8　施密特为1923年
包豪斯展览会设计的海报

The school in Weimar experienced political pressure from conservative circles in Thuringian politics, increasingly so after 1923 as political tension rose. In February 1924, the Social Democrats lost control of the state parliament to the Nationalists. The Ministry of Education placed the staff on six-month contracts and cut the school's funding in half.

在魏玛期间，包豪斯通过举办竞赛和展览的方式扩大对外的影响力。在建校初期，包豪斯就举行了校徽设计竞赛，根据要求新的校徽设计规格限定在直径为4.5厘米的环形中，同时必须运用"国立魏玛包豪斯"的字样。在校学生卡尔·彼得·罗尔设计的"小星人"赢得了比赛，并且这枚校徽一直沿用到了1921年。由于包豪斯教学理念的变化，1922年，包豪斯教员施莱莫重新设计了该标志，这枚校徽由几根线条和简单的几何形组成，其形态近似抽象了的人的侧脸，在后来包豪斯的很多设计作品中都应用到它，俨然成为包豪斯最为经典的视觉符号之一（图6-2-7）。1923年，包豪斯的第一次展览会成功举办（图6-2-8），展览会的活动精彩纷呈，包括包豪斯师生的作品展，展品有各车间的学生作品、理论研究及基础作业展品、建筑模型展品等；同时也有专题演讲的活动，格罗皮乌斯做了题为"艺术与技术的新统一"的演讲，这也是此次展览会的主题，康定斯基做了"论综合艺术"的演讲；此外在展会期间还举办了音乐会、舞台剧等活动。博览会吸引了设计界和工业界1.5万多名观众，使包豪斯的形象传播到世界各地。至1924年，包豪斯参加德国莱比锡的展览会时，参展的作品吸引了英国、法国、荷兰、奥地利等国的50家厂商向包豪斯订货，包豪斯与大工业生产的结合更加紧密了。

包豪斯在魏玛办学期间受到魏玛社会民主党的支持，但随着魏玛政治局势的变化，1924年，社会民主党逐渐失去了对州议会的控制，而包豪斯教学中的民主和社会主义色彩引起了魏玛保守党势力施压，从1925年3月开始，政府只发放给学校原来一半的资金。1925年4月1日，包豪斯师生离开了工作和学习六年的魏玛，受德绍市长的邀请，搬往工业发达的小城德绍。

6.2.2　德绍与柏林时期

德绍给包豪斯提供了一个良好的发展环境，格罗皮乌斯带领包豪斯师生在这里继续他们的事业。在德绍政府的支持下，格罗皮乌斯设计并建成了包豪斯的新校舍。这座建筑由教学楼、实习车间和学生宿舍三部分构成，体现了新建筑的设计思想，是"形式追随功能"的现代主义建筑，在现代建筑史上具有重要地位。

在教学方面，由于包豪斯自己培养的学生，如马塞尔·拉尤斯·布劳耶（Marcel Lajos Breuer，1902—1981）、赫伯特·拜耶（Herbert Bayer，1900—1985）、约瑟夫·阿尔伯斯（Josef Albers，1888—1976）、辛纳克·舍佩尔（Hinnerk Scheper，1897—1957）、贡塔·斯托尔兹（Gunta Stolzl，1897—1983）、乔斯特·施密特（Joost Schmidt，1893—1948）等，在毕业后留校任教，并担任车间主任，使得包豪斯的教员阵容更加齐备。具有双重能力的新一代教员已经成熟，于是格罗皮乌斯决定取消"双轨制教学"，以前称教师为导师，在德绍改称为教授，允许教授开展发挥个人才能的弹性教学。格罗皮乌斯说："1925年，包豪斯迁址德绍。这次迁移与它组织上的一次重大变动正是巧合，原来每个作坊都采用由一个设计教师和操作师傅双重负责的方式，现在就由一个教师负责了。实际上，他们之间的各自专业范围的渗透过程，我们已经在培养第一届学生的过程中自然完成了。"与此同时，包豪斯调整了教学体系，形成了新的教学计划，将课程明确划分为必修基础课、辅助基础课、工艺技术基础课、专科课题、理论课以及建筑专业相关的专门工程课程六大类。实践教学环节做出了相应的调整，车间设置发生较大变化，根据1925年的教学计划，共设有家具、壁画、金属、印刷和编织5个车间，建筑部门和实践实验部门也被列入教学计划中，车间实习紧密结合社会所需，将大量产品投入生产。

其中，包豪斯的金属车间和家具车间成果最为丰富，影响最大。金属车间由纳吉负责，在他的指导下，金属车间的作品将几何与经济的造型原则与技术方面的理性主义相结合，创造了简洁实用的设计。在探索金属和玻璃结合的过程中，一些杰出的学员完成了大量优秀的产品，玛丽安娜·布兰德（Marianne Brandt，1893—1983）设计的台灯线条简洁流畅、具有明显的包豪斯风格的。她于1924年设计了一套咖啡用具，采用了几何形态，造型风格统一而富有变化，她运用简洁抽象的要素加以组合传达产品的实用功能（图6-2-9）。威廉·华根菲尔德（Wilhelm Wagenfeld，1900—1990）于1923—1924年设计的镀铬钢管台灯，采用了金属与玻璃材料，造型同样简洁，至今仍大量生产（图6-2-10）。

在布劳耶的指导下，家具车间开始生产轻型钢管椅和桌子，这些新型家具经济实用、功能明确、易于组装和运输。布劳耶出生于匈牙利，是现代主义建筑师和家具设计师，他痴迷于工业化大生产，致力于家具与建筑部件规范化与标准化，他还成功地预言了家具从木材到钢管向气垫化发展的趋势。1925年，布劳耶受到自行车把手的启发设计了第一张以标准件合成的钢管椅——瓦西里椅（图6-2-11），以纪念老师兼好友瓦西里·康定斯基。这把椅子结构轻巧、造型优美，采用钢管和皮革或者纺织品组合，创造性地将平板坐板变为悬垂的、有支撑能力的垫子，使坐在椅子上的人感觉更为舒适，同时椅子在满足承重的同时自身重量也减轻很多。关于金属家具，布劳耶认为："金属家具是现代居室的一部分，它是无风格的，因为它除了用途和必要的结构外，并不期望表达任何特定的风格。所有类型的家具都是有同样的标准化的基本部分构成，这些部分随时都可以分开或转换。"瓦西里椅至今仍被世界各大厂家以各种变体形式生产。布劳耶积极探索各种材料的特性生产家具，除了钢管之外，帆布、皮革、软木、编藤、铝合金、模压胶合板等，都做了卓有成效的运用，创造了大量现代化的家具，其本人也成为20世纪的现代家具设计大师。

Bauhaus adjusted the teaching system, formed a new teaching plan and clearly divided curriculum into six categories including compulsory basic courses, auxiliary basic courses, technology basic courses, specialized subjects, theory courses and special engineering courses related to architecture.

图6-2-9　布兰德于1924年设计的咖啡用具和茶具套装

图6-2-10　华根菲尔德于1923—1924年设计的台灯

图6-2-11　布劳耶于1925年设计的瓦西里椅

With light structure and beautiful design, this chair adopted the combination of steel pipe and leather or textile, creatively changed the slab plank into a pendulous and supporting cushion and made people sitting on the chair more comfortable. In the meanwhile, the chair reduced its weight while bearing weight.

图 6-2-12 包豪斯学员
雅玛瓦西于 1932 年
创作的摄影拼贴画
《进攻包豪斯》

图 6-2-13 包豪斯
在柏林的办学地

In late 1932，Mies rented a derelict factory in Berlin to use as the new Bauhaus with his own money. The students and faculty rehabilitated the building，painting the interior white. The school operated for ten months without further interference. In July 1933，Mies declared the formal dissolution of Bauhaus.

包豪斯在德绍还注重理论建设。1925—1927 年，格罗皮乌斯联合纳吉共同编撰的系列化现代设计教材《包豪斯丛书》（*Bauhaus Books*）共 14 卷陆续出版，该丛书结合工业生产现状和设计革新，特色鲜明，内容广泛。此外，在 1926—1933 年，包豪斯还出版了以建筑与造型设计为主的期刊《包豪斯》，共 14 册。

1926 年，包豪斯正式成立建筑系，于 1927 年 4 月开始招生，这是德绍包豪斯重要转变中的一个亮点。在课表中，结构、静力学、画法几何和建筑学等科学和技术课程包罗其中。建筑系的成立由格罗皮乌斯筹划，迈耶主持，实现了包豪斯以建筑为中心，综合一切设计活动进行教育研究的最初设想。

1928 年，格罗皮乌斯以烦琐公务限制自由创作为由向德绍市长提出辞职，在他的推荐下，建筑系主任迈耶接任包豪斯校长。而包豪斯也在这之后发生了巨大变化，由于迈耶的泛政治化倾向，一些教员如纳吉、布劳耶、拜耶等相继离开学校，而同时纳粹的崛起又为包豪斯蒙上一层阴影。1930 年迈耶被迫辞职，密斯担任包豪斯第三任校长。密斯采取一系列措施整治学校，使包豪斯又焕发生机。而密斯的努力还是未能使包豪斯在德绍立足。1931 年德国纳粹党逐渐控制政权，不允许包豪斯的自由风气及民主倾向蔓延，并于 1932 年 9 月强行关闭了德绍包豪斯学校（图 6-2-12）。1932 年年底，密斯自费租用柏林的一个废弃工厂，重建包豪斯（图 6-2-13）。学生和教师们对厂房进行了修葺，将其内部粉刷成白色。学校运营了 10 个月，没有受到纳粹党进一步的干扰，一切工作都在艰难中重新展开。但历史还是没有给包豪斯继续发展的机会，希特勒上台后，包豪斯的布尔什维克倾向为纳粹政权所不容，纳粹德国的文化部下令关闭了包豪斯。1933 年 7 月，密斯宣布包豪斯正式解散。

失去了校园的包豪斯设计家对德国政府彻底失望，大部分去美国寻找机会，另一些留在欧洲去了法国、瑞士、英国等地，此后美国成为世界建筑和工业设计的中心。格罗皮乌斯来到美国哈佛大学担任建筑系主任；布劳耶后来也前往美国投奔格罗皮乌斯并在美国继续从事建筑行业；克利和康定斯基留在了欧洲，分别在瑞士和巴黎继续他们的事业；密斯于 1937 年到美国伊利诺斯工学院建筑系任教；纳吉一直坚持着自己的设计教育改革理想，于 1937 年在芝加哥筹建了"新包豪斯"，致力于包豪斯精神在美国的传播。后来，"新包豪斯"学校更名为"芝加哥设计学院"，后又与伊利诺斯工学院合并，成为美国最著名的设计学院；包豪斯毕业生马克思·比尔于 1953 年担任德国乌尔姆造型学院第一任院长，这所学院后来成为第二次世界大战后艺术设计教育最杰出的代表，也是包豪斯教育理念的延续。

6.3　包豪斯的影响

包豪斯从创立到结束只有短暂的 14 年，但它对现代工业设计做出的创造性贡献是巨大的，尤其是在设计教育方面的影响是深远的。

首先，包豪斯的重要目标是实现艺术、工艺和技术的统一，这种思想也被纳入包豪斯的课程中，预备课程的结构反映了包豪斯整合理论与实践的务实态度。这种设计教育方法成为许多国家建筑和设计教育的一个共同特点。包豪斯的理念中，不存在"纯粹艺术"与"实用艺术"的区别，在艺术与工业之间找到桥梁，完成了艺术与技术的统一。同时设计教学是为了研究和实践服务的，而研究为教学和实践提供理论支撑，实践则为教学和研究提供验证。这样的教学模式下培养出来的设计师既有艺术家的理论知识，又有科学研究能力，同时兼具丰富的技术实践经历。这样"艺术"与"技术"在同一个人的身上得到了体现，顺应了时代的发展需求。

其次，建立了一整套设计艺术教学方法和教学体系，为后来工业设计科学体系的建立、发展奠定基础，并对后来设计艺术领域，从平面设计、产品设计到建筑设计都产生深远影响。

最后，包豪斯的思想被奉为现代主义的经典，并影响了 20 世纪众多设计师，包豪斯培养的设计师和建筑师将现代主义设计推向了新的高度。对于德国而言，包豪斯风格也影响了德国后来工业设计的面貌和特征，德国严谨、理性的产品设计风格透露出包豪斯的影子。

一种设计思想的产生必然有其特定的历史环境和生存条件，包豪斯的历史局限性也逐渐被人们所认识，比如包豪斯过分推崇抽象的几何形式，导致各国家、各民族、各地域之间的历史文化传统被忽略，千篇一律的设计风格充斥市场；同时，强调以构成主义的理论指导完成形式简约的产品，突出功能和材料的表现，而忽略了用户与产品之间的情感和谐，机械而呆板的产品使人们感觉缺少人情味。而无论是与非，包豪斯所作出的开创性的工作，包括针对机器生产所开展的现代设计实践、对现代设计教育方式的积极探索都具有深远的历史意义。

The influence of the Bauhaus on design education was significant.

Firstly, one of the main objectives of the Bauhaus was to unify art, craft, and technology, and this approach was incorporated into the curriculum of the Bauhaus. The structure of the Bauhaus Vorkurs (preliminary course) reflected a pragmatic approach to integrating theory and application.

Secondly, a whole set of teaching method and system of design art was established, which laid a foundation for establishing and developing the scientific system of industrial design subsequently and had a far-reaching influence on the subsequent field of design art from graphic design and product design to architectural design.

Finally, the thought of Bauhaus was regarded as the classic of modernism and affected a number of designers in the 20th century. Designers and architects cultivated by Bauhaus pushed modernism design to a new height.

本章关键名词术语中英文对照表

包豪斯	Bauhaus	巴塞罗那椅	Barcelona Chair
国立包豪斯	Staatliches Bauhaus	新客观主义	New Objectivity
魏玛	Weimar	德绍	Dessau
瓦西里椅	Wassily Chair	表现主义	Expressionism
双轨制教学	Double - track System Teaching	少即是多	Less is More
实用艺术	Practical Art		

1. 包豪斯学校成立的历史背景是什么？

2. 包豪斯学校的教学有哪些特点？其基本观点是什么？

3. 包豪斯的历史作用和影响是什么？

参 考 文 献

［1］　LEWIS P. Modernism，nationalism，and the novel［M］. Cambridge：Cambridge University Press，2000.

［2］　BILLINGTON，DAVID P. The tower and the bridge：the new art of structural engineering［M］. Princeton：Princeton University Press，1985.

［3］　ANDERSON S. Peter Behrens and a new architecture for the twentieth century［M］. London：The MIT Press，2002.

［4］　HONOUR H，FLEMING J. A world history of art［M］. London：Laurence King Publishing，2005.

［5］　KRAMER E F. The Walter Gropius house landscape：a collaboration of modernism and the vernacular［J］. Journal of Architectural Education，2004，57（3）：39-47.

［6］　The Oxford dictionary of art and artists［M］. Oxford：Oxford University Press，2009.

［7］　PEVSNER N，HONOUR H，FLEMING J. The penguin dictionary of architecture and landscape architecture［M］. London：Penguin Books，1998.

［8］　罗小未. 外国近现代建筑史［M］. 2版. 北京：中国建筑工业出版社，2004.

CHAPTER 7

第 7 章

美国的商业性设计
Chapter 7　American Commercial Design

从 15 世纪末哥伦布发现新大陆开始，欧洲人就认识到了美洲大陆的重要地位，来自不同国家有着不同文化背景的拓荒者来到这片土地进行开发，他们带来的文化、技术使美洲大陆迅速成长。美国与生俱来的开放性的文化特征，使其能够源源不断地接受新的文化元素。美国独立初期还是一个农业国家，由于劳动力缺乏而很快接受了机械化大生产，可以说美国是伴随着机械化生产而发展的，与近代工业设计的发展几乎同步。到了 19 世纪末，美国的工业化水平已经达到了很高的水平。19 世纪末 20 世纪初，美国通过电力革命迅速实现了工业化。在第一次世界大战中，美国依靠资本输出和工业产品使国民收入总值几乎翻了一番。第二次世界大战后，美国成为世界上最强大的经济大国。

美国文化兼容性很强，各种文化现象都可以产生并存在。同时，美国强调个人价值，讲求理性和实用。经济的发展带来了消费市场的繁荣。20 世纪 20 年代，美国走上了商业化设计的道路。独特的社会文化背景造就了美国特有的设计特征，一开始美国的设计便在激烈的市场竞争下，带有浓厚的商业性气息，兴起了为企业服务，与企业紧密联系的工业设计运动。到 20 世纪 50 年代，出现了消费高潮，进一步刺激了商业性设计的发展。正是因为这样的设计氛围，虽然美国不是工业设计最早的实践之地，但却成为第一个将工业设计变成一个独立职业的国家，并造就了第一代工业设计师。美国设计界自觉接受现代主义思潮，进展很快，美国迅速成为世界经济强国和工业设计大国。

The unique social cultural background has created the unique design characteristics of the United States. The American design has a strong commercial flavor under the fierce market competition at the very start and arose the industrial design movement for enterprises, which was serviced and closely linked with. By the 1950s, there was a consumption climax, which further stimulated the development of commercial design.

7.1　美国的设计发展背景

18 世纪时美国仍是一个农业国家，经过两次世界大战，欧洲许多地区遭到严重破坏，美国的军需品和武器大量输出，工业迅

In the middle of the 19th century, with rapid development of industry, USA made new mode of production according to the climate that it lacked cheap labor. Characters of the mode: the mass production of standardized products; interchangeable of the parts of products; using high - power mechanical devices of series of simplified operations. It was just "the manufacturing system of USA".

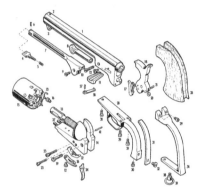

图 7 - 1 - 1　柯尔特左轮手枪拆解图

Taylor's scientific management consisted of four principles：① Replace rule - of - thumb work methods with methods based on a scientific study of the tasks. ② Scientifically select, train, and develop each employee rather than passively leaving them to train themselves. ③ Provide "Detailed instruction and supervision of each worker in the performance of that worker's discrete task". ④ Divide work nearly equally between managers and workers, so that the managers apply scientific management principles to planning the work and the workers actually perform the tasks.

图 7 - 1 - 2　《摩登时代》中
展示的福特制生产方式

速起飞。为了同社会主义阵营的制造业相抗衡，美国开始进行资本主义性质的商业扩张，并通过销售产品、举办展览等方式向世界宣传美国式的现代设计理念，世界工业设计中心也从第二次世界大战前的欧洲转移到美国。

在 19 世纪中叶，美国的工业发展迅速，并根据本国缺乏廉价劳动力的国情确定了新的生产方式，其特点是：标准化产品的大批量生产；产品的零件具有可互换性；在一系列简化了的机械操作中使用大功率机械装置等，这就是"美国制造体系"。这种生产方式在军工领域达到了新的发展高度。当时的军火商柯尔特（Samuel Colt，1814—1862）在康涅狄格州哈特福建立了军工厂，他吸取众家之所长，采用批量生产的方式，注重产品的市场销售，生产出了富有特色、性能优异的产品（图 7 - 1 - 1），其产品零件简化到了极致，并且可以更换。柯尔特的产品在 1851 年伦敦"水晶宫"举办的第一届国际工业博览会上为美国赢得了良好声誉。

19 世纪最后 30 年的"镀金时代"（出自美国作家马克·吐温与查尔斯·沃纳合写的长篇小说《镀金时代》）是美国财富突飞猛进的时代，大量的移民从欧洲来到美国，为美国制造业的发展提供了丰富的劳动力，重工业得到发展，制造业生产超过英国领先世界。同时工业技术进步和机械化使得"镀金时代"生产的产品物美价廉，如何控制、发展和管理这些工业资源并提高生产效率，发挥劳动者的潜力，成为当时亟待解决的问题。美国管理学家和经济学家弗雷德里克·温思罗·泰勒（Frederick Winslow Taylor，1856—1915）被称为"科学管理之父"，他通过重新设计机械，减少操作，将工人所需技术难度降至最低，同时科学分析人在劳动中的机械动作，研究出标准的操作方法，即"泰勒原则"，提高生产标准化，从而提高了劳动生产率，并在此基础上提出了具有划时代意义的科学管理理论和方法。泰勒的科学管理包括 4 个原则：①用基于任务的科学研究的方法取代经验工作法；②科学地选择、培训和培养每个员工，而不是被动地让他们自我培训；③提供"详细地指导和监督每个工人独立执行任务的指南"；④在管理者和工人之间几乎平等地划分工作，使管理者运用科学的管理原则来规划工作，使工人真正执行任务。"泰勒原则"在 19 世纪末 20 世纪初的美国制造业非常流行，但是它只能约束工人，却不能管住管理者，再者工人也可以在管理者不注意时怠工走神。1913 年，福特创立了全世界第一条汽车流水装配线，其流水作业法后来被称为"福特制"，即在实行标准化的基础上组织大批量生产，使作业机械化和自动化，工人则成为流水线上的螺丝钉（图 7 - 1 - 2）。

在两次世界大战期间，有许多因素推动了设计的发展，而设计的发展又对这些因素起着反作用。在制造业方面，战前美国的汽车制造业和电器行业都是大批量生产，而在 1918 年走向成熟之后，随之而来的消费膨胀驱使设计师们不得不改变设计策略，设计体现消费者需求的情趣化产品，这正体现了人类需求层次的递进：保障生存，使生活更加舒适，使生活更有趣。但是在 1929 年纽约华尔街股票大崩溃之前，许多设计师都忽略了"消费者"这个极为重要的因素，直到 20 世纪 30 年代出现了职业工业设计师，美国的设计企业才转为关注消费者对于美学和象征性的需求。

Before Wall Street stock crash in New York in 1929, many designers ignored the important element "consumers". Until the professional industrial designers appeared in USA in 1930s, the design enterprises focused on consumer demands for aesthetic and symbolic.

在 20 世纪二三十年代的美国，零售商业的扩大、用人数量的减少、家用省力电器的增长以及塑料、尼龙、轻合金等新材料的出现都对设计师提出了新的挑战。在此期间，越来越多的美国人有意愿购买新产品，迎来 20 世纪的第一个消费高峰。这主要是由于制造业的发展所带来的高就业、高工资以及消费者对汽车、电冰箱等象征社会地位的消费品的向往所形成的。消费模式的变化促使企业更改设计策略，生产满足市场需要的产品。在战争前，美国人满足于拥有一台福特 T 型汽车，到了 20 世纪 20 年代初，人们更愿意花更多的钱购买通用汽车公司生产的具有自己外观特色的车型（图 7 - 1 - 3），这使得福特原来的标准化生产理想破灭了。

The change of consumption pattern impelled enterprises to alter the design strategy and produced the products meeting the market needs.

图 7 - 1 - 3　1929 年别克 Marquette 的六缸轿车

在生活用品方面，市场的影响力是至关重要的。为了增加销量，广告业和包装业大行其道，企业越来越注重产品的"形象"效益，对于家具、陶瓷、染织等传统工业来说，它们早已具有自己的市场识别特征。在厨房用品方面，社会因素也是影响其销量的重要特征。在战争后由于用人数量的减少，家庭主妇作用的变化，企业针对这种社会现象，设计出使家务系统化的生活用品，以简单的操作方式改善生活质量。随着生活水平的提高，同汽车业一样，"时尚""趣味性"理念也进军生活用品行业，理想化和实用主义两大设计观念平行地发展起来，这样消费者可以根据自己喜欢的功能，选择视觉上更加新颖的产品。

设计的发展当然离不开设计师的推动。美国作为最早实现工业设计职业化的国家，源于欧洲的功能主义设计思想对美国设计和设计艺术教育的发展起了巨大的推动作用。20 世纪 30 年代移居到美国的设计师，尤其是包豪斯的大师们对美国设计艺术教育体系的建立起了决定性的作用，他们培养出了一批杰出的设计师，设计艺术教育受到美国政府、企业、教育界人士和民间学术团体的高度重视。在战后相当长的一段时间里，美国都是世界工业设计的中心，并极大影响了世界工业设计的发展。

Designers who emigrated to the United States in the 1930s, especially Bauhaus masters, played a decisive role in the establishment of the American education system of art and design. They trained a number of outstanding designers. Design art education was highly valued by the U. S. government, enterprises, educators and non - governmental academic groups. For a long time after World War II, the United States was the center of world industrial design, and greatly influenced the development of world industrial design.

7.2　美国的工业设计

20 世纪上半叶，以功能主义和理性主义为核心的现代主义设计流行，同时期发展的设计流派对美国设计的发展也产生了较大影响。这些流派的宗旨常常是与现代主义的信条背道而驰，美国

Industrial designer was recognized as a social profession with a strong business atmosphere. It was the commodity product of the fierce competition in the 1920s and 1930s, while the United States had thus became a typical representative of the genre. The essence of commercial design was formalism, which emphasized the form first, then the function in the design.

图7-2-1 1935年生产的流线型渡轮

The core of commercial design was planned commodity repeal system, that is, within a short time, artificially made the product fail thus forcing consumers to keep buying new products. There were three forms about the abolition of goods: first, functional abolished, it was to make new products with more and better features, so that the previous product "aging"; the second was desirable type abolished, regularly launching new fashion style, so that the original product obsolete, the third was the quality type abolished, predefining life of the product so that it could not be used after some time.

图7-2-2 1961年诺伊斯为
IBM设计的打字机

Eliot Noyes was a strong advocate of functional Modernism and his work was firmly grounded in the tradition of Gropius, Breuer & Le Corbusier. He advocated simplicity of form and truth to the nature of materials.

的商业性设计就是其中之一。工业设计师当时已成为一种社会上公认的职业，它是20世纪二三十年代激烈商品竞争的产物，因而一开始就带有浓厚的商业气息，美国也因此成为该流派的典型代表。商业性设计的本质是形式主义的，它在设计中强调形式第一，功能第二。设计师们为了促进商品销售，提高经济效益，不断花样翻新，以流行的时尚来博得消费者的青睐，但这种商业性设计有时是以牺牲部分使用功能为代价的。

在第二次世界大战之前，美国就十分重视电气化、交通工具等现代工业产品，20世纪30年代的经济大危机促使流线型等具有象征性的"时代设计风格"产生，这种风格与当时的时代气氛、技术发展水平和消费者审美情趣相适应。流线型主要应用在汽车、火车、轮船（图7-2-1）等交通工具的设计方面，采用这种形态主要基于空气动力学原理，是为了提高交通工具的行驶速度，但它很快就成为一种时髦风格。为了迎合美国人追求新奇的心理，很多不需要流线型功能的产品也采用了流线型式样。20世纪50年代，随着经济的繁荣，流线型风格蔚然成风，遍及美国工业产品的各个方面，出现了消费高潮，进一步刺激了商业性设计的发展。在商品经济规律的支配作用下，现代主义的信条"形式追随功能"被"设计追随销售"所取代。商业性设计就是把设计完全看成一种商业竞争手段，设计改型完全不考虑产品的功能因素或内部结构，只追求视觉上的新奇与刺激。美国商业性设计的核心是"有计划的商品废止制"，即通过人为的方式使产品在短时间内失效，从而迫使消费者不断地购买新产品。商品的废止有三种形式：一是功能型废止，也就是使新产品具有更多、更完善的功能，从而让先前的产品"老化"；二是合意型废止，由于经常性地推出新的流行款式，原来的产品过时，因不符合消费者的意趣而被废弃；三是质量型废止，即预先限定产品的使用寿命，使其在一段时间后便不能使用。"有计划的商品废止制"是资本主义经济制度的畸形儿，对此，业内人士有不同的观点。汽车设计师哈利·厄尔（Harley Earl，1893—1969）等人认为这既有利于丰富设计内涵，又有利于经济发展，而设计师埃利奥特·诺伊斯（Eliot Noyes，1910—1977）等认为追求时尚和商品废止都是不道德的形式，是对社会资源的浪费和对消费者的不负责任，只有简洁而诚实的设计才是好的设计，应该倡导优良设计。诺伊斯是现代功能主义的强烈倡导者，他的作品坚定地植根于格罗皮乌斯、布劳耶和柯布西耶的传统，他主张形式简单以及材料的真实质感（图7-2-2）。

美国的汽车设计是商业性设计的典型代表。随着流线型风格的发展，美国汽车公司摒弃了注重功能主义、简洁形式的现代设计风格，不断推出新奇而夸张的设计，以视觉化的外观来刺激消费，并取得了巨大的商业成效。20世纪50年代，汽车生产商主张在设计新的汽车式样时必须有计划地考虑以后几年之间不断地更换部分设计，基本形成一种有计划的式样老化制度，即通过不断改变设计样式造成消费者心理老化的过程。汽车生产商所生产的汽车并不是为了经久耐用，而是为了追逐新的式样潮流促使消费者购买的市场促销方式。这些车型一般只是在外观造型上有变化，内部功能结构大致不变。

商业性设计在设计史潮中被看作是具有负面影响的流派，但其并非一无是处，它推动了产品设计观念与市场营销观念的融合。对于企业来说，商业性设计具有非常大的市场潜力和经济效益，企业可以不通过大规模变革而仅仅通过造型设计达到促进销售的目的。商业性设计形成了消费社会的一个重要设计基石，顺应了消费者求新立异的心理特点，给工业设计带来了经验和教训的同时推进了设计史的发展。

随着经济的衰退、消费者权益意识的增加和能源危机的出现，豪华而昂贵的汽车不再流行。欧洲、日本生产的小型功能性汽车逐渐占领市场，迫使汽车生产商放弃原先的"有计划的商品废止制"，努力适应市场新潮流。

在工业设计的其他领域，设计师们也在创新性、功能性与消费者满意程度间不断权衡。雷蒙德·罗维（Raymond Loewy）提出了 MAYA 原则，即"创新但又可接受"，他的作品往往简洁实用、充满活力。1935 年，罗维为科德斯波特设计了电冰箱（图 7-2-3），冰箱外形采用大圆弧形，看上去简洁明快；冰箱内部也做了部分调整，奠定了现代冰箱的基础。冰箱上市后，销量猛增，一时间流线型成了消费者的采购目标。1948 年，罗维设计了可口可乐销售机（图 7-2-4）也采用了动感的流线型，该产品成为流行于世界的美国文化的象征。1963 年，罗维设计的邮件计价打戳机风格已然脱离流线型，完全采用了简洁的块面组合，这标志着设计师风格的巨大转变。在美国经济大萧条时期，好的设计与商业开始联姻，罗维的事业也蓬勃发展。他凭借商业性设计，赋予商品不可抗拒的魅力，刺激消费者的购买。

随着社会的发展，美国商业设计从 20 世纪 50 年代末开始走向衰落，人机工程学、材料学、心理学、经济学以及行为学等开始与工业设计相结合，逐步形成了一门科学的、系统的、完整的学科。这说明工业设计师已经放弃了仅仅追求视觉上新奇刺激的目标，而更多地去考虑产品的宜人性、经济性、功能性等因素。同时美国的工业设计师积极参与政府的设计工作，向尖端科技领域发展。美国宇航计划草创之初，罗维就被肯尼迪总统任命为国家宇航局——NASA 设计顾问，从事有关宇宙飞船的相关研究设计并取得了巨大成功。20 世纪 70 年代中期，罗维还参加了英法合作研制的"协和"式超音速民航机的设计工作，此时美国工业设计的地位达到了前所未有的高度。

图 7-2-3　罗维设计为 Coldspot 公司设计的电冰箱宣传页

图 7-2-4　罗维设计的可口可乐销售机

With the development of society, the US commercial design began to decline from the late 1950s. Ergonomics, materials science, psychology, economics and behavioral science and others had a combination with industrial design, and gradually formed a science, complete discipline system. It showed that industrial designers had abandoned the pursuit of an exciting goal visually and considered more about agreeableness, economy, functionality and other factors of the products.

7.3　美国的汽车设计

图 7-3-1　卡尔·本茨
发明的三轮汽车

图 7-3-2　第一辆"四轮车"

图 7-3-3　西普莱特蒸汽马车

　　美国的工业设计成就中最典型的就是汽车设计，它使人们的日常生活发生了翻天覆地的变化。仅仅在 100 多年前，汽车还只是马戏团里令人激动不已的怪物，而今天已经有数亿辆汽车在各地公路上奔驰。

　　汽车虽然不是美国人发明的，但它是在美国发展起来并迅速普及于普通民众生活之中。美国的汽车设计对世界各国都产生了深远影响，如日本的汽车工业就是模仿美国而发展起来的。美国蒸汽机车的发展，起源于一位名叫伊文思的发明家和蒸汽工程师。伊文思于 1805 年完成了一辆由蒸汽机操作的挖泥机，这是目前所知的第一辆行驶于陆地及水面的动力机器。1885 年，德国人卡尔·本茨（Carl Benz，1844—1929）发明了一台以内燃机为动力的三轮汽车（图 7-3-1），发动机安装在车尾部的座位下。1894 年埃尔伍德·海恩斯（Elwood Haynes，1857—1925）设计了早期的美国汽车。1896 年，福特在美国底特律试驾成功了他们的第一辆"四轮车"（图 7-3-2），他也被称为"给世界装上轮子的人"。美国的汽车制造业先驱们纷纷在汽车史的舞台上亮相，为汽车工业发展做出了巨大贡献。

　　19 世纪所有的发明中汽车是最为姗姗来迟的一种，原因在于：一是马拉车的运输模式被深深地禁锢在人们的思想当中；二是内燃机与蒸汽机之间的竞争，蒸汽机车既可以在铁路轨道上行驶，也可以在公路上行驶。1891 年，设计师设计出了一种没有马牵引的马车，称为西普莱特蒸汽马车（图 7-3-3），它的锅炉藏在后座之下。同一时期这种技术也被用于类似的车辆上，只不过采用了汽油机而非蒸汽机，这就是汽车的原型。此后，内燃机的使用越来越广泛，自我驱动的车辆逐渐具有了自己的形态。这种形态出现的原因一方面是机械的要求，另一方面是消费者的需求。从马车到汽车的变化是缓慢的，人们早已习惯于马拉车辆，很难突破思维定式，创造出新的运输形式，而马车解决某些问题时也着实为人们提高了便利，使得建造者不愿意轻易地放弃它。

　　汽车是一种复杂的机器，早期汽车主要的生产方式是以手工单个制造，产量有限且价格昂贵，少数贵族才能消费得起。为了汽车业的发展，就必须使汽车平价化，走进普通民众的家庭中，美国汽车制造业考虑到只有进行工厂的内部变革，才能生产出质量好、产量高、价格低的汽车。所以在零件装配上要系统化、标准化，以严格一致的方法装配在每一辆汽车上。凯迪拉克汽车公司曾经有过把 3 辆汽车拆开，将机械零件整个打散，再重新混合组成 3 辆汽车的记录，这项创举旨在强调凯迪拉克零部件的标准化及一致性。其实早在 1901 年，勒索·埃利·奥兹（Ransom Eli Olds，1864—1950）就开始了这方面的工作，他是第一个在汽车工业中使用固定装配线作业的人，他在底特律批量生产了一批小而轻、结构简单的汽车，车上设计有流线型挡泥板和折叠式顶篷，套用了马车的形式和手柄。这种汽车组装的新方法使欧茨的汽车销量增加了 5 倍，从 1901 年的 425 辆增长到 1902 年的 2500 辆。

　　亨利·福特（Henry Ford，1863—1947）设计了 T 型车并采用流水装配线作业制造，这标志着汽车工业真正革命的开始。福特于 1903 年建立了福特汽车公司，他认为，奥兹设计的汽车只适用于良好的道路条件，而福特决定设计一种既适用于批量的消费市场又适用于恶劣条件的汽车，于是在 1908 年福特推出了 T 型小汽车（图 7-3-4）。由于该型号汽车简洁实用，便于修理，一进入市场便大受欢迎。福特开创的这种流水线的生产方式在增加产量和减少成本方面极为成功。他的成功是建立在美国工业在机械和组织方面众多革新的基础之上，由此也标志着新一代的高新技术产品的出现。1930 年，利用空气动力原理，汽车的引擎设计有了长足进步。然而，由于第二次世界大战，汽车制造商开始投入军事车辆及机械的制造，汽车外观并无明显演变，吉普车的出现完全是基于实际需要（图 7-3-5）。帕卡德汽车公司共制造出 7 种时速可达 100 英里（约 160.9 千米）的高性能汽车，被视为当时豪华汽车的代表（图 7-3-6）。

　　第二次世界大战之后，美国人需要新颖独特的设计来反映和实现他们的乐观主义心情，汽车成了寄托他们希望的埋想之物。此时美国的通用汽车公司、克莱斯勒公司和福特公司纯粹视觉化的汽车外观设计反映了美国人对于权力和速度的向往，商业成效显著。20 世纪 50 年代生产的汽车华丽、宽敞、新奇、夸张（图 7-3-7），汽车造型日益趋向更低、更长、更宽，并在车后加上尾鳍。设计师们往往只注重汽车的外观，而忽视其质量及实用性，它们耗油多，功能上也不尽完善。这些车型往往更新换代很快，一般只在造型上有变化，内部结构功能未有多大改变，设计原则即形式第一，功能第二。这个时期的汽车造型有两大特色：一是车身的防撞设计；二是汽车尾鳍的流行。早在 1948 年，由厄尔设计的凯迪拉克双座车就出现了尾鳍，它成为这一阶段最有争议的设计。50 年代美国最具有特色的汽车是家庭式旅行车，象

Olds was the first person to use a stationary assembly line in the automotive industry. Henry Ford came after him，and was the first to use a moving assembly line to manufacture cars. This new approach to putting together automobiles enabled Olds to more than quintuple his factory's output，from 425 cars in 1901 to 2500 in 1902.

That Henry Ford had designed the Model T and using a moving assembly line to manufacture cars marked the beginning of auto industry truly revolutionary.

图 7-3-4　1908 年福特 T 型小汽车

图 7-3-5　第二次世界大战时期的吉普车

图 7-3-6　1931 帕卡德生产的第九系列 840 型汽车

图 7-3-7　克莱斯勒公司 1955 年生产的战斗机式小汽车

图 7 - 3 - 8　1955 年福特雷鸟跑车

The auto manufacturers and designers began to reflect and focus on the style of performance, in parallel; they gradually improve the usability, handling and comfort of automotive design in order to expand its own brand in the domestic and overseas market.

The main form of streamlined style was a sleek and smooth flow line body. Technological development and consumerism led to the generation of streamlined style in which the designers use aerodynamics in the car in order to reduce drag to increase speed.

图 7 - 4 - 1　罗维设计的
流线型卷笔刀

图 7 - 4 - 2　1950 年 Airflyte
轿车宣传折页

征着郊区家庭的美好生活。这个时期，福特雷鸟汽车曾是公司跑车的代言者。1955 年福特公司生产的雷鸟 8 缸双人座敞篷跑车（图 7 - 3 - 8），车顶为活动的纤维玻璃，其华丽的造型获得了高度评价。

20 世纪 70 年代以后，美国汽车工业几乎难以招架日本、欧洲汽车业的凌厉攻势，各大厂商相继在美国设厂。同时，美国的汽车工业开始饱受能源危机所带来的一系列问题的困扰。消费者开始抛弃以往强调夸张造型的汽车，简洁且具有功能性的汽车成了人们心头所爱。美国的汽车制造商和设计师开始反思并在注重风格化表现的同时，也逐步在汽车设计的实用性、操控性和舒适性方面不断提高，以拓展自己品牌在国内外市场中的影响力。美国汽车工业为与日本、欧洲汽车工业竞争，不断推出小型箱式的客货两用轻型汽车，并一举成为最受家庭喜爱的车型。这种汽车的外形更接近于普通小汽车，只是车厢后部多了占车厢 1/3 的可以放置物品的空间。90 年代，很多美国人喜欢有载货和越野功能又可以做代步工具的汽车，因而多功能汽车逐渐独领风骚。

从 20 世纪初到现在，美国汽车工业已经有 100 多年的历史，它在竞争中不断创新向前发展，迎合消费者的需求，成为世界汽车业的主宰者、一个名副其实的汽车大国。

7.4　流线型设计风格

流线型风格流行于 20 世纪三四十年代，风靡于整个设计领域。流线型风格起源于欧洲，但将其发扬光大的却是美国人。流线型风格以圆滑流畅的流线体为主要形式，科技发展与消费主义促成了流线型风格的产生和流行，设计师将飞机设计中的空气动力学原理引入汽车，通过降低风阻来提高速度。

流线型风格适用于电钟、缝纫机、小型收音机和真空吸尘器一类的产品中，它们的制造工艺利用了包括铝和酚醛材料在内的材料科学的发展。与欧洲相比，美国在 20 世纪 30 年代更加注重商业性设计，将其作为增加消费品销售的手段。流线型风格与市场繁荣和令人憧憬的未来有关，这一憧憬与美国中产阶级（消费产品的主要市场）产生了共鸣，从电冰箱到卷笔刀（图 7 - 4 - 1）的各种各样的流线型设计产品应运而生。

20 世纪 30 年代，流线型设计成为汽车、火车、公共汽车和其他车辆的普遍设计实践。典型的流线型汽车包括 1934 年的克莱斯勒"气流"车、1950 年纳什公司的具有低挡泥板线的 Airflyte 轿车（图 7 - 4 - 2）、哈德逊流线型汽车。

流线型风格可以与欧洲同时期占主导风格的功能主义形成对比。功能主义中简约设计的一个原因是为了降低产品的生产成本，使大批欧洲工人阶级能够负担得起。流线型设计和功能主义代表了现代工业设计中两个截然不同的流派，但它们都反映了消费者的需求。

　　1930 年，克莱斯勒汽车公司的工程师布瑞尔（Carl Breer，1883—1970）建立了一个风洞试验室，并在那里对现有的产品和流线型模型进行了对比测试，发现将普通箱式造型的汽车模型掉过头来，使车尾面向气流，则空气阻力明显变小。在此研究的基础上开发了一款低风阻的汽车。1934 年克莱斯勒第一辆"气流"车公之于世（图 7 - 4 - 3），最高时速可以达到每小时 157 千米。这种汽车改变了产品设计的外观，颇具现代感和浪漫主义的美学特征，成为新世纪速度的象征，"气流"车被认为是世界上第一款流线型汽车。流线型实质上是一种外在的样式设计，反映了美国人对待设计的态度：视设计为销售的手段、赚钱的工具。为了达到这一目标，就必须找到一种迎合大众审美趣味的风格，流线型恰好满足了这一需求。至此象征着速度和时代精神的流线型造型语言开始广泛流传，并迅速扩展到日常物品领域，成为 20 世纪三四十年代最流行的产品风格。

　　著名的 Firebird 概念车（图 7 - 4 - 4）是流线型风格的综合体现。出于对喷气式飞机流线型外形的痴迷，厄尔和他的团队开发了由 3 辆概念车组成的一个概念车系，这些概念车的设计灵感来源于喷气式飞机，用蒸汽式涡轮发动机提供动力。1953 年推出的火鸟 1 号仅能容纳一人，子弹形状的机身完全由玻璃纤维制成，拥有与众不同的针形鼻锥、三角翼和垂直的尾翼，外观设计上仍受到喷气式战斗机的影响。1956 年推出的火鸟 2 号则采用了涡轮增压发动机，并可容纳 4 人，它还是第一辆配备盘式制动器和完全独立式四轮悬挂的汽车。火鸟 3 号，也是该系列的最后一款，是整个系列中线条最为流畅的一辆，圆锥鼻变得宽大，并且为驾驶员和乘客分别安装了独立的泡沫顶篷，极其像一架小型飞机。

7.5　美国工业设计职业化

　　两次世界大战刺激了美国生产能力的迅速发展，并在 1918 年之后变成了一种消费高潮。战后经济繁荣，推动了美国消费者更加渴望更多更好的产品，加剧了美国企业对工业设计的需求。为此，企业不断寻找缩小成本和增加销售并重的方法来满足消费者日益增长的消费欲望。标准化、合理化以及改革后的生产方式能够大幅度减低成本，而强调产品外观的视觉刺激则成了促销手段。当小企业逐渐被大企业兼并，大量商品滞销以及经济危机的出现，人们终于意识到设计的重要性，设计不仅要考虑美学上的要求，更要注重营销，毕竟商品的销量才是衡量产品成败的标准。市场竞争愈加激烈，出现了企业内部的设计部门和独立的设计事务所。在这种经济背景下，工业设计师作为一种正式的职业出现并得到了社会的认可。

Streamline style could be contrasted with functionalism, which was a leading design style in Europe at the same time. One reason for the simple designs in functionalism was to lower the production costs of the items, making them affordable to the large European working class. Streamlining and functionalism represented two very different schools in modernistic industrial design, but both reflecting the intended consumer.

图 7 - 4 - 3　1934 年克莱斯勒 Airflow 轿车

图 7 - 4 - 4　汽车设计师厄尔与他设计的 Firebird 系列概念车

The post - war economic boom fueled the American consumer's desire for much more quality products, intensifying the demand for industrial design among American businesses.

第一代工业设计师们专业背景各异，不少人没有正式的高等教育背景。但他们都是在激烈的商业竞争中脱颖而出，设计了数量惊人的产品、包装、企业形象等。正是由于他们的出现，设计被认为是工商业活动的一个重要特征，是现代化批量生产的劳动分工中一种重要的专业要素，其最主要的功能就是促进商品销售。

7.5.1 厄尔——第一位职业"汽车设计师"

Harley J. Earl was an American automotive designer and business executive. He was the initial designated head of design at General Motors, later becoming vice president, the first top executive ever appointed in design of a major corporation in American history. He was an industrial designer and a pioneer of modern transportation design.

1919 年，设计师西奈尔开设了属于自己的事务所，并在信封上印了"工业设计"一词，这也是该词首次在美国出现。但是第一批工业设计师大多数是受雇于大企业的驻场设计师，其中厄尔（Harley Earl，1893—1969）便是一个代表。他是世界上第一个专职汽车设计师，是美国商业性设计的代表人物。厄尔是美国通用汽车公司的著名设计师，后来成为通用的副总裁，是美国历史上第一位在设计的职位上被任命为大公司高管的设计师。他是工业设计师，也是现代交通设计的先驱。厄尔进入通用汽车之后仅用 3 个月时间就完成凯迪拉克 LaSalle（图 7-5-1）的原型车设计，填补了凯迪拉克与别克品牌之间的市场空白。1927 年该车型问世，立刻被认为是艺术家而非工程师设计的经典汽车，也是第一辆从保险杠到尾灯都由设计师设计的汽车。厄尔将"时尚"概念引入到汽车设计之中，他设计的汽车有着圆润的线条、锥形的尾部和修长低矮的轮廓，开创了战后汽车设计中的高尾鳍风格，这种造型在 20 世纪 50 年代曾流行一时（图 7-5-2）。1959 年，他又设计了有着夸张尾鳍的"艾尔多拉多"59 型轿车，两盏"火箭"式尾灯摄人心魂，其使车身更长、更低、更华丽的手法达到了顶峰（图 7-5-3）。

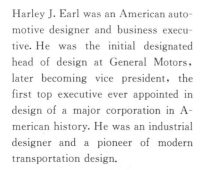

图 7-5-1 厄尔于 1927 年设计的凯迪拉克 LaSalle

图 7-5-2 厄尔设计的高尾鳍汽车

1928 年 1 月，通用汽车公司成立了艺术与色彩部并由厄尔负责。该部门是汽车工业中专门从事车身造型和内饰设计的首创部门。后来他又被委任为"外形设计部"副主任。20 世纪 30 年代的经济大萧条让美国汽车业开始思考如何从空气动力学方面着手来节省燃料，厄尔首先意识到流线型的重要性，他改良以往的汽车造型设计，使车头变宽，收起以往裸露在外的前大灯，车尾的独立式行李箱与车尾融为一体，由此奠定了现代三厢轿车的雏形，摆脱了早前汽车等于马车的概念。他在汽车的具体设计上有两个重要的突破：一是他在 20 世纪 50 年代把汽车的前挡风玻璃从平板玻璃改成弧形整片大玻璃，从而加强了汽车的整体性；二是改变了原来对镀铬部件的使用方式，从只是在边线、轮框上部分镀铬，变成以镀铬部件作车标、线饰、灯具、反光镜等，这称为镀铬构建的雕塑化使用。为了提高车速，他在汽车设计中采用大功率发电机和低底盘。厄尔的设计创造了汽车界的新模式"有计划的商品废止制"，汽车的造型和功能并无多大关系。尽管这种设计体系不被设计界推崇，并不断遭到环境保护主义者与现代

图 7-5-3 "艾尔多拉多"59 型轿车

设计主义者的抨击，却已经从 30 年代开始在美国的工业界生根，同时也影响到其他各国。

厄尔是第一位将消费者与汽车紧密结合的汽车设计师，也是一位有争议却影响巨大的工业设计师，正是由于他的存在，当时通用汽车长期占据着世界产销量第一的位置，而通用汽车公司的设计部门也成为当时世界最大的设计中心。与此同时，越来越多的大企业成立设计部门，开始聘用设计师。

7.5.2　提革——提倡简洁的设计师

20 世纪二三十年代，自由设计师逐渐活跃在设计业当中，他们往往擅长与广告或咨询有关的行业，如展览、陈列或舞台设计等，能适应设计咨询机构的工作方式。沃尔特·多温·提革（Walter Dorwin Teague，1883—1960）是最早的自由设计师之一，他有着美国工业设计师、建筑师、插画家、平面设计师、作家和企业家的多重身份，被称为"工业设计泰斗"，他与诺曼·贝尔·盖茨、雷蒙德·罗维和亨利·德雷夫斯一起率先在美国建立了工业设计专业。提革有着丰富的广告设计经验，由于市场机会的形成，他从 20 世纪 20 年代起开始尝试产品设计。他的目标是为委托方增加利益，但又不以过多损害美学上的完整为代价，并以省略和简化的方式来改善产品的形象。早在 1927 年，提革就接受了世界最大的摄影器材公司——柯达公司的委托，为公司设计照相机和包装。1928 年他成功设计出大众型的新照相机"名利牌"（图 7-5-4）。"名利牌"照相机受到当时流行的装饰艺术运动影响，用带镀镍金属饰条的各种色彩条带和黑色条带平行相间作机体，包装盒采用带丝绸衬里设计，显示出技术与装饰艺术相结合的设计理念，这与当时非常流行的埃及图坦卡蒙面具有明显的联系，产生了非常好的市场反应。其后，提革于 1936 年设计了更为简洁、方便操作的小型手持式相机（图 7-5-5），外壳上凸于铸模成型机壳上的条纹有了它的实用特征：限制涂漆面积，以减少和避免开裂和脱皮。在和柯达公司合作的两年内，提革的工业设计作品和客户成倍增加。第二次世界大战之后，提革任柯达公司主任顾问设计师，并与其建立了终身合作关系。

1928 年 2 月出版的《福布斯》杂志刊登提革的《现代设计需要现代商品》一文，在文中，他建议："设计师在制图版上下笔之前要与合作企业的所有部门进行设计规划。"

1955 年，提革的设计公司与波音公司合作，完成了波音 707 大型喷气式客机的设计，其设计的飞机不仅具有简练、富有现代感的外形，而且运用人机工程学原理创造了现代客机经典的室内设计，机舱内采用隐蔽灯光，宽大舒适的座椅和宁静的色彩设计，是当时最先进、舒适、安全的民用客机（图 7-5-6）。他的设计改良提高了产品的安全性能，便于操作使用，具有相当好的客户和市场反应，这些成功的设计使得提革的业务范围不断扩

Walter Dorwin Teague was an American industrial designer, architect, illustrator, graphic designer, writer, and entrepreneur. Often referred to as the "Dean of Industrial Design". Teague pioneered in the establishment of industrial design as a profession in the US, along with Norman Bel Geddes, Raymond Loewy, and Henry Dreyfuss.

图 7-5-4　"名利牌"照相机

图 7-5-5　提革于 1936 年
设计的相机

In Teague's *Forbes* article, *Modern Design Needs Modern Merchandising*, published February 1, 1928, he advises, "The designer who gets results for the manufacturer plans with all departments of a business before he ever lays pencil to drawing board."

图 7-5-6　提革设计的
波音 707 内饰

Raymond Loewy pioneered industrial design，and his career was colourful, with designs ranging from airplanes，ships，trains，space stations to stamps，logos，and Coke bottles. He was the most prestigious freelance designer of the first generation in the early 20th century, and the first to appear on the cover of *Time* magazine. *The New York Times* once commented that Mr. Rowe created the image of the modern world without exaggeration. He was praised by the media as the father of the streamlined and the father of industrial design. The press referred to Raymond Loewy as The Father of Streamlining and The Father of Industrial Design.

图 7-5-7　罗维 1929 年设计的基士得耶速印机（设计前后对比）

图 7-5-8　罗维 1932 年设计的休普莫拜尔小汽车

图 7-5-9　宾夕法尼亚 S1 型蒸汽机车

图 7-5-10　罗维设计的"法玛尔"农用拖拉机

大，并逐渐发展出自己的一套设计体系，也使得他成为早期美国最成功的工业设计师之一。

7.5.3　罗维——美国工业设计之父

相信许多人对可口可乐的标志都不陌生，它的最初设计者就是第一代自由设计师中最负盛名的设计大师——雷蒙德·罗维（Raymond Loewy，1889—1986）。罗维首开工业设计的先河，他的职业生涯恢宏多彩，其设计种类大到飞机、轮船、火车、空间站，小到邮票、标志和可乐瓶子。他是 20 世纪初期第一代自由设计师中最负盛名的，也是第一位登上《时代周刊》封面的设计师，《纽约时报》曾评论道："毫不夸张，罗维先生塑造了现代世界的形象，可见其影响之大。他被媒体誉为流线型之父和工业设计之父。"

罗维出生于巴黎，1919 年移居美国，起初从事插图设计和橱窗设计，曾为梅西百货等百货公司设计过橱窗和广告目录，并先后担任 *Vogue*、*Harper's Magazine* 等时尚杂志的插图设计师，以其特立独行的艺术风格在时尚界占领了一席之地。1929 年，他承接了第一份设计订单，重新设计基士得耶速印机（图 7-5-7），从此涉足工业设计领域。这份订单，罗维克服了时间紧难度高的困难，在 5 天之内便有了方案。他设计了一个将内部机器包于其中的外壳，改变机器转动的曲柄、复印台面的形状，在设计中罗维应用了人机工程学与审美理念，使产品在竞争中脱颖而出，销量节节攀升，作为设计与销售完美结合的第一例，罗维开启了美国工业设计的新纪元。

此后，罗维还设计了大量的运输工具，他带动了设计中的流线型运动。1932 年，罗维设计了获得好评的车型——休普莫拜尔小汽车（图 7-5-8），标志着对于老式轿车改造的重大突破。1937 年，罗维与宾夕法尼亚铁路建立了合作关系，设计了几款著名的车型，其中最著名的是宾夕法尼亚 S1 型蒸汽机车（图 7-5-9）。车头采用了纺锤状造型，不但减少了 30% 的风阻，而且给人一种象征高速运动的现代感。相对于传统蒸汽机车，罗维在 20 世纪 30 年代的设计无疑是当时最前卫的。不过由于工程机械上的设计缺陷，S1 仅生产了一台。1940 年，罗维重新设计的"法玛尔"农用拖拉机（图 7-5-10），一改以往拖拉机轮子上的泥污难以清洗、外观烦琐的缺点，他采用人字纹的胶轮，易于清洗，且四个轮子的合理布局增大了稳定性，为使用者提供了非常大的便利，也为后来拖拉机的发展指明了方向。罗维的实践证明了设计在国民经济中的重要作用，也证明了设计本身是一种生产力。

罗维的设计生涯一直持续到 80 多岁高龄，后返回法国。他是设计行业的领导者——将流线型与欧洲现代主义糅合，树立起独特的设计语言，促成设计与商业的联姻。作为美国工业设计的奠基人，罗维的一生就是一部美国工业设计发展简史。1929 年，罗维在纽约开设设计事务所，《时代周刊》称之为"形成美国的一百件大事之一"。

7.5.4 盖迪斯——思维超前的"未来学"设计师

诺尔曼·贝尔·盖迪斯（Norman Bel Geddes，1893—1958）也是美国职业设计师之一。他是一个非常奇特的理想主义设计师和理论家，是"未来学"的开拓者，被《纽约时报》称为"20 世纪的达·芬奇"。与提革一样，盖迪斯曾经营过广告业，之后从事舞台美术设计，他的设计充满了戏剧性。

1927 年，盖迪斯成立了工业设计工作室，开始从事工业设计，他擅用流线型造型（图 7-5-11、图 7-5-12）。由于他的设计有时会不考虑消费者的需要和生产技术的限制，因而作品很少真正实现。1932 年他出版了"未来主义"专著《地平线》（Horizons），产生了显著影响，此书的出版奠定了盖迪斯在工业设计史上的重要地位。1939 年，他为纽约世界博览会场馆设计了20 世纪 60 年代的未来景象（图 7-5-13），强调了通过设计来寻求美国社会的变革，这个巨型的美国模型展现了一个由各种尖端技术控制的美国乌托邦：玻璃覆盖的摩天大楼和远程控制的多级高速公路以及发电厂、人工种植作物的农场、飞行器和旋转屋顶平台，所有这些都是为了创造一个理想社会模型，给大萧条时期的美国人对美好未来的真正希望。凭借这次展览，盖迪斯达到了其在事业上的巅峰。盖迪斯强调设计完全是一件思考性的工作，而视觉形象出现于设计的最终阶段，他的设计理念有如下几点：①要准确确定产品所要求的功能；②要研究厂家所采用的生产工艺和设备；③将设计计划严格控制在预算之内；④向有关专家协商材料的使用；⑤研究竞争对手的情况；⑥对同类产品进行周密的市场调查。在进行这些研究工作之后，设计师脑海里的思路会愈加清晰，就可以有目标性地做出设计草图。由于盖迪斯过于强调自我意识，他实际设计出的产品并不是那么容易被大多数人接受。

7.5.5 德雷夫斯——"以人为本"的设计师

享利·德雷夫斯（Henry Dreyfuss，1904—1972）的职业背景是舞台设计，1929 年他改变专业，在纽约成立了自己的工业设计事务所。在第一代工业设计师中，他在许多方面表现得与众不同。他不追求时髦的流线型，设计风格上避免夸张。他的设计理念是基于应用常识和科学原则的，对人因分析以及消费者研究做出了重大贡献。他认为适应于人的机器才是最有效率的机器，因而他开始研究人体工程学的数据。经过多年的研究，他总结出有关人体的数据及人体的比例和功能，1955 年，他出版了《为人的设计》一书（图 7-5-14），书中收集了大量人体工程学资料。

Norman Bel Geddes was also one of the American professional designers. He was a very strange idealist designer and theorist, is the "futurology" pioneer, by *The New York Times* as "the 20th century Da Vinci".

图 7-5-11 1929 年盖茨与奥拓·科勒设计构想的"空中四号"栖客机

图 7-5-12 盖茨设计的泪滴流线型汽车

图 7-5-13 纽约世博会美国模型"Futurama"

His design philosophy was based on applied common sense and scientific principles and resulted in significant contributions to human factor analysis and consumer research.

图 7 - 5 - 14 《为人的设计》封面

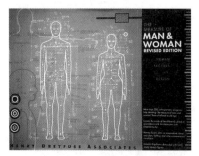

图 7 - 5 - 15 《人体度量》封面

图 7 - 5 - 16 1937 年德雷夫斯
设计的 300 型电话机

1961 年，他的第二本巨作《人体度量》（图 7 - 5 - 15）出版，从而开创了人体工程学这门学科。

1930 年，德雷夫斯便开始了与贝尔电话公司的合作。德雷夫斯坚持工业产品应该考虑到舒适性和功能性，他提出了"从内到外"的设计原则，得到了公司的支持。由于当时电话产品具有相当高的垄断性，基本不受竞争的威胁，因而德雷夫斯可以比较少地考虑外观设计在市场上的竞争效果，而更多地把精力集中在产品的使用性能方面。1927 年，贝尔公司改变以往纵放电话筒的设计，第一次引进横放电话筒。1937 年，德雷夫斯提出的从功能出发，简化结构，听筒与话筒合二为一的设计被贝尔公司采用。他设计的 300 型电话机（图 7 - 5 - 16），首次把过去分为两部分大体积的电话机缩小为一个整体，听筒与话筒合并。这个成功的设计使德雷夫斯与贝尔公司签订了长期的设计咨询合约。到了 20世纪 50 年代，他已经设计出 100 多种电话机，此时，电话机已经走进了千家万户，成为现代家庭的基本设施。

美国工业设计的飞速发展离不开第一代工业设计师的努力，设计的职业化形成了从设计到生产到销售再到用户的不可分离的连续体，它使工业设计走上了现代设计的道路，即能将消费者需求与科学技术结合起来，而这一切又是在特定的经济、文化条件下诞生的。

50 年代末，美国商业性设计走向衰落，工业设计与人机工程学、材料科学等现代学科相结合，开始日趋完整，并向其他科学领域发展。

7.6 美国的优良设计

随着包豪斯领袖人物格罗皮乌斯、密斯、布劳耶、纳吉等先后来到美国，并把持了美国的设计教育界，在包豪斯理论基础上形成的欧洲现代主义思想开始在美国扎根，美国开始广泛接受现代主义美学，其核心是功能主义，强调产品的美来自其功能性和对材料、结构的真实呈现。以纽约现代艺术博物馆（The Museum of Modern Art，MOMA）为代表的一些设计机构通过展览、设计竞赛等形式积极推动现代主义在设计界和公众中的影响力，并为现代主义设计冠以"优良设计"的名称加以推广。

纽约现代艺术博物馆成立于 1929 年，是当代重要的美术博物馆之一，与英国伦敦泰特美术馆、法国蓬皮杜国家文化和艺术中心等齐名。1939 年，现代艺术博物馆成立了工业设计部，诺伊斯被任命为第一任主任，在其主导下，现代艺术博物馆通过举办"实用物品"展览向公众推荐批量生产的、经过精心设计的家用产品，积极推广现代主义设计，提出了工业设计的新标准，即产品设计要适合于其目的，适应于其材料和加工工艺，形式服从功能，这些也作为现代艺术博物馆为展览和比赛筛选产品的标准。1946 年，埃德加·考夫曼（Edgar Kaufmann，1910—1989）继任主任职务。他在 MOMA 任职期间的最大成就是 1950 年至 1955 年的"优良设计"计划，该计划中，博物馆与芝加哥的商品市场联合，促进家居用品和家具的优良设计。在这个计划中，最重要的举措是博物馆与有志于现代设计的厂商联合举办设计竞赛，在竞赛中，低成本的家具、灯具、染织品等获奖作品被投入生产，并在全国各地销售，一些设计师也在此期间脱颖而出，其中以查尔斯·伊姆斯（Charles Eames，1907—1978）和埃罗·沙里宁（Eero Saarinen，1910—1961）为代表。

Edgar's greatest accomplishment during his tenure at MOMA was the 'Good Design' program of 1950 to 1955, in which the museum joined with the Merchandise Mart in Chicago, promoting good design in household objects and furnishings.

7.6.1　伊姆斯夫妇

1941 年，现代艺术博物馆举办了一场名为"家庭陈设中的有机设计"的竞赛，伊姆斯和沙里宁合作设计的椅子系列获得了头奖。椅子选用模具成型的胶合板材料，赋予椅子更具活力的有机形态，获得大家认可，但这种椅子由于在当时没有将胶合板塑压成型的机器而不能生产，沙里宁后来放弃了这个项目，而伊姆斯找到其合作伙伴蕾·伊姆斯（Ray Eames，1912—1988）（后来成为伊姆斯的妻子），经过反复实验，终于在 1946 年使胶合板家具成为可能。

图 7-6-1　伊姆斯于 1946 年
设计的餐椅

查尔斯·伊姆斯和蕾·伊姆斯是 20 世纪最有影响力的明星设计师夫妻档，他们的不少设计都是为米勒公司设计的。伊姆斯的许多成就都与他的妻子密不可分，在近半个世纪的合作中，他们的设计涵盖了生活的方方面面，对"形式追随功能"进行了技术和美学的新诠释。伊姆斯夫妇对胶合板、玻璃纤维、聚丙烯材料等新材料非常感兴趣，通过材料的创新设计和合理运用设计开发了一系列经典的家具产品，包括 1946 年设计生产的餐椅（图7-6-1）、1950 设计生产的伊姆斯椅（图 7-6-2）、1956 年设计生产的休闲椅（图 7-6-3）等。

伊姆斯椅是伊姆斯为米勒公司设计的作品，坐垫和靠背模压成微妙的曲面，椅面是由注塑聚丙烯一体成型，下部连接金属支撑，稳定而且很美观。1956 年设计的休闲椅是伊姆斯夫妇的经典作品，已被现代艺术博物馆永久收藏。这把休闲椅的弯板用七层曲木合成，表面保留了胡桃木皮、樱桃木皮等材质的天然纹理和色彩，靠背和扶手加入高弹海绵，椅子可以 360°旋转，符合人体工学，坐上去十分舒适，最大限度地减轻压力、消除疲劳。

图 7-6-2　伊姆斯椅

伊姆斯曾说过："设计师是一个非常棒的身份，就像是一个热心体贴、设想周到的主人，事先能洞察他的客人的需求。"伊姆斯夫妇的设计作品简约且富有现代感，注重人体工学，注重消费者的使用舒适度，在设计细节里体现出一个时代的文化和精神。

图 7-6-3　伊姆斯于 1956 年
设计的休闲椅

7.6.2 沙里宁

埃罗·沙里宁（Eero Saarinen，1910—1961）出生于芬兰，1923年随父亲迁居美国。他的父亲是芬兰著名建筑师，在其父亲的影响下，沙里宁1936年开始从事建筑设计。同时，沙里宁也是20世纪重要的家具设计师之一，他的设计富有独创性，造型具有雕塑美，突破了刻板、冰冷的几何形式，呈现自由有机的风格。他认为，一把椅子不仅要造型统一、功能完美，同时还要与建筑环境协调；椅子是为人而设计的，因而要舒适才算达到设计目的。沙里宁最有影响力的椅子设计都是与诺尔公司合作的，包括1946年设计的"子宫椅"、1956年设计的"郁金香椅"。

子宫椅（图7-6-4）是沙里宁与诺尔公司合作的第一件重要作品，采用玻璃纤维增强塑料模压成型。椅子的名字表达了沙里宁的设计目的："它是根据这样一个理论设计的，很多人从离开子宫后就从未真正感到舒适和安全。这把椅子是为了纠正我们文明中这种失调现象。"沙里宁进一步解释说，"似乎需要一把大而舒适的椅子来代替旧的使人过度疲劳的椅子……今天，比以往任何时候都更需要放松。"

Its name expressed its purpose："It was designed on the theory that a great number of people have never really felt comfortable and secure since they left the womb. The chair is an attempt to rectify this maladjustment in our civilization." Saarinen further explained，"There seemed to be a need for a large and really comfortable chair to take the place of the old overstuffed chair.... Today，more than ever before，we need to relax."

The Tulip chair also marks the culmination of Saarinen's efforts to create a chair molded from a single material，which furthered his design concept of "one piece，one material".

In the 1950s，good design had a strong moral color. It was believed that "planned commodity abolishment" would cause a waste of social resources and be irresponsible to consumers. However，it was undeniable that American commercial design conformed to the commercial law of capitalism and brought huge benefits to American economy. Although good design was welcomed by mainstream designers，design organizations and some of the enterprises，it was also affected by the pressure from commercial law. The design works were not necessarily recognized by most consumers，thus the American modernism had to make some concessions

图7-6-4 子宫椅　　　　　图7-6-5 郁金香椅

郁金香椅（图7-6-5）取名来源于它的形状，椅子摆脱了传统椅子四个支撑脚的结构设计，支撑脚就像一朵浪漫郁金香的花枝，座椅就像郁金香的花瓣，整体看上去就像绽放的郁金香。需要注意的是，造型的设计并不是故意为之，而是考虑了生产技术和人体工学，形式追随功能，正如沙里宁自己所说，如果批量生产的家具要忠于工业时代的精神，它们就"决不能去追求离奇"。郁金香椅也标志着沙里宁用单一材料制造椅子的努力，进一步强化了他的"一件产品，一种材料"的设计理念。沙里宁的椅子设计把有机形式和现代功能主义结合起来，开创了"有机现代主义"在美国的新局面。战后，由于新材料、新工艺的不断出现，有机现代主义不仅设计上突破了传统的包豪斯风格，体现出有机的自由形态，而且适合于大规模地批量生产。

20世纪50年代，优良设计带有浓厚的道德色彩，认为"有计划的商品废止制"造成社会资源的浪费，对消费者也是不负责任的做法。但不可否认的是，美国商业性设计符合资本主义商业规律，给美国经济带来巨大收益，而优良设计虽然受到主流设计师、设计机构以及部分企业的青睐，但同时也受到来自商业规律的压力，设计作品并不一定受到大多数消费者的认可，因此美国现代主义在这个时期也不得不对市场做出一些妥协，使其设计和产出能与资本主义商品经济相匹配。 to the market during this period, so that its design and output could be in harmony with the capitalist commodity economy.

本章关键名词术语中英文对照表

美国制造体系	The Manufacturing System of USA	有机现代主义	Organic Modernism
镀金时代	Gilded Age	郁金香椅	Tulip Chair
帕卡德汽车公司	Packard	泰勒原则	Taylor's Principles
福特 T 型汽车	Ford Model T	科德斯波特	Coldspot
空气动力学	Aerodynamics	流线型风格	Streamline Moderne
克莱斯勒	Chrysler	通用汽车公司	General Motors
设计追随销售	Design Follows Sales	福特	Ford
家庭式旅行车	Station Wagon	优良设计	Good Design
纳什公司	Nash Motors Company	小型箱式	minivan
艺术与色彩部	Art and Color Section	"气流"车	Airflow Car
波音 707	Boeing 707	名利牌	an Art Deco gift camera
法玛尔	Farmall	基士得耶	Gestetner
有计划的商品废止制	Planned Commodity Repeal System	蒸汽机	Steam engine
设计咨询	Design Consultation	塑压成型工艺	Plastic Compression Molding Technology
纽约现代艺术博物馆	The Museum of Modern Art (MOMA)	伊姆斯休闲椅	Eames Lounge Chair
		镀铬	Chrome - Plating
内燃机	Internal Combustion Engine	子宫椅	Womb Chair

1. 美国商业性设计有哪些特点？其对现代设计有什么影响？
2. 流线型风格有哪些特点？
3. 如何看待美国商业性设计和优良设计之间的关系？

参 考 文 献

［1］　HOSLEY W N. Colt：the making of an American legend［M］. Amherst：University of Massachusetts Press，1996.

［2］　WARSHAUER M. Connecticut in the American civil war：slavery，sacrifice，and survival［M］. Middletown：Wesleyan University Press，2011.

［3］　DAVID T. The cars of harley earl［M］. Forest Lake，MN，USA：CarTech Inc.，2012.

［4］　FORD R，BRYAN. The birth of Ford Motor Company［EB/OL］http：//hfha. org/the - ford - story/the - birth - of - ford - motor - company/.

［5］ MEIKLE，JEFFREY L. Twentieth century limited：industrial design in America，1925—1939 ［M］. Philadelphia：Temple University Press，2010.

［6］ 程能林. 工业设计概论 ［M］. 北京：机械工业出版社，2003.

［7］ 李砚祖. 艺术设计概论 ［M］. 武汉：湖北美术出版社，2009.

［8］ 许喜华. 工业设计概论 ［M］. 北京：北京理工大学出版社，2008.

［9］ 张怀强. 工业设计史 ［M］. 郑州：郑州大学出版社，2004.

［10］ 王受之. 世界现代设计史 ［M］. 北京：中国青年出版社，2002.

［11］ 何人可. 工业设计史 ［M］. 北京：高等教育出版社，2006.

［12］ 王敏. 西方工业设计史 ［M］. 重庆：重庆大学出版社，2013.

［13］ 李亮之. 世界工业设计史潮 ［M］. 北京：中国轻工业出版社，2006.

［14］ 王震亚，赵鹏，等. 工业设计史 ［M］. 北京：高等教育出版社，2017.

［15］ 耿兴隆. 工业设计史 ［M］. 西安：西安交通大学出版社，2015.

［16］ 李维立. 百年工业设计 ［M］. 北京：中国纺织出版社，2017.

CHAPTER 8

第 8 章

传统与现代的交融
Chapter 8　Blend of Tradition and Modern

进入 20 世纪，现代主义开始在欧洲广泛传播，在各国形成了不一样的发展路径。两次世界大战期间，工业和技术对设计产生了直接的影响，使得现代主义设计在经历了漫长的酝酿后走向了成熟，日本以及丹麦、瑞典等北欧国家在传统与现代设计元素融合方面做出了表率。

8.1　北欧设计

北欧五国包括丹麦、瑞典、芬兰、挪威、冰岛，也称为斯堪的纳维亚（第一次世界大战后才开始用"北欧"这一称谓统称这五个国家）。两次世界大战期间，这几个国家在设计领域中崛起，取得了令人瞩目的成就，体现了北欧各国文化、政治、语言等多方面的沟通和融合，把对传统的尊重放在第一位，形式与功能保持一致，能注意到产品的实用性和文化品位，受到人们的普遍欢迎，也为世界工业设计的发展做出了很大的贡献。

北欧五国绵延于欧洲最北角，其中有三个国家位于北极圈，既保持其与世隔绝的状态，又保持了文化的完整性。这几个国家都饱受气候寒冷、极地生活的困扰，在文化和商业上产生了共鸣，在社会各方面互相渗透和融合。北欧五国的设计一方面有着手工艺传统的痕迹，另一方面又向着现代标准化生产的方向发展。在传统和现代制造技术的交织过程中，铸就了北欧设计的整体形象和国际地位。

北欧风格以简洁著称，并影响到后来的"极简主义""后现代"等风格。在 20 世纪风起云涌的"工业设计"浪潮中，北欧风格的简洁被推到极致。如果说美国设计建立在自由竞争的个人主义基础之上，北欧设计则是建立在一种注重行业规则和市场秩序的集体主义基础之上的。

The design of the five countries with traces of traditional crafts developed toward the direction of modern standardized production. In the process, traditions and modern manufacturing techniques mingled each other. So the overall image and international status of Scandinavian design had been formed.

Scandinavian design can be roughly summarized as follows：
（1）emphasize on economic laws and the popular design of products；
（2）emphasize organic design ideas and human interest of products；
（3）propose rational design based on ergonomics.

图 8-1-1　维京人龙头船

图 8-1-2　维京时代的经典头盔

Artistic revival strengthened the understanding of the national traditional craft and prompted designers and artists to draw nourishment from the traditional art. And when this passion full subsided gradually, Art Deco with purely aesthetic will occupy the mainstream.

图 8-1-3　丹麦家具设计师克林特
1933 年设计的折叠椅

这些国家条件不尽相同，但设计风格有着强烈的共性。北欧设计思想大体可以归纳为以下几个方面：

（1）重视产品的经济法则和大众化设计，认为设计目标是具有民主性和理性主义的产品。

（2）强调有机设计思想和产品的人情味。

（3）提出以人体工学为原则进行理性设计。

8.1.1　民族传统

北欧人民有着优异的工艺传统，北欧的现代设计就从这种传统中汲取了大量丰富的灵感和力量。维京人（欧洲中世纪海盗时代的斯堪的纳维亚人民）凭借独特的地理环境、宗教、经济以及航海技艺和冒险精神，追逐自己的梦想。正是由于他们，欧洲国家和民族之间的贸易和运输才得以维持。他们认为龙头可以驱逐海怪，就用龙头来装饰船头和船尾（图 8-1-1）。后来的艺术家和设计师从中汲取精神力量，从考古发现的船舶上吸收了设计元素，并将其融入建筑、家具、金工、餐具等设计中。

在造型艺术方面，从日常生活中的器物到建筑、生产工具等，都进行了精心装饰。如青铜制的桶、平民的木器、富人家的银餐具等均有精美的图案。这些设计和制作多出自工匠之手，而非专业艺术家之手。经历了战争、贸易等之后，维京人将当时欧洲大陆各种生活用品带回来，随之对其进行模仿和广泛使用。在维京时代几百年的时间里，艺术家们在创作中从模仿走向了成熟。他们不仅从前辈和同时代人的创造中获取营养，也充分发挥了自己的创造力，从而创造出了古朴、简练、清新、粗犷又极具生命力的艺术风格，为之后北欧现代设计艺术的发展打下了坚实的基础。

从 19 世纪下半叶起，各国努力从民族传统中寻求自信，北欧设计明显呈现出维京艺术复兴的现象（图 8-1-2）。考古发掘更是激发了创作者的热情，这为北欧各国提供了丰富的塑造艺术风格。如瑞典的建筑、挪威的金属器具、丹麦的珠宝设计等均受到了这种趋势的强烈影响。艺术复兴强化了对本民族传统工艺的认识，促使设计师和艺术家从传统艺术中汲取创作营养。而当这种激情慢慢消退后，纯粹美学上的装饰艺术风格便占据了主流。

20 世纪初，北欧各国为争取政治自由而斗争，采取了以弘扬传统文化来恢复民族自信心的策略，各国深厚的工艺传统为艺术的发展提供了坚实基础。新一代的艺术家、设计师开始将民族文化和新兴的工业生产相结合，通过对材质的现代手法表现，创造出了众多具有时代感的作品。时至今日，北欧设计仍在不断扩大手工织物、粗犷的木质家具等的制作范围（图 8-1-3）。因此，自然材质、家居用品成为设计的焦点，构成了北欧设计令人瞩目的主要因素。

8.1.2 外界影响

第一次世界大战后，欧洲各国为恢复国民经济在工业生产上投入了大量的人力和物力，在此过程中，各国设计师都试图在产品设计中体现出本国的特色，以增强产品竞争力。北欧独特的风景、气候和环境塑造了其特有的生活方式和价值观，地理环境决定论的表达方式在生活中比比皆是，设计领域尤为突出。由于这五个国家地理位置相对偏僻，在接受外界影响和对外界施加影响方面形成一定阻隔。在这屏障之后，是审慎的判断和有选择的接纳。北欧设计能够将来自其他国家的现代先进的设计思想和本国传统文化相结合，既强调设计中的人文因素，又重视产品的实用功能，避免了刻板的几何形式，产生富有"人情味"的现代美学。

丹麦拥有面向西欧的开放的漫长的海岸线，皇室之间通婚也是由来已久，商贸及文化交往也是源远流长。因此，丹麦设计受到英国艺术设计的影响也就在情理之中了。在相当长的一段时间里，北欧工业设计领导人物从德国产品设计中得到启示。如瑞典就向德国和奥地利等国学习和掌握了设计方面的成就。丹麦设计师雅各布森和德国设计师合作设计了大量日常用品，对称规矩的设计可以看出德国功能主义严谨的风范。19 世纪后期，挪威家具设计中的优雅倾向深受法国新艺术风格的影响。陶艺家阿尔弗雷德·威廉·芬奇（Alfred William Finch，1854—1930）把英国和比利时的新艺术风格带到了偏远贫困的芬兰，他设计的一系列具有传统造型的水壶、水杯等产品运用抽象而波动的曲线做装饰处理，使得芬兰设计焕发出新面貌（图 8-1-4）。

中国传统设计也对北欧设计产生了一定影响。丹麦家具设计深受中国明清家具设计影响，如师从家具设计师克林特的汉斯·瓦格纳（Hans Wegner，1914—2007）就毫不避讳地表露出中国家具给予他的灵感，1949 年他完成的名为"The chair"的圆椅子（图 8-1-5），是在其 1944 年设计的"The Chinese Chair"（图 8-1-6）的基础上进一步发展而来的，具有浓重的中国明式家具的痕迹，将明代椅子中的美学在现代设计中再生，椅子以实木为架构，曾被评价为"世界上最漂亮的椅子"。

日本艺术风格对西方国家的影响也波及了北欧五国。如丹麦的工艺传统追求的是简约和优雅，丹麦优秀作品呈现出的纤弱、细腻和不对称的简单造型，以及光泽和色彩等均具有日本艺术的特点。丹麦陶瓷设计师阿诺尔德·克罗（Arnold Krog，1856—1931）的设计取材于本国的动植物，但花枝柳叶、轻飞的小鸟、淡雅柔和的色彩等表达很明显地受到日本绘画的影响（图 8-1-7）。

8.1.3 北欧五国现代设计的发展过程

相同的理念、类似的历史和文化背景使得北欧五国对外有着

European designers could combine the modern and advanced design ideas from other countries with the traditional culture of their own country. It emphasized both humanistic factors and practical functions of products, avoided rigid geometric forms, and produced modern aesthetics full of "human interest".

In the late 19th century, Art Nouveau in France affected the elegant tendency in the Norwegian furniture.

图 8-1-4 阿尔弗雷德·威廉·芬奇陶器设计

图 8-1-5 瓦格纳于 1949 年设计的"The chair"椅

图 8-1-6 瓦格纳于 1944 年设计的"The Chinese Chair"椅

图 8-1-7 克罗于 1887 年设计的花瓶

The Swedish design was under the influence of the Arts & Crafts Movement; consequently it caused the rise of domestic design reform movement.

In the late 20s, functionalism of the Bauhaus also affected the five Nordic countries, especially Sweden.

图 8-1-8　布鲁诺·马松

Bruno Mathsson was a Swedish furniture designer and architect with ideas colored by functionalism/modernism, as well as old Swedish crafts tradition. His design sought to combine the development of technology with form, and followed the design principle of functionalism.

图 8-1-9　马松于 1935 年
设计的"Eva"休闲椅

统一的完整形象，特殊的自然环境造就了北欧人民随和的态度和对自然主义的崇尚。在各自发展的过程中，北欧五国又呈现出它们的差异性。

8.1.3.1　瑞典设计

瑞典的人口不足千万，在现代工业和手工业设计方面有着悠久历史，是北欧最早进入工业化的国家，也是最早发展工业设计的国家之一。早在1900年就成立了类似德国的德意志制造联盟的瑞典设计协会。瑞典设计在20世纪20年代前受到英国工艺美术运动的深刻影响，引发了国内设计改良运动的兴起。1914年举办的波罗的海展在南部城市马尔默举办，其中带有浓郁新兴艺术运动风格的瑞典设计受到广泛好评。

1919年，瑞典美术史学家格里戈尔·保尔森（Gregor Paulsson，1889—1977）出版了《更美的日常用品》，呼吁进行普通大众的设计改革以推动社会现代文化的发展，而不应只停留在为私人设计的境地。这本书被认为是北欧设计开始走向现代工业化道路和北欧设计开始觉醒的标志。20世纪20年代，瑞典设计师纷纷到巴黎和柏林学习设计，受到法国和德国新兴的先锋艺术影响。20年代后期，包豪斯的功能主义也影响了北欧五国，尤其是对瑞典的影响最大。瑞典国内设计师受到快速增长的工业化启示后，设计作品开始逐步走向现代工业设计批量生产的道路。

自20世纪20年代后期"瑞典式优雅"一词出现至今，瑞典在设计方面始终处于世界领先地位，对大自然的热爱和对俭朴生活的追求被瑞典人的设计思维完美诠释。1930年，斯德哥尔摩展览会由瑞典工艺协会主办，充分体现了功能主义的运用，由此形成了国际性的现代主义设计潮流。合理化、标准化和实用性原则被应用于设计中，展示了瑞典个性化的现代主义设计——简洁轻巧的风格。20世纪30年代到50年代，瑞典设计以其大胆的特征和优质的产品获得国际社会的瞩目，涌现出多位闻名世界的设计师。

布鲁诺·马松（Bruno Mathsson，1907—1988）（图8-1-8）是瑞典著名的设计师和建筑师。他是现代家具设计师中研究人体工学的先驱之一。受丹麦设计师柯林特的影响，他设计的椅子造型建立在对人体结构和姿势的研究上。他利用胶合弯曲技术设计的外形柔美又舒适的椅子，成为瑞典乃至北欧家具的经典。他的设计理念受到功能主义、现代主义以及瑞典传统手工艺影响，他的设计寻求技术的开发与形式相结合，遵循功能主义的设计原理。

年轻时的马松以他对现代设计新潮风格的热情开始投入到家具设计中，从最初推出的弯木椅开始，以后几十年间都沿着同一思路发展，他的设计轻巧优美，气质独特，直到今天仍充满现代气息。1934年设计的"Eva"休闲椅（图8-1-9）模仿人体坐姿自然曲线，造型和功能完美结合，是北欧"弯曲木家具"的杰出代表。第二次世界大战以后马松更加活跃，其设计品类迅速扩大，60 年代马松也开始尝试使用钢管结构，设计出一批风格独特的作品。70 年代以后，马松的家具完全成为瑞典家具设计的象征。

20 世纪瑞典另外一位重要的设计师是卡尔·马尔姆斯滕（Carl Malmsten，1888—1972）。他是瑞典家具设计师、建筑师和教育家，他以对传统瑞典手工艺的执着和对功能主义的反对而闻名，他认为根据功能主义原则，住宅应该标准化、合理化，但这贬低了住宅是家庭聚会和休息的一个亲密场所的传统角色。马尔姆斯滕反对过于机械化，强调设计中的人情味，他的"适度则永存，极端则生厌"的设计理念表达了他不同于西方功能主义的设计思想。在强调产品的质量、优美、平衡和实用的重要性时，他把欧洲的传统风格与瑞典方言中的词语，以及简洁、功能主义的造型综合起来，从瑞典现代设计的发展趋势中开发一种折中风格（图 8-1-10）。

马尔姆斯滕终生致力于手工艺及民间艺术的开发和研究，集教师、学者、艺术家和哲人于一身，在他的影响下，瑞典形成了注重造型和精湛做工的家具设计路线（图 8-1-11）。他创办了瑞典早期的两所设计院校——马尔姆斯滕家具研究学院和卡佩拉格登学院，对瑞典家具设计产生了持久的影响，为艺术家和工匠的结合提供了一种创作气氛。

在瑞典设计师不断探索产品设计语言的同时，瑞典家居用品销售商也走出了一条属于自己的道路，并对传播北欧工业设计产生了促进作用，其中比较有影响力的就是家居品连锁销售商宜家家居。

宜家家居于 1943 年创建于瑞典，"为大多数人创造更加美好的日常生活"是宜家公司自创立以来一直努力的方向。该公司以对各种电器和家具的现代主义设计而闻名，其室内设计工作往往与生态友好的简单性联系在一起。此外，宜家还以注重成本控制、操作细节和不断的产品开发而闻名。比如通过不同的方法达到降低设计成本，选择最合适的供应商、采用优化设计、发明"模块"式设计法，提出"扁平"包装理念和顾客 DIY，开展设计竞争和开创创新设计等战略（图 8-1-12）。

宜家被公认为是民主设计的典范，在延续北欧一贯的传统设计风格的基础上，推出自己的宜家式"民主设计"：美观、实用、优质、可持续和低价。长期以来，宜家始终坚持设计师应当为普通人的生活设计更美好的产品这一理念。宜家风格朴实无华，充满阳光般清新温馨的气息，从色彩、用材、空间感等方面体现出了自然的庄重和洁净。在提供种类繁多、美观实用、老百姓买得起的家居用品的同时，宜家努力创造以客户和社会利益为中心的经营方式，致力于环保及社会责任问题。

Carl Malmsten was a Swedish furniture designer, architect, and educator who was known for his devotion to traditional Swedish craftsmanship and his opposition to functionalism. He considered the rationalization of the home according to functionalist principles a debasement of its traditional role as an intimate place for gathering and repose.

图 8-1-10　马尔姆斯滕于 1942 年设计生产的莉拉奥兰椅

图 8-1-11　马尔姆斯滕设计的 "Samspel" 沙发

The company is known for its modernist designs for various types of appliances and furniture, and its interior design work is often associated with an eco-friendly simplicity. In addition, the firm is known for its attention to cost control, operational details, and continuous product development.

图 8-1-12　宜家产品的平板化包装

Kaare Klint was a Danish architect and furniture designer, known as the father of modern Danish furniture design. Style was epitomized by clean, pure lines, use of the best materials of his time and superb craftsmanship. Klint's carefully researched furniture designs were based on functionality, proportions adapted to the human body, craftsmanship, and the use of high-quality materials.

图 8-1-13　克林特于 1914 年设计的"Faaborg"椅

图 8-1-14　克林特于 1933 年设计的"Safari"椅

Arne Jacobsen's way into product design came through his interest in Gesamtkunst and most of his designs which later became famous in their own right were created for architectural projects.

8.1.3.2　丹麦设计

丹麦具有一种神秘色彩和自然魅力，设计历史也较为悠久，在树立国际形象时更注重文化和观念上的内容。丹麦历来崇尚民主，具有长期的手工艺传统，其设计融合了北欧及其他国家的设计思想，同时具有自身的特色。秉持着"设计立国"的观念，丹麦从建筑、家具到其他产品都以自己特有的设计观念向外界宣传着自己，颇受消费者青睐。丹麦设计的典型特征是兼具现代简单明快的风格和传统典雅，做到了现代功能和传统风格的完美结合。丹麦设计师通过设计来改善人们的生活环境，提高生活质量，兼顾人和自然的平衡，一切以舒适和方便人们使用为前提。丹麦比瑞典稍晚些进入现代设计阶段，但第二次世界大战后的 50 年代，其设计水平已和瑞典相当。

丹麦设计中的平民化艺术略显单薄，多了些雅致的中产阶级情调，其设计精髓是以人为本。在设计上不仅追求造型美，更注重从人体结构出发，讲究曲线和人体的完美契合和舒适度。卡瑞·克林特（Kaare Klint，1888—1954）是丹麦建筑师和家具设计师，被称为"现代丹麦家具设计之父"。他的设计风格可以概括为干净、纯净的线条以及使用他那个时代最好的材料和精湛的工艺。克林特精心研究的家具设计是基于功能性、适合人体的比例、工艺和高质量材料的使用。他将建筑学、材料学、工程学的内容应用到设计中，解决了使用者与用机器生产出的产品之间相互协调的问题。1914 年，克林特设计了"Faaborg"椅，这把椅子的设计体现了他良好的空间感和比例感，造就了经典、优雅的形式（图 8-1-13）。1933 年，克林特设计的"Safari"椅造型简洁、方便携带，裸露的橡木框架和吊带皮革体现了克林特对材料特性的把握以及家具构造的研究（图 8-1-14）。

丹麦没有经历激烈的工业化进程，手工艺传统在 20 世纪并未受到冲击。由于家具行业市场较小，尽管有少数批量生产的公司出现，并采用层积木等新材料，但家具行业仍以小型的手工艺工厂为主。在这些工厂中机械化程度是有限的，并且所使用的机器大多数是 19 世纪末装置的。20 世纪 30 年代，丹麦手工艺家具的强烈传统不单单是传统家具的复兴，而是简化、创新，进而走向功能主义同时又充满人情味的现代美学。

被誉为北欧的现代主义之父，"丹麦功能主义"的倡导人阿耐·雅各布森（Arne Jacobsen，1902—1971）出生于丹麦首都哥本哈根，是 20 世纪最有影响力的北欧建筑师和工业设计大师和丹麦国宝级设计大师。雅各布森将刻板的功能主义转变成精练而雅致的形式，这正是丹麦设计的一个特色。雅各布森的作品十分强调细节的推敲，以达到整体的完美，他把家具、陈设、地板、墙饰、照明灯具和门窗等的细部看成与建筑总体和外观设计一样重要。他的产品设计源于对整体艺术的兴趣，大部分著名的独具风格的产品都是为其建筑项目而设计的。雅各布森的设计是经过精密计算的，除了美感之外，还兼顾实用与耐用。他的设计作品至今依然清新无比，兼具质感非凡和结构完整特色，深具吸引力。其代表作品有"蛋椅""天鹅椅""水滴椅""蚂蚁椅"（图 8 - 1 - 15）、AJ 灯系列灯具（图 8 - 1 - 16）等。

蛋椅　　　　　　　天鹅椅

水滴椅　　　　　　蚂蚁椅

图 8 - 1 - 15　1951—1958 年雅各布森
设计的四款经典椅子

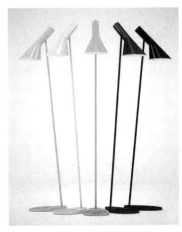

图 8 - 1 - 16　1960 年雅各布森
设计的 AJ 灯系列灯具

蚂蚁椅的设计标志着雅各布森事业的转折，也为丹麦家具设计带来了新面貌。蚂蚁椅产品轻巧、紧凑、易于堆叠，突破了丹麦家具设计的传统，削弱了对细节的修饰，采用极简主义的手法将椅子的部件降低到极限的程度，仅包括两部分：胶合板座面和靠背及三只椅腿的钢管支架。靠背符合人体背部结构曲线，使用时受力均匀，座椅面前缘略向下可使使用者腿部肌肉更放松。《设计 1935—1965：什么是现代主义》一书的作者 R. 克雷格·米勒（R. Craig Miller）认为雅各布森的作品"对现代主义以及丹麦和斯堪的纳维亚国家在现代运动中的特定地位有着重要而特殊的贡献"。

雅各布森的艺术气质和工作方法深深影响了他的助手维奈·潘顿（Verner Panton，1926—1998）。潘顿是丹麦著名工业设计师，1947—1951 年在丹麦皇家艺术学院学习，曾在雅各布森的事务所工作过，后定居瑞士巴塞尔。潘顿的家具作品外形多样、线条简洁，同时又有着古典主义的高贵风范。潘顿在探索新材料设计潜力的过程中创造出许多富有表现力的作品，颇具影响力。从 20 世纪 50 年代末起，他就开始了对玻璃纤维增强塑料和化纤等新材料的试验研究。60 年代，他与美国米勒公司合作进行整体成型玻璃纤维增强塑料椅的研制工作，于 1968 年定型（图 8 - 1 - 17）。潘顿椅具有完美流畅的造型，从侧面看，其形态仿效了女性形象，落地的弧面稳定性极强。这种椅子可一次模压成型，具有强烈的雕塑感，可以整齐堆叠，色彩也十分艳丽，至今仍享有盛誉，被许多博物馆收藏。

图 8 - 1 - 17　潘顿椅

Borge Mogensen was one of the pioneers that created the foundation for the Danish Design as a culture of furniture design. His life-long ambition was to create durable and useful furniture that would enrich people's everyday lives, and he designed functional furniture for all parts of the home and society. He said, "My goal is to create items that serve people and give them the leading role instead of forcing them to adapt to the items".

图 8-1-18　莫根森于 1947 年
设计的 J39 号椅，被称为
"人民的好椅子"

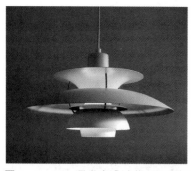

图 8-1-19　汉宁森设计的 PH 吊灯

Poul Henningsen designed the PH-lamp in 1925, which, like his later designs, used carefully analyzed reflecting and baffling of the light rays from the bulb to achieve glare-free and uniform illumination. His light fixtures were manufactured by Louis Poulsen. His best-known models are the PH Artichoke and PH5.

潘顿还擅长于利用新材料来设计灯具，如 1970 年设计的潘特拉灯具，1975 年用有机玻璃设计的 VP 球形吊灯。同时，他还是一位色彩大师，他发展的"平行色彩"理论，即通过几何图案，将色谱中相近的颜色融为一体，为他创造性利用新材料中丰富的色彩打下了基础。

丹麦另外一位家具设计大师是布吉·莫根森（Borge Mogensen，1914—1972）。1934 年，莫根森开始了他的家具设计生涯，1936 年进入哥本哈根工艺美术学校学习，师从克林特，从此莫根森与克林特开始了长达 10 年亦师亦友的合作关系。莫根森是开创丹麦设计作为家具设计文化基础的先驱之一，他一生的志向是创造耐用和有用的家具，丰富人们的日常生活，并为所有家庭和社会的设计功能性家具。他说："我的目标是创造出为人民服务的产品，让他们发挥领导作用，而不是强迫他们适应这些产品。"莫根森主张家具应该创造一种宁静的感觉，并具有谦虚的外表，鼓励人们过朴素的生活。他精于家具精湛的材料感和比例感，强调用简单的水平线、垂直线和表面来创造美丽而独特的家具（图 8-1-18）。

在灯具设计方面，保罗·汉宁森（Poul Henningsen，1894—1967）是灯光领域设计的先行者。在他设计生涯的早期就已专门从事灯光设计领域的工作，因此他成为世界上早期灯光设计师之一。汉宁森设计的系列 PH 吊灯是首批功能主义设计的杰出作品（图 8-1-19），在 1925 年巴黎世界博览会上荣获金奖，并获得"巴黎灯"的美誉。该灯的外观设计借鉴了地中海沿岸的植物洋蓟，极好地体现了光学特性，具有如下特点：全部光线源以反射、折射的方式到达照射区面，以此生成柔和而均匀的照明效果，避免清晰的阴影；无论从任何角度均不能看到光源，以免眩光刺激眼睛；对白炽灯光谱进行补偿，以获得适宜的光色；减弱灯罩边沿的亮度，并允许部分光线溢出，不必产生强烈的明暗对比。这类灯具的美学价值极高，而且因为它是来自于照明的科学原理，而不是由于任何附加的装饰，因此使用效果非常好，体现了斯堪的纳维亚工业设计的鲜明特色。

从 1925 年汉宁森设计了 PH 灯后，在随后的系列 PH 灯具设计中，他都通过仔细的设计分析，通过反射和遮挡光源光线方法获得无炫光和均匀照明，他的灯具设计由丹麦著名的国际灯具品牌公司路易斯·鲍尔森（Louis Poulsen）制造，其中最典型的是 PH 洋蓟吊灯和 PH5 吊灯，至今畅销不衰。

在居家环境中，除了家具和灯具，家用电器也是非常重要的，在这方面，邦与奥卢胡森公司做出了很大的贡献。邦与奥卢胡森公司（简称"B&O 公司"）由两名年轻丹麦工程师彼尔·邦（Peer Bang）以及斯文德·奥卢夫森（Svend Olufsen）在 1925 年创立，早在公司建立初期，邦就前往当时无线广播已经十分发达的美国进行考察，特地到生产无线电收音机的工厂工作，公司成立后，邦专注于技术，而奥卢夫森则处理业务。20 世纪三四十年代，B&O 公司在电影工业的录音系统设备的设计中有所发展。1938 年，B&O 公司推出 Beoli39 收音机（图 8 - 1 - 20），其造型来源于美国汽车工业中的流线型元素，并引入了塑胶模塑成型工艺，开拓了收音机设计的新境界。

图 8 - 1 - 20　走入家居
生活的 Beoli39 收音机

B&O 公司的产品一开始就定位于满足追求品位和质量的消费阶层，设计和科技从公司成立起就一直为品牌保驾护航，这种定位确立了公司独特的设计政策和管理模式，形成了公司在市场上的独特地位和鲜明形象。20 世纪 60 年代公司提出了"品位和质量先于价格"的产品理念，这一思想也成了企业战略的重要工具，奠定了 B&O 传播战略的基础和产品战略的基本原则。此后，B&O 设计便以一种崭新的、独特的风格出现于世人眼前。20 世纪 60 年代，B&O 公司把设计作为生命线，一方面系统地研究新产品的技术开发，首创了线性直角唱臂等新技术；另一方面瞄准国际市场的最高层次，并致力于使技术设施适合于家庭环境，从而设计出了一系列质量优异、造型高雅、操作方便并具有公司特色的产品。60 年代设计的 BeoMaster 900 晶体管收音机省略了之前的通风结构，开创了修长流线的收音机造型，使设计更加简约大气，这个设计也在 1967 年获得 IF 国际设计大奖（图 8 - 1 - 21）。

B&O's products were positioned for consumers who pursued taste and quality from the very beginning. Design and technology had been escorting the brand since the establishment of the company. This positioning established the company's unique design and management, and formed the company's unique position and distinct image in the market.

1964 年，丹麦著名工业设计师雅各布·延森（Jacob Jensen，1926—2015）任职 B&O 公司首席产品设计师，开始了他与 B&O 公司长达近 30 年的合作。任职期间，雅各布·延森为公司设计开发了 200 多种产品，在此期间，他为公司产品建立了一种简约、横向、冷峻的设计风格，这也成为他产品设计的特色。他在产品中使用柔性的铝、不锈钢和黑白塑料等材料，产品表面光滑，产品控制键彰显未来科技感，产品上的扩音器、扬声器、调谐器等细节都使用简单的几何形状，造型十分简洁高雅，趋于"硬边艺术"风格（图 8 - 1 - 22）。延森的信条是家居产品应该与高端消费电子类产品得到相同的关注。进入 20 世纪 90 年代，B&O 公司的工业设计进入了一个崭新的发展阶段，设计风格开始由严谨的"硬边艺术"转向"高技术、高情趣"的完美结合。

Through his time at Bang & Olufsen, Jensen developed over 200 products for the company. During this time he established a minimalistic, horizontal, and severe design style that became characteristic of his product designs. Jensen was recognized as Bang & Olufsen's minimal design idiom, and worked with the company until 1991. Jensen's maxim was that household objects deserve the same attention as luxurious of high-end consumer gadgets.

图 8 - 1 - 21　B&O 公司生产的
BeoMaster 900 晶体管收音机

图 8 - 1 - 22　延森为 B&O 公司
设计的 BeoGram 6000 黑胶唱机

The overall design features of Finnish Design: new and unique form was designed; integrated use of a variety of materials; bright colors and perfect functions. It completely abandoned the classical form and craft traditions and reflected in architecture, furniture, daily necessities, etc.

图 8-1-23　艾洛·阿尼奥
于 1963 年设计的球形椅

Aarnio's designs were an important aspect of 1960s popular culture, and could often be seen as part of sets in period science-fiction films. Because his designs used very simple geometric forms, they were ideal for such productions.

图 8-1-24　艾洛·阿尼奥
于 1967 年设计的摇滚座椅

图 8-1-25　艾洛·阿尼奥
设计的小马椅

8.1.3.3　芬兰设计

芬兰是北欧国家中最晚进入现代主义设计阶段的国家，在设计发展上也较晚。20 世纪 60 年代芬兰设计异军突起，迅速成为了世界设计集群中的一支特殊力量。总体设计特征是：设计形式更加新颖独特，各种材料综合运用，色彩明快，功能完善，完全抛弃了古典形式和手工艺传统，在建筑、家具、日用品等方面均有所体现。

第二次世界大战的结束对于芬兰而言，意义较之邻邦有大不同。芬兰未能远离战争，在第二次世界大战期间被迫进行了两次对苏联的战争，均以失败告终，芬兰遭到了前所未有的重创。为恢复和重建家园，新型工业在政府帮助下迅速发展，为增强产品的出口竞争力，芬兰的工业和艺术设计紧密配合，凭借先进精良的工业技术，大量出口机械产品和做工精湛的消费品，为祖国振兴起到了巨大作用。芬兰设计风格与其地理、气候、植被、历史、政治、经济有很大的关系，其地理位置与挪威、瑞典和俄罗斯接壤，可以称之为世界上最靠北和最偏远的国家之一，约有 1/3 的领土在北极圈，在设计上广采众长，经过提炼，使功能和美学的因素积淀到本国的传统文化中。芬兰人对自然的特殊感情体现在设计中对自然材质和有机形状的喜爱。芬兰设计注重质量、环境生态、经济实用和人体工程学，正是由于芬兰人这种对自然的亲近感，芬兰的设计被认为最好地表达了"北方的灵魂"。

在北欧众多的家具设计师中，艾洛·阿尼奥（Eero Aarnio，1932— ）是在工业设计中使用塑料的先驱者之一，他高度艺术化的塑料家具作品及时地体现了时代的气息，是 20 世纪现代家具设计史上的经典作品。阿尼奥出生在芬兰首都赫尔辛基，1957 年毕业于工艺美术学院。在以后的 50 年，他一直和芬兰设计师伊玛里·塔皮奥瓦拉（Ilmari Tapiovaara，1914—1999）合作，1960 年他加入了阿斯科公司，1962 年成立了自己的设计室，开展工业设计和室内设计工作。

阿尼奥的设计在 20 世纪 60 年代成为流行文化的一个重要内容，他的作品经常被置于那个时期科幻电影的场景中，因为他的作品使用极为简洁的几何形式而适合此类题材。1963 年他设计的球形椅（图 8-1-23）就经常出现在一些科幻电影和杂志中。这个设计为人们提供一个私密的空间，人们可以在里面休息或打电话。造型上通过使用一个最简单的几何球体去掉一部分，然后再将它固定在一点上而成。椅子可以绕着固定在底座上的轴旋转，这样里面的人就能观看到不同的外界景象，因此感到与外界并不完全隔离。1967 年，同样运用玻璃钢材料，他又设计了摇滚座椅（图 8-1-24），这些具有太空元素的造型颠覆了当时人们的审美。

在阿尼奥看来，设计与自然之间没有任何差别，设计师可以从周围的世界里获得各种各样的灵感。小马椅就是这种设计哲学的很好的例证（图 8-1-25）。该座椅是由柔韧性聚酯冷凝泡沫包在金属骨架外面构成的，椅子的表面材料是流行的丝绒。人们可以骑着它，也可以把它当凳子坐，还可以把它当椅子，它的两只耳朵这时成为一个特别的靠背，孩子们可以把它当作玩具来玩耍，舒适而有趣。

以工业化生产来制造精良家具而著称的阿尔瓦·阿尔托（Alvar Aalto，1898—1976）是芬兰现代设计史中影响最大的建筑师和设计师之一。早在20世纪初期他就意识到了产品功能性的重要性并加以强调，这对芬兰设计思想的形成具有深远影响。芬兰与丹麦不同的是比较重视家具的工业化批量生产，阿尔托设计的多数家具都是工厂批量生产的。阿尔托的设计职业生涯跨度从20世纪20年代到70年代，其设计风格从早期的北欧古典主义到20世纪30年代的理性风格的国际现代主义，再到20世纪40年代之后的有机现代主义，他职业生涯的典型设计在于对整体艺术的关注。阿尔托在技术上不断尝试革新，他的创作注重在使用环境中的实际效果，试图通过设计来改造生活环境，从他设计家具使用的材料尤其是木料，到类似于曲木技术等给他带来多项专利的制造工艺实验，他的家具设计被认为是北欧现代风格的代表。

1932年阿尔托为其设计的帕米奥结核病疗养院设计了一系列家具，其中以帕米奥扶手椅最为典型（图8-1-26），它充分体现了阿尔托家具设计的两个重要设计特征——白桦木和曲木技术。阿尔托以削薄的木板取代整块实木，将木板层层胶合、加压后塑形，创造出线条优美且一体成型的曲木造型。他充分考虑了医院的特殊要求，所设计的整体曲木胶合板椅子为了避免移动中产生噪声，全部采用木质材料，而不采用金属。阿尔托从对病患在呼吸和久坐生理需求上的研究出发，将帕尼奥椅的椅背角度设计得更为倾斜，让病患能保持微微后仰的呼吸角度，并在椅背上设计几个透气孔，解决久坐病患的背部透气需求。帕米奥扶手椅不仅是阿尔托设计的代表作，而且影响了美国伊姆斯夫妇、日本柳宗理等设计师。通过对日常生活用品的功能主义、美学标准和社会性意义的思考和实践，阿尔托将现代设计的观念散播到商业化、大众化的消费活动中，使普通大众在更大的程度上受益。

在芬兰的众多企业中，诺基亚的发展历程成就了科技行业发展史上最不寻常的故事。它多次遇险，又多次化险为夷；它勇于创新，却又因瞻前顾后而衰败。

诺基亚的历史可以追溯到1865年工程师弗雷德里克·伊德斯塔姆（Fredrik Idestam，1838—1916）以芬兰的诺基亚河命名的木制品厂。早期生产纸制品，从20世纪60年代开始，开始涉足移动电话的设计和生产，推出的产品很快获得了市场的热情回应（图8-1-27）。90年代开始，虽然出现了一些发展危机，但此时已经在通信产品等领域获得较高的影响力。

从诺基亚的产品中，可以看出乌尔姆对北欧设计的影响。如

The span of his career, from the 1920s to the 1970s, was reflected in the styles of his work, ranging from Nordic Classicism of the early work, to a rational International Style Modernism during the 1930s to a more organic modernist style from the 1940s onwards. What is typical for his entire career, however, is a concern for design as a Gesamtkunstwerk, a total work of art. His furniture designs are considered Scandinavian Modern, in the sense of a concern for materials, especially wood, and simplification but also technical experimentation, which led to him receiving patents for various manufacturing processes, such as bent wood.

图8-1-26　1932年阿尔托设计的帕米奥扶手椅

图8-1-27　1995年诺基亚推出的 Mobira Cityman 450 手持移动电话

图 8-1-28　诺基亚 N9 手机

图 8-1-29　挪威陶瓷产品

图 8-1-30　"Tripp Trapp" 成长椅

Peter Opsvik had attempted to overcome stereotypical sitting habits with his unconventional seating solutions. In the 1970s many experts on ergonomics attempted to establish one correct sitting posture. Peter Opsvik's contribution had been to create products that inspire variation between many different postures while using the same chair.

图 8-1-31　奥普斯威克于 1979 年设计的跪姿椅 "Variable Balans"

在 20 世纪 90 年代初期的手机设计中，强调简洁实用的功能主义设计理念和形式语言。1992 年面世的 Nokia 2110 手机体现了"化繁为简"的设计追求，至 2004 年，诺基亚已成为全球同行业的领先者之一。

在激烈的市场竞争下，诺基亚的设计师们意识到自己的产品在设计上并不占优势，开始寻求改变。2001 年，诺基亚陆续发布了 N9（图 8-1-28）和 Lumia 800 型手机，一体化的外观设计和轻薄简约的设计风格使消费者耳目一新，获得了市场的认可。

8.1.3.4　挪威与冰岛设计

挪威西邻大西洋，三面环海，有着悠长蜿蜒的海岸线，沿海岛屿很多，因此被称为"万岛之国"。由于人群聚集地的分散，使得挪威的工艺美术传统在不同地区以各自的方式延续和成长，呈现多元化发展。

挪威比其他国家更密切地和传统的大众艺术结合，尽管设计不为人深知，但挪威在陶瓷工业方面较为发达，居于领先地位，是世界上第一个烧制高温炉器的国家（图 8-1-29），同时在珐琅领域的成就不容小觑，在政府的重视下，挪威设计得到了有效的发展。民族个性中无畏而浪漫的性格使得挪威设计较多地渲染了艺术的氛围，具有热情的艺术感染力。挪威设计师的特点是钟爱并使用几乎每一种材质，在不同工艺领域施展他们的才能。

彼得·奥普斯威克（Peter Opsvik，1939—　）是挪威国宝级设计师，他一直致力于人体工学的研究。他在 1972 年设计了最畅销的"Tripp Trapp"成长椅（图 8-1-30），这把可调式椅子至今已销售了 1000 多万把。奥普斯威克说："在 1972 年，能供两岁及以上儿童使用的座椅唯有一种特制的小椅子，或只适用于成人而勉强供儿童使用的普通椅子。我的目标是设计一种椅子，它能让各种身材的人以自然的方式坐在同一张桌子旁。我希望坐在桌边的人更加愉快并活动得更为自如。"

奥普斯威克重视人的运动与坐姿，他认为，静止对人类来说，不管是对身体还是对大脑都是不好的事情。人们在运动的时候感觉能力是最强的，设计师若要帮助人类创造物质环境，就必须要善于观察人们的行为。希望通过其设计的各种家具给那些长时间处于同一工作姿势的人们带来新的舒适体验。奥普斯威克试图用他非常规的坐姿解决方案来克服传统的坐姿习惯。20 世纪 70 年代，许多人体工程学专家试图建立一种正确的坐姿，奥普斯威克的贡献在于创造了一种在使用同一把椅子时激发使用者不同姿势变化的椅子。他以自己独特的理念改变了人们长期固守的观念，借助现代科学创造了新方式体验的可能。奥普斯威克"可变坐姿"设计哲学主要体现在他 Balans 系列的椅子上，他首次创造能实现跪姿的椅子是于 1979 年设计的"Variable Balans"（图 8-1-31）。该椅可以使身体重心前倾，使上身自然竖直来保持平衡。弧形底座可前后摇摆，增强其移动性。跪姿也能锻炼核心肌肉群，减轻腰椎的压力，放松肩膀和背部，促进血液循环。

结合了各种人体工学的设计理念和独特的动态理念，奥普斯威克彻底改变了人们传统的坐姿，结合 Variable Balans 设计创造出一系列 Balans 椅（图 8-1-32），如 1981 年设计的 Multi Balans，1983 年设计的 Wing Balans 和 Gravity Balans，1984 年设计的 Duo Balans。Multi Balans 在设计上将底座固定，且将两个分开的脚踏合并。Wing balans 是 Multi Balans 的升级版，可调节脚踏和座面的角度和高度，合并脚踏的好处是脚踏和座面可以交换功能，增加滑轮使整体可移动。Duo balans 在 Variable Balans 基础上加了靠背，增加后靠的可行性。Gravity Balans 打破常规坐姿，当人向前倾的时候，它能够直立起来，使用者的脚也能放在地上。而向后躺的时候，就可以睡在上面，给人腾空的感觉，非常舒适。

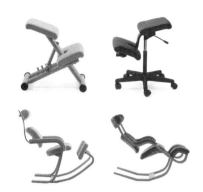

图 8-1-32　奥普斯威克
设计的各种跪姿平衡椅

冰岛的染织技术设计独具特色，羊毛产业一直是冰岛的传统产业。在 1951 年的米兰三年展上，冰岛的染织工艺就获得了金奖。冰岛设计师从本国的传统建筑以及文学成就中研究出了一种抽象、含蓄的形式语言，其特点可以概括为印象、理性、色彩随意自然，设计上不失北欧的简洁与实用，却又多了一份自然的柔软笔触。在近一个多世纪里，冰岛的艺术工作者在丹麦和挪威这两个邻国通过学习和交流熟悉了现代设计的思想和技术，许多设计师还在这两个国家的设计领域从事设计工作，并获得了成功。冰岛的建筑设计承袭了北欧简练朴实的风格，在首都雷克雅未克的街头随处可见的是工业风的混凝土灰和简洁直白的线条。古炯·萨姆雷森（Guðjón Samúelsson，1887—1950）是冰岛第一位接受过建筑学教育的建筑设计师，他的设计包括冰岛大学的主楼、冰岛国家剧院等，其中 1937 年接手设计的霍尔格里姆斯基尔卡教堂是一座典型的现代主义建筑，简洁的线条和灰冷色调与周围广袤的空间及由冰雪和火山灰构成的素雅的自然色彩环境相得益彰（图 8-1-33）。

In the recent more than a century, the arts workers got familiar with modern design ideas and technology in Denmark and Norway through learning and communication. Many designers were engaged in design and succeed.

图 8-1-33　萨姆雷森主持设计
的霍尔格里姆斯基尔卡教堂

在染织工艺领域取得巨大成功后，冰岛许多优秀的工艺作品在整个北欧设计界中占有了一席之地，如冰岛的家具设计师俄拉·苏维格·欧斯卡杜赫（Erla Sólveig Oskarsdóttir，1957—　）遵守传统，在家具设计中强调实践和制作工艺的重要性，其作品结构和材质明确反映了这些特征。她的作品 Foss 沙发有着木质和金属底座框架，沙发外部采用高档面料，将北欧风格和产品的舒适性完美地结合在一起，具有鲜明的地域特色（图 8-1-34）。

差异性推动了北欧设计风格多元化的发展，各国设计扬长避短，在设计上各有侧重。依靠各自的个性设计产品，在世界设计发展史上留下了浓重的一笔。对于北欧这 5 个国家来说，20 世纪三四十年代是飞速发展的时期，是技术与设计巧妙结合的年代。许多当时的作品超越了现实，成为永恒的经典，并且对第二次世

图 8-1-34　Foss 沙发

Nordic design had a history of two centuries, from prosperity to excellence, which was attributed to the success of the Nordic national independence movement and the awakening of national consciousness. Nordic artists and designers inherited the ancient art heritage, and also learnt modern design concepts to create a personalized modern design style. While establishing their own design characteristics, they had created a new diversified and unified artistic style which influenced the world.

The development of Japanese culture absorbed the essence of foreign civilizations. From the traditional Japanese design, we can see the influence of China and Korea; from the modern Japanese design, we can see the influence of the United States, Germany and Italy.

Looking at Japanese design, we can see two completely different characteristics: one is comparative nationalization, tradition, warmth and history; the other is modern, developing and international.

Traditional design was based on traditional Japanese national aesthetics and religious belief, and was closely related to Japanese daily life, thus it was the national design tradition. This kind of design was mainly aimed at the Japanese domestic market and was part of its culture.

Modern Japanese design was based entirely on foreign experience, especially from the United States and Europe after the Second World War. Using imported technology to serve export was a very important purpose of the development of modern design in Japan.

界大战后国际设计界产生了深远的影响，促进了技术和设计的有机统一，也推动了经济的发展。

北欧设计经历了两个世纪的发展，从兴盛走向卓越，这得益于北欧各国民族独立运动的成功和民族意识的觉醒。北欧各国艺术家和设计师继承古代艺术遗产，又努力学习现代设计理念，创造出了极具个性的现代设计风格。在建立本国设计特色的同时，形成了具有多元化和统一特征的影响世界的崭新艺术风格。

8.2　日本设计

日本设计从 20 世纪 50 年代开始起步，只用了很短的时间，在 20 世纪 80 年代已经跻身世界设计大国之列。"日本制造"甚至作为优质产品的代名词成为一种文化标签，这些都得益于日本设计的精神，而日本设计的精神也深深地影响着现代西方设计。

在日本这样一个国土狭小却容纳了 1.26 亿人口的国家里，日本的传统设计与现代设计却有着鲜明的与众不同的特征。日本文化的发展是基于大量地借鉴外国文明的精华基础之上的，从传统的日本设计中，可以看到中国、韩国的影响；从日本现代的设计中，则可以看到美国、德国、意大利的影响。日本善于学习国外先进经验，同时也是最能够把别国的经验和本国国情结合，发展出自己独特体系的国家。日本多年学习的历史，造就了一种超级的选择消化机制，加上日本本身的文明传统、特殊的地理环境、特殊的社会结构和人际关系网络，使日本的文化、经济、政治都与众不同，日本的设计也因而具有自己特殊的形式。

综观日本设计，可以看到两种完全不同的特征：一种是比较民族化的、传统的、温煦的、历史的；另一种则是现代的、发展的、国际的。可以把这两种设计特征大致归纳如下：

（1）传统设计。传统设计基于日本传统民族美学、宗教信仰，与日本人的日常生活休戚相关，因此是民族的设计传统，这类设计主要针对日本国内市场，是文化的组成部分之一。日本的传统设计在日本的民族文化基础上发展起来，通过很长的时间，不断洗练，达到非常单纯和精练的高度，并且形成自己独特的民族美学标准。

（2）现代设计。第二次世界大战以后的日本现代设计是完全基于国外，特别是从美国和欧洲学习的经验发展而成的。利用进口的技术、为出口服务是日本现代设计发展的一个非常重要的中心和目的。日本现代设计大幅度地改善了战后日本人民的生活水平，提供了西方式的、现代化的新生活方式；对国际贸易来说，日本现代设计使日本的出口贸易达到登峰造极的地步，为日本产品的出口树立了牢固的基础，为日本设计树立了非常积极的形象，把战前日本产品质量低劣、设计落后的形象一扫而空。现在日本设计是良好设计的同义词，日本制造是优秀产品的同义词。

现代技术和传统文化的融合构成了日本现代设计的一个鲜明特色。

8.2.1 影响日本设计的传统元素

现代与传统是相互矛盾的范畴，但日本的现代设计却以其独特的民族特征别具一格，日本也由此跻身世界设计强国之列，可以说日本独特的地理条件和悠久的历史，孕育了别具一格的日本文化和日本设计。

日本设计在其发展历史过程中，不断受到外来设计文化的冲击和影响，可以说，日本的设计发展是基于大量地吸收外国文明的精华之上的。他们把这些精华加以消化，与日本本身的文化传统融会贯通，形成日本设计中特有的"双轨制"现象。在日本的设计中，常常会出现一些代表日本民族文化特点的传统元素的传统设计作品，体现了日本的美学观念和民族精神。日本在第二次世界大战后发展设计以来，其传统设计基本没有因现代化发展而被埋没。世界上很少能有国家在发展现代化时还能完整保持甚至发扬自己的民族传统设计。设计评论家厄尔（J. V. Earle）认为日本设计可以总结为两大类：一是色彩丰富的、装饰的、华贵的、创造性的；二是单色的、直线的、修饰的、单纯与俭朴的。这既指出了日本设计的形式风格特征，也印证了日本人审美的两重性，这种独特的审美情趣和美学观念渗透着日本传统元素。

8.2.1.1 浮世绘

浮世绘（图 8-2-1）是一种版画、油画，盛行于17—19世纪，是在城市化的江户时代（1603—1867年间，也叫德川幕府时代）富裕的商人阶级间兴起的一种艺术，主要描绘人们日常生活、风景和演剧。浮世绘常被认为专指彩色印刷的木版画（日语称为锦绘），但事实上也有手绘的作品。日本浮世绘是顺应经济文化繁荣而产生的，对社会生活有深刻的影响，具有很强的生命力。

在亚洲乃至世界艺术中，它呈现出特异的色调与丰姿，历经300余年，影响遍及欧亚各地，19世纪欧洲从古典主义到印象主义诸多流派大师无不受到此种画风的启发，对西方现代美术有重要的推进作用，被西方认为是整个日本绘画的代名词。因此，浮世绘具有很高的艺术价值。在题材上，有社会时事、民间传说、戏曲场景、战争事件等；在内容上，有着浓郁的本土气息，有四季风景、名胜，尤其擅长表现女性美，写实程度很高，为社会所欣赏。

浮世绘作品几乎都采用朴素得近于古老的叙述方法平铺直叙，没有阴影的平面表现，简洁而单纯，平和中却有无尽韵味。这种以朴素的内容和比内容更朴素的表达方式所带来的美学新境

The combination of modern technology and traditional culture constitutes a distinctive feature of Japanese modern design.

In the course of its development history, Japanese design had been constantly impacted and influenced by foreign design culture. They digested the essence and gain a thorough understanding of traditional Japanese culture, thus the unique "dual track" phenomenon was formed in Japanese design. In Japan, design, some traditional designs represented traditional elements of national and cultural characteristics embodied the aesthetic concepts and the national spirit of Japan.

图 8-2-1　日本浮世绘作品

Ukiyo-e is a genre of woodblock prints and paintings that flourished in Japan from the 17th through 19th centuries. It was aimed at the prosperous merchant class in the urbanizing Edo period (1603—1867).

图 8-2-2　借鉴了浮世绘元素的田中一光的平面作品

The work highlights the features of Ukiyo-e composition，which has concise lines and bright colors and is not constrained by spatial perspective. The design language is concise, the artistic conception is pure, the form is beautiful，reveals a kind of pure and simple artistic temperament.

Zen is a highest level that Japanese art design pursues. The Japanese artists yearned for the combination of Zen and the design which is the best choice in showing their own cultural psychological structure and aesthetic experience.

图 8-2-3　日本包装设计上的书法

地，直接成为现代日本设计表现的根本特点。比如田中一光（Ikko Tanaka，1930—2002）为一些艺术展所作的设计（图 8-2-2），就运用了浮世绘的元素，运用简单的几何形体，勾勒出身着日本传统服饰的妇女，有明显的日本浮世绘版画"大首绘"的遗风，作品突出了浮世绘构图不受空间透视约束、线条简练概括、色彩艳丽的特点，设计语言简洁洗练、意境清新、形式优美，流露出一种单纯简洁的艺术气质。

8.2.1.2　禅宗

日本禅宗在 1192 年从印度经中国传到日本，僧人荣西在日本建起了第一座禅寺。日本禅宗吸引了武士阶层，成为武士们简朴的象征，并且迅速渗入到日本生活中，对茶道、建筑、绘画等方面产生了重要影响，可以说禅是日本的灵魂。

禅是心灵智慧不经意的流露，不刻意造作，豁达开朗的自然真心，是一种心领神会的境界，推崇的是一种简朴的生活形式。禅宗体现的是一种"天人合一、宁静致远、中庸和谐"的理念。由于禅宗与书道、花道、茶道结合，使日本人在倒茶时有禅，插花时有禅，棒球中有禅，书道中有禅。禅，为日本人单调的平常生活增添了艺术的趣味。日本禅学研究者铃木大拙在其著作《不惧》《不惑》中，将禅和日本的武士道、枯山水等文化结合在一起进行了阐述，因此有了"日本禅"的说法。

禅宗是日本设计艺术所追求的一种最高境界。禅宗与设计的结合往往令日本艺术家们心驰神往，浮想联翩，并成为他们表现自己文化心理结构和审美感受的最佳选择。如果说北欧设计简洁有力，洋溢着实用主义的现代风情，日本设计则更凸显一种东方的禅意与内敛。日本设计深受佛教中的寡欲和物哀美学影响，与极简主义相比多了一份东方式哀愁，表达了一种无限深幽的意境之美，追求一种安静的孤独感。禅意的设计直取事物本质，不为形式所拘，强调人的潜意识，要求设计回归最基本的形状，围绕设计的核心，没有多余的装饰。禅宗的运用使得日本设计强调简朴和极少主义，低调含蓄，日本设计也将这一古老的宗教思想与现代生活相结合，使禅宗文化生生不息、蓬勃发展。

8.2.1.3　书法

书法艺术是一种抽象的艺术，它通过点画的外表所表现的内涵是含蓄的、朦胧的、生动的、丰富的。日本人非常喜欢中国的汉字，对中国书法研究得非常透彻。早在唐代中国书法就传到日本，而后日本人通过反复探索和实践形成了具有日本特色的书法艺术形式。在日本，一些优秀的设计师早已把书法艺术融汇到设计中，已形成了日本的包装设计风格（图 8-2-3），这样的设计主题突出，传递信息准确，视觉冲击力强，能够引起消费者的注意，从而唤起人们的购买欲望，最终达到促销的目的。

早年的日本受书写工具的影响，当时生活中涉及的文件，如请柬、便条之类都是用毛笔手写的。因而，在日本，书法自然而然与包装相互关联。由于日本特殊的国情和历史背景，日本书法始终在包装设计中占据着较高地位。在创造过程中，设计师充分考虑商品本身的特征，并注意与其他设计要素之间的协调关系。字体设计或潇洒流畅、泼墨自如，或清新儒雅、端庄秀丽，富有节奏感和韵律美，具有极强的视觉冲击力，能够为画面增添无穷的魅力。

As the Japanese special conditions and historical background，Japanese calligraphy has always occupied a high position in the packaging design. In the creative process，designers considered the characteristics of the product itself which had been balanced with the other design elements.

　　总的来说，日本的美学传统，重视细节，重视自然，讲究简单、朴素，讲究美学精神含义，构成了日本设计中的精神支柱。日本设计继承了日本文化中肃静、悠远、清雅、柔和的风格，提炼日本文化中最精要的精神内涵，以日本传统的空灵虚无的思想为精神基底，带有日本自古以来清愁的色调，追求其中浮现的优美和冷艳的感情世界。

The aesthetic traditions Japan pay attention to details，nature，simplicity and aesthetics spiritual meaning which constitute the spiritual pillar of Japanese design.

8.2.2　第二次世界大战后日本工业设计的发展

　　日本在第二次世界大战之前并没有什么重要的设计活动。从 1868 年明治维新运动后才开始有自己的现代化运动，并逐渐进入工业化时代。

　　第二次世界大战之前，日本的工业设计非常落后，以大批量生产劣质产品出名，除了军用品外，其他许多工业用品过分矫饰和雕琢的情况十分严重。尤其是 20 世纪 60 年代后，日本工业设计发展迅速，录音机、录像机、电视机、高保真音响、照相机、摩托车等产品从功能到外形都足以和欧美产品媲美。

　　第二次世界大战后，随着麦克阿瑟将军统帅的美国士兵进驻日本，美国的文化直接影响到了日本，并为日本有机会接触先进的科技知识、企业管理和西方民主自由的观念提供了条件。美国的工业设计通过产业技术的传播进入日本，进一步促进了日本生产方式的变革。另外，战后日本物资贫乏，使日本迅速进入以销售为中心的大量生产，从而导致了产品竞争的激烈化。其中，设计作为竞争的有力手段发挥了重要作用。大量生产带来的产品优劣问题促使"优良设计"制度应运而生。除此之外，大量设计团体开始出现，这些都使得现代工业设计在日本得以形成。日本政府从 20 世纪 50 年代引入工业设计后，始终把工业设计现代化作为日本经济发展的战略导向和基本国策。

The industrial design of America entered Japan through the industrial technology to further promote the transformation of Japanese production methods. Moreover, that lacking of supplies made the mass production with the center of sales. So product competition was fierce. As a powerful means of competition, design played an important role. Products merits of the issue from mass production promoted the appearance of "Good Design" system. A large number of design groups began to emerge, thus modern industrial design had been formed.

8.2.2.1　恢复期的日本工业设计

　　1945 年至 1952 年是日本工业的恢复阶段，由于日本国内曾受到战争的严重破坏，工业设备中一半已不能使用，另一半设备也陈旧不堪，生产总值只有战前的 30%。正是在这种困难条件下日本开始恢复工业。日本通产省意识到设计对推动进出口贸易的重要性，成立了自己的设计学校，组建了一批设计组织，发起设计竞赛等，并派设计师赴德国学习。美国通过资金和技术的援助帮助日本重建经济，以罗维为首的设计师也应邀到日本讲学。这

Japan rebuild the economy by the financial and technical assistance of the United States, designers were invited to Japan to give lectures such as Lowey. These provoked the development of Japanese industrial design. The economy basically back returned to prewar levels by 7 years of development.

些都给了日本工业设计的发展一定的刺激，通过7年的发展，经济基本上恢复到了战前的水平。

随着工业的恢复和发展，工业设计的问题成了一件十分紧迫的工作。工业设计的发展首先是从学习和借鉴欧美设计开始的。1948年，日本《工艺新闻》集中介绍了英国工业设计协会的情况、活动与成绩。1947年，日本举办了美国生活文化展览。通过展览，一方面介绍了美国文化和生活方式，另一方面以实物和照片介绍了美国工业产品在人民生活中的应用。1948年的美国设计大展、1949年的产业意匠展览和1951年的设计与技术展览等展览给日本设计人员许多有益的启发。与此同时，一些设计院校也相继成立，为设计发展培养了人才。1951年，由日本政府邀请，美国政府派遣著名设计师罗维来日本讲授工业设计，并且为日本设计师亲自示范工业设计的程序与方法。罗维的讲学，对日本工业设计是一次重大的促进。1952年，日本工业设计协会成立，并举行了战后日本第一次工业设计展览——新日本工业设计展。这两件事是日本工业设计发展史上的里程碑。当时日本的很多产品设计比较粗糙，如索尼公司的G型磁带录音机（图8-2-4），所用技术相当先进，但看上去外观更像一台原型机。

图8-2-4 索尼公司的
G型磁带录音机

松下电器老板松下幸之助（Konosuke Matsushita，1894—1989）在1951年访问美国后积极推动日本工业设计发展，率先在公司内部成立工业设计部，之后各产业相继在各自公司内部成立设计部门，积极改善产品设计，打开国际市场。

恢复期的日本工业设计尚处于启蒙阶段，优秀设计作品不多。此时的设计师试图将西方生活方式和观念照搬到自己的设计中，却显得笨拙、生硬、肤浅。

8.2.2.2 成长期的日本工业设计

The Japanese Industrial Design in the recovery stage was still in the enlightenment stage, and there had no many excellent design works. At this time, the designer tried to copy the Western way of life and ideas into his own design, but it seemed clumsy, rigid and superficial.

1953年至1960年是日本工业设计开始萌芽成长的时期。1953年前后，日本开始发展自己的现代设计。电视机、汽车、摩托车等日益流行，其他各种家用电器也迅速普及。20世纪50年代中叶，日本政府和商业财团提供经济资助，每年派学生赴欧美学习，搜集欧美的设计经验，带回最先进的设计理念。日本的工业设计开始注重生产的批量化和规范化，使得工业产品产量激增。

日本的现代设计受到德国、意大利、美国等国的影响。通过模仿和学习，他们将别人的经验和自己的国情相结合，发展出了自己的独特体系，领悟出了自己的模式。从1957年起，日本各大百货公司纷纷设立优秀设计奖，向大众普及设计知识。同年，日本国际贸易与工业部设立了G-Mark设计奖（图8-2-5），奖励优秀的设计作品。

图8-2-5 日本G-Mark
设计奖标志

1958年，日本政府在通产省内设立了工业设计课，主管工业设计，形成国家推进体系。同年公布了出口产品的设计标准法规，积极扶持设计的发展。1959 年，日本先进设计政策委员会成立。1960 年，世界设计大会首次在东京举行，这次会议成为日本工业设计全面发展的契机，日本的工业设计开始进入一个全盛的时期。这种先参考、再量身定制的模式，使日本成功地将设计推向国内外，产品迅速占领国际市场，日本逐渐成为贸易强国。

8.2.2.3　发展期的日本工业设计

20 世纪 60 年代到 80 年代中期，在两次世界石油危机后，政府意识到必须尽全力进行技术革新，开始学习西方的先进技术。1972 年世界设计大会在日本召开，日本的国际地位得到了承认。这一时期日本逐渐转成以节能高附加值的加工组装和技术密集型支柱产业为主的工业生产结构，工业技术水平位居世界前列。有数据表明，1973—1983 年期间，日本净出口对 GDP 的贡献达到 42%，高于同时期的意大利、法国、美国等国家。

多年来，日本企业不断推陈出新的创意设计和产品，"日本制造"一直备受推崇，几乎成为全球制造业中高品质的标签。20 世纪 80 年代以来，日本的设计已经成为企业复杂结构中的一个难以分离的有机组成部分，设计师的社会地位也大幅度提高。20 世纪 90 年代后，日本的工业设计进入世界一流发展水平。设计与企业的各个部门有千丝万缕联系，现代设计在日本已经稳定地奠定了自己的产业基础，并且取得非常惊人的成就。

8.2.3　日本工业设计师和设计组织

8.2.3.1　柳宗理

柳宗理（Sori Yanagi，1915—2011）（图 8-2-6）毕业于东京艺术大学，是日本现代工业设计的奠基人之一，在第二次世界大战后发展到经济高速增长时期的日本现代设计中发挥了重要作用。他既是日本现代设计师的代表，又是一位将简约实用与日本传统工艺元素融为一体的成熟的现代主义设计师。柳宗理一直坚持着自己的设计哲学，排除设计师的一切自我主张，最大限度地追求在生活场景中使用时的功能性和舒适度。他提出真正的设计要面对现实，迎接时尚潮流的挑战，认为美是有用的，好的设计一定要符合日本的美学和伦理学，表现出日本的特色，好的设计如脱离传统是不可想象的，同时也批评当代设计中存在的唯物质条件论和屈服于时尚趣味等不良倾向。他的产品设计融汇了西方现代主义法则和日本民族情感于一体，设计作品朴实无华，对细节的考究和对使用者的周到考虑使其赢得了无数赞誉。柳宗理在国际上也获得了很高的评价，他的作品作为永久展品，陈列在纽约的近代美术馆和巴黎的蓬皮杜中心。

柳宗理于 1954 年设计的蝴蝶凳（图 8-2-7）将功能主义和传统手工艺两方面的影响融于对称的模压成形的胶合板凳之中。

Over the years, Japanese enterprises have been innovating creative designs and products. "Made in Japan" has always been highly praised and almost become the label of high quality in the global manufacturing industry. Since the 1980s, Japanese design has become an integral part of the complex corporate structure, and the social status of designers has greatly improved.

图 8-2-6　日本工业设计师柳宗理

Sori Yanagi was a Japanese product designer. He played a role in Japanese modern design developed after World War II to the high-growth period in the Japanese economy. He was both a representative of the wholly Japanese modern designer and a full-blown modernist who merged simplicity and practicality with elements of traditional Japanese crafts. He insisted his design philosophy, excluded all designers claims, and sought after the maximize functionality and comfort.

图 8-2-7　柳宗理于 1954 年设计的蝴蝶凳

图 8-2-8　名为 Nextmaruni
的椅子设计

图 8-2-9　传统手工艺与现代
设计完美融合的 IRONY 茶壶

图 8-2-10　黑川雅之设计的
混沌之表

图 8-2-11　黑川雅之
设计的 Soban 桌

尽管这种形式在日本家用品设计中并无先例，但它使人联想到传统日本建筑的优美形态，对木纹的强调也反映了日本传统对自然材料的偏爱。

8.2.3.2　黑川雅之

黑川雅之（Masayuki Kurokawa，1937—　）是日本著名的建筑师和工业设计师。他出身建筑世家，1967 年获早稻田大学建筑学博士，同年成立了黑川雅之建筑设计事务所，但 20 世纪 90 年代后期多活跃于工业设计界，2001 年成立了 DESIGNTOPE 公司，被誉为开创日本建筑和工业设计新时代的代表性人物。

黑川雅之成功地将东西方审美理念融为一体，形成优雅的艺术风格。黑川雅之著有《日本的八个审美意识》，对日本美学进行了系统性地整理，立足东方美学价值观，以"微、并、气、间、秘、素、假、破"八个汉字为切入点，从建筑、设计、音乐、绘画、器物、服饰、文学、社会文化、人与自然的关系等方面，深刻挖掘探究了中日同源的审美意识，解读了日本文化的精神底色，深刻凝练了东方美学。其中，"微"意为管中窥豹略见一斑，细微中体现整体（图 8-2-8）；"并"意为独立而统一，细节具有独立性，却又能很好地考虑到与整体和社会之间的必要关联；"气"意为无形、有力，物体有向周围影响和扩张的空间，这个被影响的空间也隶属于这个物体本身（图 8-2-9）；"间"意为若即若离，属于审美意识和秩序感领域的一种感觉（图 8-2-10）；"秘"意为秘而不宣，重要的不是要人全部弄懂，而是由于不懂而有了要求参与的心理动机；"素"意为返璞归真，信赖自然，将一切依托于更大层面的事物上顺势而为，黑川雅之认为"素"强调的是，人类不应该过分自负于自己的才能，面对自然时应保持谦卑的心态（图 8-2-11）；"假"意为顺势而为，自然环境有着它最完美，也是最合理的生存秩序，不需要任何人为的干涉；"破"意为不破不立，黑川雅之说："我认为，艺术不能仅仅说是偶然，而是经验和才能对这种偶然的引导后所带来的无限美。"最具破坏力的时刻往往也是最能唤起生命活力的精彩瞬间。他提出了"美的破坏性"的核心概念：即破坏是设计的动机，认为人类总是在美化和破坏性之间来回摆荡，在极度美好中感受到背后隐隐的不安和危机。

黑川雅之设计的主要作品有灯具、照相机、饰品、手表、工业产品等，他多样且杰出的作品，获得了每日设计奖、Good Design 奖、德国 IF 奖等多项殊荣，是日本少见的跨领域设计大师，许多作品被纽约当代艺术馆、纽约大都会博物馆永久收藏。以黑川雅之为代表的设计师总是以传统的东方思维来表达设计理念，超越了视觉符号的表面形式，由表及里，直抵内心，用和风禅意抓住现代人浮躁的心，充满禅意的设计在世界设计界占据重要位置。

8.2.3.3　深泽直人

深泽直人（Naoto Fukasawa，1956—　）（图 8 - 2 - 12）毕业于多摩艺术大学的产品设计系艺术与 3D 设计专业，毕业后在日本爱普生精工株式会社和美国加利福尼亚旧金山的 IDEO 工作，2001 年起担任无印良品的设计顾问，主要工作是家用产品和电子设备的设计。2003 年成立了自己的设计公司，并创立了一个新产品品牌"±0"。他曾为多家知名公司进行过产品设计，如苹果、爱普生、日立、无印良品、NEC、耐克、夏普、东芝等。其设计在欧洲和美国曾获得 50 多项大奖，其中包括美国 IDEA 金奖、德国 IF 金奖、"红点"设计奖、英国 D&AD 金奖、日本优秀设计奖，美国最有影响力的商业杂志《彭博商业周刊》将他描述为世界上最具影响力的设计师之一。

图 8 - 2 - 12　设计师深泽直人

在美国的工作经历，也让深泽直人能跳出来重新评估日本的设计。他说："在日本物与环境之间的关系比物体本身更重要，物体是一种和谐的一部分，我开始停止仅是有趣的外形构想而开始考虑物体之间的关系。"这也是黑川雅之《日本的八个审美意识》中所揭示的设计思想。

深泽直人将自己的设计理念概括为"无意识设计"。无意识设计又称"直觉设计"，即"将无意识的行动转化为可见之物"。对于"直觉设计"，深泽直人解释为："当我们在地面上走动的时候，我们会感知并选择每一步脚下的地面，感知和选择更多依赖于我们的潜意识，但是在潜意识状态下并不意味着没有思考，而是也许我们的大脑并没有意识到一些东西，而我们的部分身体比如手和脚已经辨识出环境并作出了反应。作为设计者，可以改变产品的形状，引导和控制人们的行为，在不改变事物本色的情况下，发现它的潜在价值。产品的功能必须简单、明确、直接，消除人与物品的隔阂，让人凭借直觉自然地去操作，这是设计的最大成功。"

深泽直人认为，设计外观是将人们默认和渴望的价值观赋予形式。深泽直人通过视觉捕捉这些价值，在他的设计中精确地勾勒出它们的轮廓。他将这些抽象事物的轮廓可视化的能力是难以描述的，尽管如此，当人们体验他的设计时，还是被他的能力所折服。

深泽直人通过设计来挖掘事物本质价值的能力跨越国界和学科，他的思想在国际上受到普遍尊重。他广为人知的"无意识设计"哲学从人们的潜意识行为中寻找线索，为设计提供不引人注目和熟悉的信息，而且他还开办了"无意识设计"研讨会来分享这一理念。

1999 年，深泽直人为无印良品设计的一款音乐播放器（图 8 - 2 - 13），融入了儿时的回忆。以前的电灯和电扇都是拉线的，这款播放器也采用了相同的设计，以拉线代替开关，通过使用者的拉线动作实现光碟的运转和音乐的播放，在产品和使用者之间建立起看不见但是影响深远的互动空间。在色彩上运用白色和不

Naoto Fukasawa believes that designing shape is to give form to values that people tacitly share and desire. Fukasawa visually captures these values, drawing their exact outline in his designs. His ability for visualising such unseen outlines for things is not easily described; nonetheless, people are convinced by his ability when they experience his design.

Fukasawa's ability to elicit the essential value of things through design travels beyond borders or disciplines and his thinking is respected internationally. His widely known design philosophy "Without Thought" finds hints in the subconscious behaviour of people to inform design that is unobtrusive and familiar, and he runs "Without Thought" workshops to share this concept.

图 8 - 2 - 13　深泽直人于 1999 年设计的 CD 播放器

图 8-2-14　深泽直人于
2005 年设计的 Twelve 系列
精工手表

Began designing in Japan and Milano from 1969. Since then, Kita had designed many best-seller products from European and Japanese manufacturers world-wide. Many of his works were selected for permanent collections in world famous museums such as The Museum of Modern Art in New York（MOMA），Centre Georges Pompidou（Paris），etc. He was also very active in revitalizing and promoting local Japanese traditional crafts and industries as well. He was the Director of the international trade fair for home and lifestyle renovation "Living & Design" and proponent of Japanese lifestyle renovation，the "RENOVETTA" project.

同程度的灰色，中心的黑色块和外面的白色，一张一弛，形成和谐平衡而又简洁的状态。这个设计曾获日本国家优秀设计奖和德国 IF 设计金奖。深泽直人另一个代表作品是三宅一生 Twelve 系列精工手表（图 8-2-14），手表的玻璃盖边框是十二边形，形成了 12 个顶点，代替了符号的标注，识别较为直观。手表的设计用最少的元素来展现产品的全部功能，简洁而高雅，给人以细腻温和的感受。

8.2.3.4　喜多俊之

喜多俊之（Toshiyuki Kita，1942—　）是日本国宝级设计大师，被誉为最欧洲的日本设计大师。1969 年在日本和意大利开始他的设计生涯，他为欧洲和日本各大制造商创造了一系列畅销的作品，他的许多作品被纽约现代艺术博物馆、巴黎蓬皮杜艺术中心等世界著名的博物馆收藏。他还积极地致力于日本当地的传统手工艺术应用和地方工业的振兴，担任国际展"Living & Design 改善居住环境"的总策划，并提倡革新生活"RENOVETTA"项目。"给设计以灵魂"是喜多俊之的设计哲学，他认为设计的艺术植根于一种平衡的创造，即精神与物质、人与自然之间的平衡。

喜多俊之的设计灵感也大部分来自大自然，他坚信植根于日本人生活当中的传统工艺具有一种强大的思想根基，在这个土壤上成长的设计才会枝繁叶茂。同时，他也是一位把传统因素与美相结合的机能主义设计师。1980 年，他为意大利品牌 Cassina 设计的 Wink 沙发椅（图 8-2-15），可伸展能折收，是一件现代家居的艺术品，根据不同的使用需要，那两只大耳朵可以自由地折立。座椅的外套可以脱下来清洗，像我们穿的衣服一样可以更换不同的颜色。喜多俊之 1992 年为塞维利亚世博会的日本馆所设计的座椅（图 8-2-16），运用高科技与有机外形相结合，是一款亲近感与未来感十足的多媒体座椅。它充分体现了启迪未来的世博会宗旨，也向世人展现了现代日本。

喜多俊之的设计跨度很大，从家具到家居产品，从家用电器到机器人均有所涉猎。2002 年，他应三菱重工的邀请，设计了一

图 8-2-15　喜多俊之于
1980 年设计的 Wink 沙发椅

图 8-2-16　喜多俊之于
1992 年设计的世博会座椅

图 8-2-17　喜多俊之于 2002 年
设计的 WAKAMARU 机器人

款服务于家庭安保的电动装置（图 8 - 2 - 17）。这款名为
"WAKAMARU"的机器人不但可以辨识移动声音，辨别家庭各
成员的面孔，还有连接网络等功能，是一款引领家庭用机器人新
领域的概念产品。

8.2.3.5 日本 GK 工业设计集团

日本 GK 工业设计集团（以下简称"GK 集团"）是一家综
合性设计公司，其前身是 GK 工业设计研究所，1957 年由日本
设计师荣久庵宪司（Kenji Ekuan，1929—2015）创立。荣久庵
宪司积极倡导做让任何人都能接触到的优美设计，让美好的物
品和美好本身都变得民主起来，这也成为 GK 集团乃至日本设
计的重要文化组成。GK 集团早期的业务主要是方案设计，由
于多次在重要的设计竞赛中获奖，因而逐步得到了许多具体的
设计项目。

20 世纪六七十年代，日本经济发展迅速，GK 集团一路引领
日本战后工业设计的发展，逐步成为一个注重高水平创新设计的
大型集团，正如布劳恩公司对于德国乃至世界工业设计领域的驱
动与影响，GK 集团对日本现代设计发展也是影响深远，不仅局
限于产品设计（图 8 - 2 - 18）与规划，GK 集团的触角还延伸至
建筑与环境设计、平面设计等多个领域。

GK 集团多年来积极推广设计，因为如果公众没有意识到
设计的重要性，设计就不可能获得社会的理解。在今天多样化
的社会环境中，不可能仅凭某一个专业领域来满足社会需求，
因此 GK 集团采取了一种综合性的设计策略，将所有设计领域
加以整合融会贯通，以应对日益复杂的设计问题。它有效地利
用自身的组织结构以及广泛的专业技术，创造"精神与物质"
协调一致的设计哲学，以此来服务于社会。时至今日，GK 集
团已经成为拥有数百名成员的、日本国内规模最大的设计公
司。GK 集团顺应时代潮流，积极参与到时代的创造中，引领
着行业的发展。

图 8 - 2 - 18 GK 集团设计
作品——雅马哈摩托车 VMAX

在社会、经济与环境激烈变革的今天，日本设计一直坚守自
己的理念和基本价值观，涌现出了许多世界知名品牌和企业。在
电子产品领域有索尼、佳能、尼康、日立、NEC、东芝、松下、
夏普等企业，在汽车领域有本田、丰田、日产、马自达、铃木、
三菱重工等企业，在家电及办公器材方面有卡西欧、爱华、精
工、美能达、三洋等企业。

现代设计越来越认同本土化，本土化是对本土文化的认同，
而不是对符号或图形的认同。探索本土文化的内涵，找出传统文
化与自己个性的碰撞点，形成自己的设计风格，这才是设计本土
化的精髓所在。日本设计的成功，不能不说是他们对于东方理念
贯穿于设计作品中的成功。日本的设计用短短几十年的时间走完
了西方近一个世纪的发展历程，并且运用传统的理念、现代的元
素和构成手法，终于走在了设计的前沿。

Modern design increasingly recog-
nized localization. Localization is a lo-
cal cultural identity, rather than a
symbol or graphic identity. The es-
sence of design localization is that ex-
ploring the local culture connotation,
finding the connection between tradi-
tional culture and their personality,
forming their own design style. The
success of Japanese design is a suc-
cess that using eastern concept
throughout the design work.

8.3 法国设计

8.3.1 法国的传统设计与现代设计

图 8-3-1 贝聿铭设计的
卢浮宫玻璃金字塔

法国的工业设计有着不同于美国和德国的发展方式，法国的装潢艺术和豪华产品曾被看作是整个欧洲的设计典范。古典主义和新古典主义总是与法国精神密切联系，巴洛克建筑风格实际上只出现在路易十五时代（大约 17 世纪）。1907 年以后法国又出现了立体主义，而功能主义设计思想在法国没有多大影响。

法国的现代设计基于悠久的设计传统，而传统设计基本上是为上层阶级服务的，设计要奢华、时尚而非满足大众需求，所以法国设计尤其是与民众生活密切相关的设计，设计水平便落后于其他国家。法国政府希望通过设计来表现国家的伟大，从而造成了宏大的政府项目和萎缩的民生产品设计水平的鲜明对比。卢浮宫玻璃金字塔（图 8-3-1）、蓬皮杜国家艺术文化中心等，都是体现法国民族精神的作品。独立事务所也遵循设计传统，比较重视奢华的设计项目，对于普通的产品或平面设计，设计师也会融入强烈的个人特色，赋予其奢华的特点。

继英国工艺美术运动之后，法国于 1900 年和 1925 年先后成为新艺术运动和艺术装饰运动的发源地，从而涌现出大量优秀的领导时尚潮流的设计。1889 年，桥梁工程师古斯塔夫·埃菲尔（Gustave Eiffel，1832—1923）设计的埃菲尔铁塔堪称经典（图 8-3-2）。埃菲尔铁塔坐落于塞纳河畔，是法国政府为显示法国革命以来的成就而建造的。塔高 300 米，天线高 24 米，总高 324 米。全塔共用巨型梁架 1500 多根，铆钉 250 万颗，总重量达 7500 吨，它预示着钢铁时代和新设计时代的到来。该设计最初受到了法国的一些顶尖艺术家和知识分子的批评，但现在它俨然已经成为一个全球性的法国文化符号象征和举世闻名的建筑之一。

图 8-3-2 埃菲尔铁塔

The Eiffel Tower was initially criticized by some of France's leading artists and intellectuals for its design, but it has become a global cultural icon of France and one of the most recognizable structures in the world.

1945 年，第二次世界大战结束，法国元气大伤，战后百废待兴。德国摧毁了其工业经济体系，但法国有着悠久的手工业传统，虽不如德国那样具有有力的现代主义设计运动，但法国一直是世界现代主义艺术的中心。法国设计一直集中于传统设计，即奢侈产品的设计。诸如汽车、家庭用品、厨房用品等的大型生产企业比较重视设计，内部设有设计部门。除此以外，也涌现出了一些独立的设计事务所和现代产品设计师。

20 世纪 90 年代以来，法国政府明确了设计对于国民经济的重要促进作用，态度有很大的转变。其中一个典型例子就是法国政府破天荒地于 1993 年出版了一本关于现代设计的非常重要的著作《工业设计——一个世纪的反映》，这本著作是目前论述工业设计资料最完整的著作之一。随着科学技术的发展，法国的设计在以科学为先导的前提下也不失温婉的人文特征，其设计特点是真正地尊重传统加上努力创新，其结果是产生一种完全新奇的生活艺术，其表现是在物质和地域的生产中，将严谨与活泼相结合、优雅与发明相结合、细致与力量相结合。

在法国，具有世界水平的时装设计师和首饰设计师不断涌现，爱马仕、路易威登、香奈儿、迪奥、圣罗兰、纪梵希等奢侈品牌层出不穷，代表了法国的奢侈豪华设计的走向（图8-3-3），而真正意义上的工业设计师仍然比较欠缺，这使得法国的工业产品设计和世界上其他先进国家的设计之间仍存在着巨大的差距。

图 8-3-3 法国设计师
菲利普·尼格罗为爱马仕
设计的系列家居产品

8.3.2 经典设计与设计师

8.3.2.1 菲利普·斯塔克

菲利普·斯塔克（Philippe Starck，1949— ），人们称之为鬼才设计师，当今世界最著名的设计巨星，毕业于法国巴黎工业设计暨环境建筑设计学院。1970年，他创立了自己的工业设计公司 Starck Product，并开始和世界各国的制造商合作，包括意大利家具品牌 Driade、Kartell，意大利家居用品和厨房用具公司 Alessi，瑞士办公家具公司 Vitra，西班牙照明设备公司 Disform。他的作品几乎涵盖一切设计领域：家具、室内装饰、建筑、灯具、餐具、玩具、交通工具、玻璃器皿等，大到价格不菲的建筑、游艇，小至相当便宜的牙刷，很多设计作品通常是有机型，充满幽默感。除了 Flos Ara 牛角灯、Juicy Salif 榨汁机外，他还有很多经典作品（图8-3-4、图8-3-5），几乎囊括了包括红点、IF 在内的所有国际设计奖项，展现了这位表现力超强的设计师的非凡才能和超凡脱俗的人格魅力。斯塔克深受法国文化的熏陶，作品里始终洋溢着一种法国式的浪漫和雅致，体现了简约之美。他对产品的实用性要求到了严苛的地步，他曾经透露不只要看整个产品实不实用，还要看到各个部件实不实用，如果不实用，那就去掉，尽可能用最少的物料做出最让人满意的产品。斯塔克的经典之作都源自他自身不断对人性化产品设计的追求和探索，使人们能在简单的使用过程中获得情感上和精神上的缓解和慰藉。

图 8-3-4 斯塔克于 1008 年
为阿莱西设计的苍蝇拍

图 8-3-5 斯塔克于 1996 年
为阿莱西设计的牙刷

菲利普·斯塔克提倡民主设计，认为设计不该为少数精英服务，而应该让大多数人都能用上便宜好用的设计。2015年他在《时尚之家》杂志（Casa Vogue）中宣称，"我的民主设计思想基于以下理念：以可接受的价格提供给更多的人以高质量的产品，降低价格的同时提高质量。这是我的政治意识"。

菲利普·斯塔克十分关注材料的环保性，通过使用工业废弃材料设计作品，降低了产品开发的成本。他说："生存意味着为你的部落服务。野蛮必须被战胜。生态保护刻不容缓。"同时斯塔克还对人类的未来充满担忧与想象，认为设计师不应该按照最后一代人的标准进行设计，让大量的资源白白浪费，而是要用可

Philippe Starck declared in *Casa Vogue*, "my concept of democratic design is based on the following idea: to give quality pieces at accessible prices to the largest number of people. To lower the price while increasing the quality. It's my political consciousness."

持续的眼光去审视设计，为人类谋求最大的福祉。美国家具品牌Emeco 自 1944 年创立以来坚持环保的理念，使用现代消费剩余的废弃物和工业废料为主要原材料，进行加工制造出家具产品，与菲利普·斯塔克的理念不谋而合。斯塔克为其设计的酒吧椅（图 8-3-6）包含了 75％的再生聚丙烯和 15％的再生木材纤维，是一把环保、舒适、人性化和耐用的凳子。

图 8-3-6　斯塔克为 Emeco 设计的酒吧椅

8.3.2.2　皮埃尔·保林

皮埃尔·保林（Pierre Paulin，1927—2009）生于巴黎，是一位在法国设计界享有盛名达半个世纪之久的家具设计师和室内设计师。

1954 年，保林开始为欧洲著名的托耐特（Thonet）公司设计家具。1958 年进入荷兰的 Artifort 公司设计家具，20 世纪 60 年代开始，保林以巴黎为主要基地建立了自己的工业设计事务所。保林以设计椅子而闻名，他的椅子设计充满雕塑感，被认为是非常现代和独特的，在他的作品中色彩鲜艳、造型奇异的软体椅子最为流行。其代表作品包括 1959 年设计的蘑菇椅（图 8-3-7）、1966 年设计的飘带椅（图 8-3-8）、1968 年设计的舌头椅（图 8-3-9）。他把自己设计的家具进行编号，以此来记录自己作品的材料和技术发展的轨迹。

图 8-3-7　保林设计的蘑菇椅

蘑菇椅开创了保林独特的舒适感和审美愉悦相融合的风格。椅子外包发泡材料，覆以无缝尼龙织物，成功结合了技术和人体工学，将人们真正从呆板的坐姿中解脱出来。飘带椅宽敞的摇篮式造型不仅提供了更多的使用功能，也满足了当时人们对宽敞而弯曲的造型审美的特定需求。椅子的坐面向下斜弯并固定在中央支柱上，支架由橡胶管及外包的钢管构成，坐垫及靠背由泡沫橡胶制成并被拉伸纤维布紧紧包裹住，有多种颜色提供选择，并且很容易进行拆洗。舌头椅是一款美观的、具有雕塑感的躺椅，是保林 1968 年为荷兰的 Artifort 公司设计的，它是现代家具史上的最经典作品之一，造型简洁，符合人体工学原理。椅子的外形流畅有趣，以泡沫管状钢架制成，并用弹力织物进行装饰覆盖，可直接放在地面上，也可以叠加放置。

图 8-3-8　保林设计的飘带椅

图 8-3-9　保林设计的舌头椅

The Tongue is a beautiful sculptural chaise longue chair, designed by Pierre Paulin for Artifort in the Netherlands in 1967. It's one of the essential classics in the history of modern furniture and has a clean, simple ergonomic form sculpted to fit the body.

8.3.2.3　奥利弗·穆格

奥利弗·穆格（Olivier Mourgue，1939—　）出生于法国巴

黎，以家具设计闻名，同时他也是一名画家和景观设计师。1963年起，穆格开始与法国制造商 Airborne International（现在已经不再营业）合作，并在 1965 年设计了经典的 Djinn 椅（图 8-3-10），这把椅子当时被著名导演斯坦利·库布里克用在他的科幻电影《2001：太空漫游》中。库布里克凭借这部电影奠定了他在影坛的地位，而穆格也凭借这把未来主义风格的 Djinn 椅而闻名。

图 8-3-10　电影中的 Djinn 椅

穆格的家具在设计上有着柔和、圆润的形状，这使得泡沫家具成了一种新的家具设计方向，让家具成为一种雕塑。在 Djinn 椅设计加工上，穆格大胆利用尼龙弹力布料紧裹住由金属管和泡沫塑料组成的内部造型，家具在质感和外观上都很亮丽。Djinn 椅整体较为低矮，典型地反映了当时社会崇尚非正统的生活时尚，波浪状设计使人联想到抽象的生物造型。

With the gently rounded shapes, made possible by the foam-upholstered steel tube frame, Mourgue was able to pursue a new direction in furniture design that treats furniture as sculpture.

1966 年穆格创建了自己的设计事务所，主要为 Mobilier National（管理法国国家家具的政府机构）和 Prisunic 百货公司设计家具，1968 年设计了另一件经典的家具作品 Bouloun 椅（图 8-3-11），这把椅子也带有穆格未来主义风格的特征，形态生动有趣又充分考虑了人体工程学。1976 年，穆格关闭了在巴黎的设计事务所，移居法国布列塔尼地区，在布里斯特艺术学院建筑系担任教授。自始至终，穆格都没有将自己定义为法国设计师，他相信国际化趋势，认为自己是国际化的设计师。正如穆格所言，"我深信民族化及地域化的设计将越来越少，而设计必将变得越来越国际化。"

图 8-3-11　Bouloun 椅

8.3.2.4　让·普鲁维

法国著名建筑师、设计师让·普鲁维（Jean Prouvé，1901—1984）生于法国南锡市，这是一个与新艺术运动和装饰艺术运动有着深厚关联的城市，普鲁维父亲就是一位装饰艺术家。1916—1919 年，普鲁维在著名金属工艺师罗伯特的作坊学艺，而后又去巴黎学习金属工艺的制作。在这样氛围中长大的他，在学习了电焊技术和钢板成型技术后，开始制造一系列金属家具，1923 年成立了自己的金属工艺设计室。1924 年开始利用当时刚发明不久的电焊技术制作金属薄板家具，他还会对金属厂废弃的片状金属加以改造利用，也会用直接弯曲、压铸的方式表达椅子结构。这种赋予工业结构、工业构造、机械部件以美学价值的形式表达，成为一种风格象征，这些家具有强烈的现代工业美学气息，吸引了柯布西耶等一大批前卫设计大师的注意。

图 8-3-12　普鲁维设计的标准椅

普鲁维的设计极其新颖而大胆，并时常结合机械装置设计出各种椅子。1931 年，普鲁维成立了自己的家具制作公司 Atelier Prouvé，并完善了折弯金属的技术，1934 年设计了"标准椅"，椅子可以拆卸组合，体现了机械美学思想（图 8-3-12）。普鲁维说："我不曾设计不能生产的东西。"他的设计遵循"减少式构成"并"保留真正的美学"。可拆分替换的标准构件能够快速工业化量产，从而大大降低了生产成本。

图 8-3-13　普鲁维设计的圆餐桌

普鲁维的设计结构简洁、成本低廉并易于实现，迅速成为市场上的畅销品。1949 年，由于钢材紧缺，普鲁维转向用木材进行家具设计。由一个圆面、三条桌腿组成圆餐桌的设计，元素构成看似简单，却包含了强烈的结构美，具有极强的稳定性。连接桌腿的机械零件，以外露的形式加以夸张处理，又将结构美转化为形式美（图 8-3-13）。

1951 年，普鲁维为瑞士办公家具公司 Vitra 设计了 Fauteuil Direction 椅（图 8-3-14），椅子框架采用金属制造，椅子后腿运用了其建筑作品"组合屋"的承重钢柱形式，功能上有着出色的承重能力，形式上具有独特的造型美。舒适的软垫配有各种颜色的织物或皮革罩。前腿与扶手由空心钢管弯曲后一体成型，自然流畅，前腿的流畅轻盈与后腿的几何稳重形成了强烈的视觉冲击。

图 8-3-14　普鲁维设计的 Fauteuil Direction 椅

Jean Prouvé was a key force in the evolution of 20th-century French design, introducing a style that combined economy of means and stylistic chic. Along with his frequent client and collaborator Le Corbusier and others, Prouvé, using his practical skills and his understanding of industrial materials, steered French modernism onto a path that fostered principled, democratic approaches to architecture and design.

普鲁维是 20 世纪法国设计发展的关键力量，他引入了一种将经济手段和时尚风格结合起来的风格。普鲁维与他的长期客户及合作者柯布西耶等人一起，利用他的实践技能和对工业材料的理解，引导法国现代主义走上了一条促进建筑和设计原则化、民主化的道路。

本章关键名词术语中英文对照表

书法艺术	Art of Calligraphy	小马椅	Pony Chair
乐高	Lego	帕米奥扶手椅	Paimio Chair
GK 设计集团	GK Design Group	G-Mark 设计奖	Good Design Award
北欧设计	Nordic design	彭博商业周刊	Bloomberg BusinessWeek
蛋椅	Egg Chair	三菱重工	Mitsubishi Heavy Industries
水滴椅	Drop Chair	蓬皮杜国家艺术文化中心	Centre Georges Pompidou
天鹅椅	Swan Chair		
蚂蚁椅	Ant Chair	蘑菇椅	Mushroom Chair
巴黎现代工业与装饰艺术国际展览会	The International Exhibition of Modern Decorative and Industrial Arts	舌头椅	Tongue Chair
		纪梵希	Givenchy
球形椅	Ball Chair	迪奥	Christian Dior
摇滚座椅	Pastilli Chair	路易威登	Louis Vuitton（LV）

续表

斯堪的纳维亚	Scandinavia	三宅一生	Issey Miyake
禅宗	Zen	卢浮宫大玻璃金字塔	The Louvre Pyramid
无意识设计	Without Thought	埃菲尔铁塔	Eiffel Tower
宜家	IKEA	飘带椅	Ribbon Chair
邦与奥卢胡森公司	Bang & Olufsen，（B&O 公司）	布里斯特艺术学院	the School of Fine Arts in Brest
霍尔格里姆斯基尔卡教堂	Hallgrimskirkja church	圣罗兰	Yves Saint laurent，（YSL）
		香奈儿	Chanel
蝴蝶凳	Butterfly Stool	爱马仕	Hermès

思 考 题

1. 北欧各国设计风格有哪些共性和差异？
2. 北欧设计风格形成的原因有哪些？
3. 北欧设计风格对现代设计有什么影响？
4. 为什么说日本设计具有双重风格特点？
5. 日本现代设计对中国设计有哪些启示？
6. 日本设计为什么发展迅速？其影响因素有哪些？
7. 法国传统设计与现代设计有什么样的关系？

参 考 文 献

[1] WIDMAN D，WINTER K，STRITZLER - LEVINE N. Bruno Mathsson：architect and designer [M]. New Haven and London：Yale University Press，2006.

[2] CREAGH L，KABERG H，LANE B M，eds. Modern swedish design theory：three founding texts [M]. New York：The Museum of Modern Art，2008.

[3] KRAUSE - JENSENA，JAKOB. Flexible Firm：the design of culture at Bang & Olufsen [M]. New York：Berghahn Books，2013.

[4] MUSSARI M. Danish Modern：between art and design [M]. New York：Bloomsbury Publishing，2016.

[5] OPSVIK P. Rethinking sitting [M]. New York：WW Norton & Company，2009.

[6] 何人可 . 工业设计史 [M]. 北京：高等教育出版社，2006.

[7] 王敏 . 西方工业设计史 [M]. 重庆：重庆大学出版社，2013.

[8] 易晓 . 北欧设计的风格和历程 [M]. 武汉：武汉大学出版社，2005.

[9] 冯媛 . 浅析北欧设计风格及形成原因 [J]. 艺术与设计（理论），2009（7）.

[10] 李文熙，陈旻瑾 . 斯堪的纳维亚文化与北欧设计 [J]. 美与时代（上），2012（7）.

[11] 高丽娜，甄明舒 . 漫谈北欧设计 [J]. 艺术与设计（理论），2011（1）.

[12] 包文瑞 . 浅析北欧设计中的丹麦风格 [J]. 大众文艺，2011（15）.

[13] 姚晶晶 . 北欧的现代精神 [J]. 艺苑，2009（3）.

[14] 刘铭，李晶源 . 浅谈北欧设计风格的形成 [J]. 科技风，2009（10）.

[15] 张朵朵 . 图说北欧设计 [M]. 武汉：华中科技大学出版社，2013.

[16] 吴卫 . 二战期间的日本设计简史 [J]. 装饰，2002（5）.

[17] 高志强，包旦妮 . 日本设计的文化性格初探 [J]. 江苏工业学院学报，2004（3）.

[18] 黄颖杰 . 日本设计精神与现代西方设计 [J]. 文学教育，2013（6）.

［19］　陆伟荣．日本战后的工业设计［J］．南京艺术学院学报（美术及设计版），2001（1）．

［20］　原妍哉．设计中的设计［M］．朱锷，译．济南：山东人民出版社，2006．

［21］　李乐山．工业设计思想基础［M］．北京：中国建筑工业出版社，2001．

［22］　黑川雅之．日本的八个审美意识［M］．北京：中信出版社，2018．

［23］　张慧．设计审美非本质论［J］．艺术与设计，2005（2）．

CHAPTER 9

第 9 章

欧洲工业设计的复兴
Chapter 9　Revival of industrial design in Europe

9.1　政府推广下的英国现代设计

现代主义在第二次世界大战后的发展集中体现在美国和英国。随着经济全球化进程的加快，经济的竞争转化为设计的竞争，英国政府逐渐意识到设计对经济发展的重要性，第二次世界大战时它通过推行实用主义的标准原则加快了设计复兴的步伐，第二次世界大战后通过建立各种设计协会，并联合企业界、教育界齐心协力共同促进设计行业的全面发展。19 世纪 60 年代，英国出现的波普文化和设计运动引发了设计界的高度重视，之后英国设计继续发展形成独具特色的现代设计风格，并对世界设计产生了重要的影响。

英国是现代工业设计的发源地之一，而第一次世界大战之后世界的艺术和工业设计生产中心由欧洲转到美国。第二次世界大战后正当德国、苏联、荷兰努力发展现代设计时，英国人却仍旧停留在设计理论的争辩中，设计实践的探索却不乐观，同时英国政府未能及时正确地引导工业发展方向成为英国现代设计落后的重要原因。英国的现代设计彻底无缘工业革命时期确立的世界领先地位，并迅速被美国和德国超越。

The British people still remained in the debate of design theory，but the exploration of design practice was not optimistic. At the same time，the reason why the British government failed to timely and correctly guided the direction of industrial development had become the reason behind the modern British design.

9.1.1　政府扶持的设计发展模式

英国设计的发展离不开英国政府，这是推动英国设计复兴和发展的重要力量之一。早在 1941 年，英国政府为了应付战争期间原材料的短缺、日用品急需的状况，提出了一套"标准紧急时期家具"的设计要求与规范，以指导设计战时价廉、实用、省料的家具。这一政府干预设计的行为不仅引发了设计师对材料应用和经济法则的关注，促进了设计上的高度标准化，有利于设计中

In the late World War II and after the end of the war, the British government paid more attention to the development of design, took a series of measures to guide and support the British design.

In the summer of 1951, the UK held a national exhibition-the Festival of British, which brought the concept of "Good Design" to the heart of the people and made more Britons understand the principles of modern design and the rational methods of product design.

图 9 - 1 - 1　1951 年英国
艺术节海报

理性方法和程序的推行，更重要的是使英国政府意识到政府行为对于设计发展的影响以及设计在社会经济发展中的重要性。正因如此，在第二次世界大战后期和战争结束以后，英国政府更加重视设计的发展，采取了一系列的措施引导、扶植英国的设计。

（1）成立设计组织。1944 年，由政府贸易局资助的官方机构英国工业设计委员会成立，这个机构在英国现代主义发展中起到关键的作用。英国工业设计委员会下辖两大部门及一个中心即工业部、资料部与设计中心是目前世界上由政府主办的最大型、最有影响、最具实际作用的工业设计机构，工业部主要服务对象是工业设计人员、制造商与企业界人士，工业部下设以提供世界工业设计情报为主的设计中心，资料部服务对象是广大市民、消费者与儿童，目的在于对国民进行工业设计教育工作。英国工业设计委员会对第二次世界大战后的英国设计发展以及英国人设计认识的提高贡献巨大。

（2）举办设计展览。1946 年工业设计委员会在维多利亚和阿尔伯蒂博物馆组织举办了大规模的英国第一次工业设计展览会，展示了大量受美国流线型设计样式和斯堪的纳维亚风格影响的设计作品，特别是主题展区"工业设计意味着什么"对于英国民众设计教育的普及有着特殊的意义。1951 年夏天，英国举行了一次全国性的展览活动——英国艺术节（图 9 - 1 - 1），这次活动让"优良设计"的概念深入人心，让更多英国人了解到现代设计的原则和产品设计的理性方法。这次展览展出了包括著名设计师厄尼斯特·雷斯专门为此次活动设计的羚羊椅和罗宾·戴设计的音乐厅座椅。这些展览向人们传播工业设计的观念，为世界工业设计的发展开创了一种有别于美国式市场引导的方式。

（3）创办设计杂志。第二次世界大战工业设计委员会出版了世界上最重要的设计杂志之一《设计》，通过介绍各国设计艺术的发展动态，对设计艺术理论和实践进行了积极的探索，这对于促进英国设计水平的提升起到重要的作用。

（4）设立设计奖项。除了组织各种设计活动以外，英国工业设计委员会下设的设计中心还设立了年度设计大奖"爱丁堡奖"，该奖项由英国女王颁发给最优秀设计作品的设计者及生产厂商，这是英国工业设计的最高荣誉。设计中心后来又推出优良设计标志计划，进一步推动企业界对工业设计的重视。

（5）政府举措方面。在振兴英国设计方面，英国前首相撒切尔夫人率先作出倡导，着重发展设计教育。她曾经说过："英国可以没有政府，但不能没有工业设计"，英国政府将其提上议事日程，大力资助工业设计行业的发展。从 1931 年开始，英国政府规定 5～14 岁学童必须学习"设计与艺术"和"设计与科技"课程，而且"设计与科技"课程必须修到 16 岁。

在经历各种设计思潮的洗礼之后，英国的工业设计开始走向成熟，呈现既不激进也不保守的发展态势，收获了许多理性、务实的设计作品，英国的工业设计在 20 世纪 80 年代终于赶上先进国家的步伐。

9.1.2 第二次世界大战后英国取得的设计成就

20 世纪 60 年代出现的波普文化和设计迎合了年轻人的喜好，因为它具有广泛的影响，英国正统的设计机构不得不正视这种设计风格。波普设计打破了第二次世界大战后工业设计局限于现代国际主义风格的过于严肃、冷漠、单一的面貌，代之以诙谐、赋予人性和多元化的设计，它是对现代主义设计风格的富有戏谑性的挑战，设计师在时装、家具、汽车、室内和平面设计等方面都进行了大胆地探索和创新。

9.1.2.1 时装设计

时装设计方面，第二次世界大战期间物资短缺，这直接影响了 20 世纪 40 年代的服装风格：为了节省布料，服装的袖子、领子和腰带的宽度都有相应的规定；女装裙子的褶皱数量受到限制，裙长缩短及膝而且裁剪得很窄。很多军装都被大量退伍士兵发展成为民服，飞行员夹克就是其中之一。战争赋予了女性男人般的责任与工作，使她们脱下紧身连衣裙换上了男式衬衫，而垫肩使她们像极了男性。同时，受到 20 世纪五六十年代美苏争霸导致的军备竞赛和宇航技术发展的影响，波普风格的时装设计喜欢模仿宇航员的服装，这是那个时代的普遍特征。著名时装设计师安德烈·科列吉斯的银箔装充满了太空元素，仿佛就是为宇航员专门打造的服装。另外，玛丽·宽特的小女孩装设计同样捍卫了当时年轻人的宣言，反映出那个时代的特征。

9.1.2.2 家具设计

第二次世界大战后以功能主义为核心要素的现代主义在英国开始扎根，特别是在家具领域，不少优秀的家具设计师结合现代建筑风格以及北欧有机现代风格发展成为轻盈活泼、简洁明快的英国当代设计风格。

罗宾·戴（Robin Day，1915—2010）是英国 20 世纪 50 年代最具代表性的家具与室内设计大师，被称为"英国家具设计之父"。罗宾·戴对新科技的发展极其敏锐，正是他通过设计将塑料、钢铁、胶合板、聚丙烯材料带进了普通人的生活里。戴是一位道德高尚、原则性很强的设计师，他回避浮华和奢华，他的目标是以最严格、最有效和最具成本效益的方式解决实际问题。他说："在我多年的设计生涯中，我一直感兴趣的是设计的社会环境以及设计大多数人都能负担得起的高质量产品。"1948 年罗宾·戴设计的作品胶合板储物柜赢得纽约现代艺术博物馆举办的国际低成本家具设计竞赛一等奖，从而使英国现代设计开始被世界关注。1950 年，罗宾·戴设计了 Hillestak 椅（图 9-1-2），这把椅子由一个塑模胶合板座面和独立的靠背组成，固定在山毛榉木材的 A 形框架上，这把可叠放椅子凸显了低成本家具的特

After experiencing the baptism of various design trends, the British industrial design began to mature, showing neither radical nor conservative development situation. And It had yielded a lot of rational, pragmatic design work. Industrial design in Britain finally caught up with the advanced countries in the 80s of the last century.

Day was a deeply moral and highly principled designer who shied away from showiness or opulence. His aim was to solve practical problems in the most rigorous, efficient and cost-effective way. "In my long years of designing, the thing that has always interested me is the social context of design and designing things that are good quality that most people can afford", he said.

图 9-1-2 罗宾·戴于 1951 年设计 Hillestak 椅

图 9 - 1 - 3　罗宾·戴于
1964 年设计的聚丙烯椅

Robin Day was best known for his in-jection-moulded Polypropylene Chair, originally designed in 1963 for the firm of S. Hille & Co. The first mass-produced injection-moulded polypro-pylene shell chair in the world，it re-presented a major breakthrough in furniture design and technology. Origi-nally created as a stacking chair，it was adapted for a variety of applica-tions，ranging from airports to sports stadiums. Tens of millions of Polypropylene Chairs have been pro-duced over the last 50 years. It was so iconic，that was selected as one of eight designs in a 2009 series of British stamps of "British Design Classics".

图 9 - 1 - 4　雷斯设计的 BA 椅

Patio furniture "Antelope Chair" de-signed in 1951 was considered to be a landmark design in 1950s. This chair was made of thin curved steel pipe and light color plywood. It was light and dynamic. It could be used both outdoors and in the room. The product was filled with optimism from war.

点，简约实用而时尚。这把椅子是罗宾·戴所接受的第一个大批量生产的产品设计任务，并迅速取得成功。罗宾·戴最出名的设计是注塑聚丙烯椅（图 9 - 1 - 3），最初是 1963 年为 S. Hille & Co. 公司设计的，它是世界上第一个大规模生产的注塑聚丙烯外壳椅，代表了家具设计和技术上的重大突破。它最初是作为一个折叠椅创建的，应用于从机场到运动场的各种场合。在过去的 50 年里，这把聚丙烯椅已经生产了数以千万计。这把椅子非常具有标志性，2009 年被选中作为"英国设计经典"系列邮票的 8 个设计之一。

作为第二次世界大战后英国最具影响力的家具设计师，罗宾·戴堪称英国家具设计界的教父级人物，他的妻子露西安娜·戴（Lucienne Day，1917—2009）亦是一位成就卓著的纺织品设计师，两人常被拿来与美国的知名设计师伊姆斯夫妇作比，和共同从事家具设计的伊姆斯夫妇不一样，罗宾和露西安娜只是在生活中潜移默化地相互影响，两人各有专攻，独立工作。1951 年的英国艺术节上，罗宾·戴和他的妻子的专业声誉赢得了大众认可，两人分别于 1959 年和 1962 年被授予英国皇家工业设计师称号。

厄尼斯特·雷斯（Ernest Race，1913—1964）是英国当代主义风格的另一位代表人物。早年雷斯在建筑学院学习室内设计，推崇现代设计艺术思想，第二次世界大战后创办了家具设计公司，并利用新材料设计家具，尤其擅长利用钢管和铝设计生产轻型家具。1945 年，他利用飞机残骸制成的再生铝设计了 BA 椅（图 9 - 1 - 4），这把椅子的铸铝框架经过烤瓷工艺制成，呈渐缩的 V 形，雷斯为了舒适性，在椅背和扶手处增加了软包，椅子非常轻，因为整件作品几乎由铝材制成。BA 椅在 1951 年的米兰国际工业设计展览中获得金奖。雷斯的另一个代表作是 1951 年设计的露台家具羚羊椅（图 9 - 1 - 5），被认为是 20 世纪 50 年代标志性设计之一。这把椅子采用纤细弯曲的金属钢管和浅色胶合板组合而成，造型轻巧动感十足，既可用于室外也可放置在居室，产品洋溢着从战争中走出来的乐观主义色彩。这种运用各种有机形体来代替现代主义规则的几何形，利用新材料并用更加鲜艳的

图 9 - 1 - 5　1951 年雷斯设计的羚羊椅

色彩丰富产品表现力的设计风格被称为当代风格,也称为艺术节风格。

20 世纪 60 年代中期,英国的家具设计成为波普设计运动的重要组成部分。波普家具的设计都带有玩世不恭的气息,以高度戏谑、娱乐的设计方法达到与正统设计完全不同的效果,展现出与功能主义相去甚远的设计新观念,形成明显的波普风格特点。波普设计考虑的首要因素不是家具的功能性而是如何更好地满足消费者的心理需求。

9.1.2.3 汽车设计

20 世纪 40—50 年代,英国的汽车产业领先世界各国。1948年,由设计师阿列克·伊斯哥尼斯(Alec Issigonis,1906—1988)设计的莫里斯牌大众性小汽车,小巧而紧凑,舒适大方而且具有大众化造型,成为英国第一种可以在国际市场与德国"大众牌"汽车媲美的小汽车,它在 1948 年到 1972 年共生产了 160多万辆,分为 3 个系列:MM(1948—1953 年)、Ⅱ系列(1952—1956 年)和 1000 系列(1956—1971 年)。伊斯哥尼斯设计的另一知名汽车作品"Mini"(图 9-1-6),最初定位是一款价格低廉的小型车,后来成为 20 世纪 60 年代最流行的汽车之一,成为当时流行文化的象征。Mini 于 1959 年 8 月由英国汽车公司推出,并以 Austin 和 Morris 的名义上市,它是一款风靡全球、个性十足的小型两厢车,既古典又现代,线条简练而饱满。独特的两门车设计,车内乘客空间宽裕,具有极高的经济实用性,被认为英国战后最成功的设计之一,也是 20 世纪第二次世界大战影响力排名第二的汽车(福特 T 型车排名第一)。

1959 年,由意大利著名汽车设计师平尼·法瑞纳(Pinin Farina,1893—1966)设计的奥斯汀 A40 大众汽车(图 9-1-7),外形设计简朴、大方,体现了典型的现代风格,被英国《设计》杂志评为英国汽车业最优秀的设计之一。

9.1.2.4 收音机设计

1949 年由穆拉德公司设计生产的 MAS-276 型收音机(图9-1-8),利用深色外框把旋钮刻度板、喇叭等部件集中到面板中间,这种设计成为整个 50 年代台式交流收音机式样的典范。1956 年,由潘恩公司设计、生产的潘恩 710 型便携式晶体管收音机,其创意设计已完全摆脱了传统收音机的外形特征,充分发挥了晶体管这一新材料特点,成为现代设计史上功能性产品设计的范例。

9.1.2.5 平面设计

英国的广告业十分发达,著名的 WPP 广告公司(由马丁·索雷主持)曾经在 20 世纪 90 年代中期排名世界第一,拥有世界上最强大的设计队伍。另外的一些广告公司实力也很强,如萨奇广告公司、阿兰·弗拉奇(Alan Fletcher,1931—   )平面事务所、"五角设计"事务所等。

Pop furniture was designed with cynicism. It achieved a completely different effect from the orthodox design by the highly banter and entertainment design method. And it showed a new concept of design which is far from functionalism and forms an obvious pop style.

图 9-1-6 1959 年莫里斯
设计的迷你小汽车

Originally positioned as a small, inexpensive car, Mini became one of the most popular cars in 1960s. The original was considered an icon of 1960s British popular culture.

图 9-1-7 平尼·法瑞纳
设计的 Austin A40 Farina

图 9-1-8 MAS-276 型收音机

Since its first publication in 1969, *Pioneers of Modern Typography* had been the standard guide to the avant-garde origins of modern graphic design and typography. In this essential reference, Herbert Spencer shows how new concepts in graphic design in the early decades of the twentieth century had their roots in the artistic movements of the time in painting, poetry, and architecture. He examines the artistic background of the new concepts in graphic design, and traces the influences of futurism, dadaism, de Stijl, suprematism, constructivism, and the Bauhaus.

图 9 - 1 - 9 《现代字体
排印先锋》封皮及内页

Alan Fletcher was considered to be the pioneering figure who left his creative mark on a generation of British graphic design.

图 9 - 1 - 10 1965 年弗莱彻设计的
路透社 LOGO （上图）和 2008 年
Interbrand 品牌咨询公司重新
设计的路透社 LOGO （下图）

图 9 - 1 - 11 1989 年弗莱彻为维多
利亚和艾伯特博物馆设计的 LOGO

Its success had inspired the development of the British Industrial Design and consulting industry in the 40s and greatly stimulated the local designers of the UK.

英国的平面设计受到美国设计师索尔·贝斯（Saul Bass，1920—1996）的设计风格的影响，处于国际印刷版面的明确造型风格和纽约视觉传达表现主义之间。赫伯特·斯宾塞（Herbert Spenser，1924—2002）是这一时期英国平面设计的重要人物，他认为英国应该有自己的特征，并提倡将英国的艺术与国际主义风格联系在一起，这样对促进民族设计风格有积极的作用。1969年，斯宾塞出版了《现代字体排印先锋》（图 9 - 1 - 9），借鉴并重新使用了他以前发表在《排版学》杂志上的文章。这本书出版后成为现代平面设计和字体排印的标准指南，斯宾塞在这本书里展示了 20 世纪早期平面设计中的新概念是如何起源于当时绘画、诗歌和建筑的艺术运动的，考察了平面设计新概念的艺术背景，并追溯了未来主义、达达主义、德斯蒂尔、至上主义、构成主义和包豪斯主义的影响。

1962 年，设计师艾伦·弗莱彻（Alan Fletcher，1931—2006）、科林·福勃斯（Colin Forbes，1928— ）和鲍勃·吉尔（Bob Gill，1931— ）创建了以他们名字命名的 "Fletcher/Forbes/Gill" 设计公司。该公司在当时的英国极具影响力，客户包括倍耐力、库纳德、企鹅图书、奥利维蒂等知名公司。1965 年吉尔退出公司，西奥·克罗斯比（Theo Crosby，1925—1994）加入，成立新的团队，无论团队成员如何变化，这个公司始终在英国平面设计领域中起着十分重要的作用。公司主张设计风格和基本理论的多样化，要求设计师从问题出发，通过富有智慧的、合适的设计解决问题。弗莱彻被认为是英国一代平面设计领域留下创造性印记的先锋人物。1965 年，弗莱彻为路透社设计的标志由84 个圆点组成的英文字母构成，极具识别性。2008 年路透社发布了最新标志，其基本元素仍沿用了圆点特征（图 9 - 1 - 10）。1989 年，弗莱彻为维多利亚和艾伯特博物馆（Victoria and Albert Museum）设计的 "V&A" 标志一直沿用至今（图 9 - 1 - 11）。

9.1.2.6 设计机构

较美国而言，英国的设计行业依然是非常先进和前卫的，这与英国独立设计事务所的发展特色密不可分。世界性的商业活动造成了大批外国设计公司把总部设在伦敦，使得英国成为提供国际性设计服务、设计咨询服务的中心。1941 年美国著名设计师罗维在伦敦开设他在美国境外的第一个工业设计事务所，业务进展非常顺利，客户多达 75 家公司。它的成功激发了 40 年代英国工业设计及咨询业的发展，也大大刺激了英国本土的设计师。1942 年，英国按照美国职业设计的模式创建了本国第一家设计协作机构——设计研究所，以赫伯特·爱德华·雷德（Sir Herbert Edward Read，1893—1968）为首的一批艺术家、设计师和建筑师为各种实际的设计项目提供咨询服务。1944 年，英国工业设计协会成立，这在英国现代主义发展过程中起到了重要作用。这个机构由政府贸易局资助，目的是把传统的工艺美术与当代社会的工业相结合，不断改善英国的工业产品，通过报纸、杂志、电视、展览等各种媒介向公众进行设计教育，积极推崇"优良设计"。

英国不少独立设计师把当时设计水平质量低、市场千篇一律的原因归为设计的大企业型模式。英国涌现出一批活跃的提供国际市场服务的小型私人设计事务所。其中最典型的例子是图形设计师尼维尔·布罗迪（Neville Brody，1957—　），他曾经在英国的"卫报"上撰文指责设计企业把设计完全庸俗化、商业化的问题，成立了自己的设计事务所之后开展设计探索，企图达到优秀设计和比较少商业化倾向的目的。布洛迪的设计具有非主流化的特点，特别是他的平面设计作品，具有鲜明的个人特色，与主流设计公司的风格大相径庭（图 9-1-12）。他的设计范围从蓬克音乐唱片封面到杂志，都强调反高街风格，反大企业风格，受到青年人的高度推崇。

20 世纪 70 年代以来，英国出现了许多重要的世界级高技术派的设计师和建筑师，他们纷纷成立设计事务所，包括理查德·罗杰斯（Richard Rogers，1933—　）、诺尔曼·福斯特（Noman Foster，1935—　）、詹姆斯·斯特林（Janes Stirling，1926—1992）等。在英国政府的积极推动下，越来越多的设计师和设计事务所推出众多的优秀设计作品（图 9-1-13），英国的设计风格走向多元化。

图 9-1-12　布罗迪任艺术总监时的杂志 *The Face* 的内页

图 9-1-13　英国福斯特建筑事务所设计的位于纽约的赫斯特大厦

9.2　德国现代设计

长期以来，德国的设计在国际设计领域有着举足轻重的地位，并一直影响着世界设计的发展。现代工业设计最初萌芽于 18 世纪中叶的工业革命，经过一个多世纪的曲折发展，最终诞生于 20 世纪二三十年代，而欧洲是工业设计的故乡，自从工艺美术运动以来，设计革命就拉开了序幕。两次世界大战前后的许多设计思想虽不发源于德国，但经过国际交流，很多设计思想在德国生根发芽并不断壮大，德国的"德意志制造联盟""包豪斯""乌尔姆设计学院"真正将工业设计在理论、实践和教育体系三方面发展成一门独立的学科。

9.2.1　理性主义风格的确立

德国具有坚实的工业设计基础，第一次世界大战后，德意志制造联盟等组织致力于使艺术与工业相结合，加之包豪斯机器美学的影响，德国的经济很快得以振兴，联邦德国成为世界上先进的工业化国家之一，并形成了一种强调技术表现的理性主义的工业设计风格。

第二次世界大战爆发后，大批德国设计师，包括包豪斯的主要成员纷纷离开德国，导致德国在战后很长一段时期都处在恢复

Germany's "The Deutscher Werkbund", "Bauhaus" and "Ulm Institute of Design" have developed industrial design into an independent discipline in theory, practice and education system.

Germany had a solid foundation of industrial design. In post-war Germany, Organizations such as Deutscher Werkbund dedicated to the combination of art and industry. Together with the influence of the Bauhaus machine aesthetic, Germany's economy had soon recovered. The federal republic of Germany had become one of the advanced industrial countries in the world, and had formed a kind of emphasis on technical performance of rationalism industrial design style.

图 9-2-1　第二次世界大战后的德国

图 9-2-2　1962 年布劳恩公司与
乌尔姆设计学院合作开发的电动
剃须刀 Sixtant SM31

With the development of diversified design, the mainstream design in Germany still kept its inherent rational functional style; people pursued the beautiful appearance and applicability of the products, and emphasized the cultural connotation.

图 9-2-3　乌尔姆设计学院

The HfG Ulm was the most progressive educational institution of design in the 1950s and 1960s and a pioneer in the study of semiotics. It is viewed as one of the world's significant design schools, equal in influence to the Bauhaus.

之中。20 世纪 40 年代末至 50 年代末，被称为"灰色的十年"，空间上波及美国之外的所有参战的工业国，德国设计直至 20 世纪 60 年代后才得到比较全面的恢复。

战争使得德国遍地废墟（图 9-2-1），国内物资极为贫乏，许多产品数量远远无法满足市场的需求。生产者和消费者无暇顾及产品实用之外的样式，设计又退回到了原始阶段，产品中的设计含量降到了最低，几乎是无设计的工业产品。这种功能主义设计与原始社会为维持基本生存状态而进行的设计几乎没有差别。

战后德国设计界的主要任务就是如何迅速为国民经济服务，提供满足国内市场需求的产品，考虑设计如何与生产结合，振兴德国的制造业，以及如何使德国形成自己的设计风格。优秀设计人员在第二次世界大战期间流亡到其他国家大大削弱了德国的设计力量，设计界面临着非常艰巨的任务。包豪斯曾经强调的统一、集体化、标准化、个性服从于共性、个人服务于整体等设计理念对战后德国设计面貌的形成产生了重大的影响。

战后德国忙于恢复经济，人们忙着重建家园，贸易和生产制造成为首要任务，但是与其息息相关的工业设计并没有得到普遍的关注。"灰色的十年"在设计史上起到了承上启下的作用，它为德国设计的再度辉煌积蓄了力量。1953 年，在德国联邦议会的倡议下成立了设计委员会，以适应战后商业贸易和工业设计的发展需求。随着设计多元化的发展，德国的主流设计依旧保持着它固有的理性功能主义风格，人们在追求产品的美观和实用之外，更强调一种文化内涵。随着工业化程度的不断提高和生产方式的不断向前发展，德国理性功能主义设计得到了相应的深化和完善。

战后在德国成立的乌尔姆设计学院把理性设计和技术美学思想变成了现实（图 9-2-2）。乌尔姆设计学院以及与其合作的德国电器制造厂商布劳恩公司共同奠定了战后德国新理性主义的基础，并且对世界上其他一些国家的设计也产生了一定的影响。

9.2.2　乌尔姆设计学院

1945 年夏，德国宣布无条件投降，第二次世界大战结束。德国面临重建的艰巨任务。由于第二次世界大战期间的包豪斯学院被迫关闭，其主要成员移居美国并使美国成为世界设计教育中心，德国人开始重新振兴自己的高等艺术设计教育事业，希望能够通过严格的设计教育来提高德国产品设计水平，为振兴国民经济服务，使德国产品能够在国际贸易中取得新的领先地位。因此，德国设计界当务之急就是要促成设计的职业化，使设计业直接服务于工业。除了恢复战争期间被解散的德意志制造联盟，以及成立工业设计理事会之外，德国还从教育入手，在 1953 年成立了乌尔姆设计学院（图 9-2-3），这是 20 世纪五六十年代最先进的设计教育机构，也是研究符号学的先进机构，被认为是与包豪斯具有同等影响力的设计教育机构。

9.2.2.1　乌尔姆设计学院办学理念

乌尔姆设计学院希望通过建立一个基于社会学、符号学和政治参与的新设计科学来弘扬包豪斯的人道主义精神，从根本上探索现代工业社会中美学和设计的社会意义。学院继承并发展了包豪斯的办学理念和德国功能主义的技术美学思想，在包豪斯的设计课程基础上，进一步强化了"以人为本"的功能主义设计思想。学院的办学模式最初继承和延续了包豪斯的培养模式，但不久就调整了方向，开始对科学、设计和技术三者相结合的新模式进行探索，通过和布劳恩、克鲁博等制造商的合作，乌尔姆诠释的"优良设计"被德国国内制造企业所认可，并把设计理念传播到世界各地。在理论研究方面，乌尔姆探讨了系统设计和注重科学逻辑的设计方法论，为设计学科的建立起到了重要作用。乌尔姆设计学院很早就接受了工业化世界这一现实，并使之与自己的教学活动和设计实践联系起来。后来的乌尔姆设计观念扩展到产品设计的许多方面和领域以及大众传媒和大批量生产中，在社会实践和设计的结合方面获得了真正的成功，对 20 世纪后期工业设计的发展具有重大影响。

The HfG Ulm hoped to establish a new design subject based on the sociology, semiotics and political participation, to develop humanitarian spirit of Bauhaus and explore the social significance of aesthetics and design in modern industrial society. It's another important milestone in the history of art and design education. The institute inherited and developed the concept of the Bauhaus, and further strengthens the "people-oriented" functionalist thought.

9.2.2.2　乌尔姆设计学院的设计教育

乌尔姆设计学院第一任校长是马克斯·比尔（Max Bill，1908—1994），他曾经是包豪斯学校的学生，把学院看作是包豪斯的继承者。作为乌尔姆设计学院的首任校长，比尔希望把这所学院办成开放式的欧洲一流的设计教育中心。比尔强调艺术与工业的统一，他认为："乌尔姆设计学院的创建者们坚信艺术是生活的最高体现，他们的目标就是促进将生活本身转变成艺术品"，作为一名工业设计师，他的作品特点是设计清晰、比例准确，他为其长期客户荣汉斯钟表品牌设计的钟表就是例子（图 9 - 2 - 4）。比尔面向全世界招聘教授，学院的 20 多位教授都是来自欧洲各国及北美和南美的著名教授和设计师、建筑师，另外还聘请了世界各国 200 多位访问教授，包括格罗皮乌斯、密斯、伊姆斯、瓦格纳等全球最著名的建筑师与设计师，学院面向全世界招生。乌尔姆设计学院把艺术设计教育与科学技术，现代工业技术更加紧密地结合起来，确定了现代设计的系统化、模数化、多学科交叉的复合学科性质，在教学与培训方法上改变了传统艺术家个体手工劳动的工作方式，把艺术设计与工业企业相结合，学生、教师与工程师、工人、销售人员相结合，形成了现代的团队合作工作方式。

乌尔姆设计学院的目标是培养工业产品设计师和其他现代设计师，提高设计的总体水平。它首先从工业产品设计开始进行教学改革试验，很快就扩展到其他设计范畴。1955 年学院开始正式招生，办校初期分成四个系：产品设计、视觉传播、建筑和信息，1961 年增开了电影系。学院的学制定为四年，第一年是基础课，后三年是专业课，完成四年学业的学生，获得学院颁发的毕

As an industrial designer, his work was characterized by a clarity of design and precise proportions. Examples were the elegant clocks and watches designed for Junghans, a long-term client.

图 9 - 2 - 4　比尔为荣汉斯
设计的钟表

HfG Ulm established the design education for the modern manufacturing, embodied in the scientific system of course system and the design on the application of the methodology. It established the basic skill training, theoretical research and design practice and complete curriculum system. Its distinctive features were experimental and interdisciplinary.

图 9 - 2 - 5　1956 年乌尔姆
设计学院教室内景

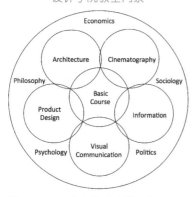

图 9 - 2 - 6　乌尔姆设计学院教学体系

The school design was characterized by formulating a scheme based education in art and science.

Until the founding of the HfG in 1953, there was no systematic approach of design education. HfG pioneered the integration of science and art, thereby creating a teaching of design based on a structured problem-solving approach: reflections on the problems of use by people, knowledge of materials and production processes, methods of analysis and synthesis, choice and founded projective alternatives, the emphasis on scientific and technical disciplines, the consideration of ergonomics, the integration of aesthetics, the understanding of semiotics and a close academic relationship with industry.

业证书。

在比尔和教员们的努力之下，这所学院逐步成为德国现代主义、功能主义、新理性主义建筑设计、工业产品设计和平面设计教育的中心。乌尔姆设计学院较之包豪斯对现代设计理论和方法的科学系统性有着更大的贡献。乌尔姆的贡献在于建立了面向现代制造业需求的设计教育体系，体现在科学系统的课程体系和设计方法学的应用上。乌尔姆建立了从基础技能训练、理论研究到设计实践等完备的课程体系，其中以实验性和跨学科性为显著特点。

学院的课堂教学通过课堂授课和设计实践结合的方式进行（图 9 - 2 - 5）。学生不仅要学习设计的相关技能，还要了解先进的科学文化知识。乌尔姆设计学院教学体系（图 9 - 2 - 6）以科学与艺术教育的融合统一为特色。公共课会邀请科学家、设计师来课堂，增加了学生对现代社会的理解，培养了学生的社会和文化批判意识。

直到乌尔姆设计学院 1953 年成立，设计教育一直没有系统的方法。乌尔姆设计学院开创了科学与艺术的整合，从而创建了一种基于结构化问题解决方法的设计教学：包括对人们使用问题的思考、材料和生产过程的知识、分析和合成的方法、替代方案选择和建立、强调科学和技术科学、考虑人机工程学、整合美学、理解符号学与工业的学术关系等。系统设计原则是乌尔姆设计学院在设计理论方面的最重大贡献，该理论为德国工业设计建立了新的里程碑。

乌尔姆最有影响力的社会实践是和德国布劳恩公司的合作。在学院成立之时，乌尔姆设计学院就与布劳恩开始了合作关系，之后越来越多的教师、学生参与到布劳恩公司产品的设计中，生产出大量优秀的工业产品，为布劳恩公司在国际市场上取得巨大成功做出了重要的贡献。布劳恩公司在产品设计中完美贯彻了乌尔姆设计学院的设计精神，强调人体工学原则，以高度的理性化、次序化作为自己的设计准则。这种合作产生了丰硕成果，布劳恩公司的设计至今仍被看作是优良产品造型的代表和德国文化的成就之一。

在乌尔姆设计学院执教的汉斯·古格洛特（Hans Gugelot，1920—1965）是系统设计思想的核心人物，参与了很多与布劳恩公司的合作产品设计（图 9 - 2 - 7），他认为，"系统设计是能够通过系统化综合不可思议的多样化"。该理论的基本概念是以系统思维为基础，给纷乱的世界以秩序，将客观事物置于相互影响、相互制约的关系中，通过系统设计使标准化生产和多样化选择结合起来，以满足不同消费者的需要。

系统设计原则更多地关注整体功能、关注人和环境的关系，不再局限于某个个体或产品的外观，通过产品功能单元的组合实现产品功能的灵活性和组合性。系统设计的核心就是理性主义和功能主义，以高度系统化、简约化的形式呈现冷漠和非人情味的特征。

9.2.2.3 乌尔姆设计学院的关闭及影响

乌尔姆设计学院在其建立的最后几年，陷入了政治上的争论和经济上的困扰，教育活动不如初期那样充满活力，教员相继离开使得学院吸引力下降，教育投入只能维持最低水平线。1961年，学院的基础课正式取消，此次调整遭到了师生们的反对，之后虽然平息了争论，但学院也走到了末路。1963年，德国一家报纸报道了学院存在的矛盾，随后政府开始审查学院财政投入，未来是否有资金投入有赖于学院能否合并到乌尔姆工程学院或是斯图加特城市大学。随着政府补助金的取消，学校基金会负债累累，财政极为困难，最终在1968年10月关闭。乌尔姆设计学院发展历史是不断地创新和变革的，这也符合其作为设计改革实验机构的特点，但这同时也导致了课程内容、课堂组织以及持续的内部矛盾等大量问题出现。乌尔姆设计学院的设计哲学在德国具有很大影响力，它立足于德国理性主义传统之上，试图证明设计的科学特征，尝试进行科学的整合设计。

乌尔姆设计学院是20世纪五六十年代世界上影响最大的设计学校，是继包豪斯之后世界艺术设计教育史上的又一个里程碑。学院虽然仅仅存在13年，但是"ULM模式"仍然对国际设计教育产生重大影响。它以科技为基础，摒弃了艺术对设计的影响，倡导严谨的设计方法论，走出了一条新的工业化设计之路。不少学生和教员都成为大企业的设计骨干，他们把学院的哲学带到了设计具体实践中去。

9.2.3 德国汽车设计

从1886年德国人卡尔·本茨发明第一辆汽车到现在已经过去130多年，回顾这段历史，德国汽车工业的发展经历了发明试验、不断完善、迅速发展和高科技广泛应用四个阶段，每个阶段都和德国的政治、经济、社会文化等紧密联系在一起。

19世纪70年代，西方第二次工业革命兴起，德国人在19世纪末用30年的时间完成了英国人100年走完的工业化道路，跻身世界工业化强国之列。这一时期，内燃机的发明和汽车的诞生使德国涌现出许多汽车工厂。第一次世界大战前，德国汽车工业基本形成了一个独立的工业部门（图9-2-8），产量仅次于美国汽车。第一次世界大战爆发时，德国汽车工业年产量已达2万辆。战争结束后，德国仅用10年时间就远超战前，呈现出繁荣的景象。在这一阶段，汽车工业迅速发展，汽车技术不断提升。1933年希特勒上台后，把发展汽车工业及相关行业摆到首要位置，在1933年的柏林车展上，希特勒公布了两个新的计划："人民的汽车"和一个由国家赞助的赛车计划，以发展"高速德国汽车工业"。此后的30年代再次成为德国汽车生产的"黄金时代"。

图9-2-7 古格洛特于1955年设计的无线电留声机

The history of HfG evolved through innovation and change, in line with their own self-image of the school as an experimental institution. This resulted in numerous changes in the content, organization of classes and continuing internal conflicts that influenced the final decision of closing the HfG in 1968.

Although the school ceased operation after 13 years, the "Ulm Model" continues to have a major influence on international design education. Based on science and technology, it abandoned the influence of art on design, advocated a rigorous design methodology, and stepped out of a new road of industrial design. Many students and teachers had become the backbone of the design of large enterprises; they brought the philosophy of the college to the concrete practice of design.

图9-2-8 20世纪初德国奔驰汽车组装车间

图 9-2-9　1923 年的奥迪车

图 9-2-10　第二次世界大战期间
德国使用最多的大众 82E 型汽车

图 9-2-11　1932 年保时捷
Type 12 的甲壳虫雏形车

第二次世界大战爆发前，德国汽车公司如戴姆勒-奔驰、奥迪、大众等均有了一定的生产规模，为之后汽车工业的大发展奠定了基础（图 9-2-9、图 9-2-10）。

20 世纪 40 年代前期，汽车工业经历了史无前例的战争。整个第二次世界大战期间，汽车工业成为军事工业一部分，为战争服务。后期又经历了战后恢复和重建的阶段，大部分汽车工厂受到重创，被盟军接管。德国由于是战败国，工业发展受到很大限制。直至 50 年代，德国人依靠顽强的民族精神，德国汽车工业才真正迅速发展起来。1950 年，汽车产量达到 30 万辆。随着汽车普及和出口竞争力的不断提高，以大众公司"甲壳虫"为代表的汽车工业开始进入飞速发展阶段。

费迪南德·保时捷（Ferdinand Porsche，1875—1951）是著名的汽车设计大师，保时捷汽车公司的汽车工程师和创始人。他创立的设计方案和风格，至今仍为人们所仿效，他对汽车工业的贡献体现在高超的产品设计水平和促进汽车大众化两个方面。他构思并成就的经典款汽车"甲壳虫"，风靡世界。甲壳虫汽车凭借其经济耐用、坚实的车体结构和底盘引擎，得到大众的认可，知名度和销量节节攀升，创造了一段传奇的汽车工业史，1955 年甲壳虫汽车总产量达到 100 万辆，1967 年达到 1000 万辆，1972 年甲壳虫汽车取代福特 T 型车成为全球产销量冠军。1981 年第 2000 万辆甲壳虫汽车在墨西哥 Peubla 工厂下线，2003 年最后一辆甲壳虫汽车在大众汽车墨西哥工厂下线，标志着第一代甲壳虫汽车 65 年的辉煌历史正式结束（图 9-2-11～图 9-2-14），甲壳虫汽车使大众汽车公司成为全球知名的汽车企业，也成为见证德国经济发展的活化石。费迪南德·亚历山大·保时捷（Ferdinand Alexander Porsche，1935—2012）是费迪南德·保时捷的孙子，曾在乌尔姆设计学院学习。虽然其祖父和父亲都是工程师，但他更多参与了产品外观的设计。1962 年，他被父亲任命为造型设计负责人，并在一年后打造出了风靡全球的保时捷 901（1965 年由于标致汽车抗议，更名为保时捷 911），并在 1963 年以跑车的身份首次在法兰克福车展亮相，引起关注。"蛙眼大灯"的前脸设计、Coupe 车身造型、后置六缸水平对置发动机、良好

图 9-2-12　1938 年第一代
甲壳虫 VW-38 型汽车

图 9-2-13　1955 年第一百万辆
甲壳虫汽车纪念版

图 9-2-14　1981 年"SilverBug"
纪念版甲壳虫汽车

的操控性为保时捷 911 的成功奠定了基础（图 9 - 2 - 15）。除了轿车外，费迪南德·亚历山大·保时捷还涉足赛车设计，他在 1964 年打造的保时捷 904 Carrera GTS 赛车被誉为史上最美赛车之一（图 9 - 2 - 16）。

图 9 - 2 - 15　保时捷 911 经典车型

20 世纪 60 年代，德国汽车工业不断调整和重组。随着欧洲一体化进程的加快，德国汽车工业开始进入新的发展阶段。虽然汽车厂家数量经过竞争急速下降，但产量却不断提高。1966 年，汽车产量被日本超过，居世界第三，并保持到现在。作为全球三大汽车强国，德国汽车工业在国民经济和人们的生活中发挥着无可替代的作用。德国七分之一的就业岗位、四分之一的税收收入都来自汽车工业。

图 9 - 2 - 16　保时捷 904
Carrera GTS 赛车

如今的汽车不仅仅是交通工具，同时也成了文化、设计和艺术的载体，当然也包括速度和激情等运动方面。与其他国家的汽车相比，德国汽车体现着他们民族的理性、严谨、对细节一丝不苟的态度；同时，作为汽车的发源地，还往往带有一种自信和从容，深厚的技术积累也让德国汽车在速度和激情方面丝毫不落下风。

9.2.4　德国优秀设计师

9.2.4.1　迪特·拉姆斯与"设计十原则"

迪特·拉姆斯（Dieter Rams，1932—　）是德国工业设计师，早年在德国威斯巴登的实用艺术学校学习建筑设计及室内设计，后作为职业工业设计师从事设计活动。20 世纪 50 年代中期，拉姆斯等一批年轻设计师受聘于当时尚默默无闻的布劳恩公司，组建设计部，并与乌尔姆造型学院建立了合作关系。该院的产品设计系主任古戈洛特发展出一套系统设计的方法，而拉姆斯则成为该理论的积极实践者。1956 年，拉姆斯与古戈洛特共同设计了一种收音机和唱机的组合装置 SK-61，该产品有一个全封闭的白色金属外壳，加上一个有机玻璃的盖子，被称为"白色公主之匣"（Snow White's Coffin）（图 9 - 2 - 17）。1959 年，他们将系统设计理论应用到实践中，设计了袖珍型电唱机与收音机组合，与先前的音响组合不同的是，其电唱机和收音机是可分可合的标准部件，使用十分方便，这种积木式的设计是以后高保真音响设备设计的开端。到了 70 年代，几乎所有的公司都采用这种积木式的组合体系。拉姆斯将系统设计方法在实践中逐渐完善，并推广到家具设计乃至建筑设计领域，使整个空间有条不紊，严谨单纯，成为德国的设计特征之一。系统设计形成的完全没有装饰的形式特征，被称为简约风格，色彩上主张采取中性色彩：黑、白、灰。拉姆斯认为单纯的风格只不过是解决系统问题的结果，提供最大的效率并清除社会的混乱，他认为最好的设计是极简设计（Less，but Better）。

图 9 - 2 - 17　SK - 61 无线电
录音播放器

拉姆斯经常会问自己的设计是否是好设计，答案成为后来著名的"设计十原则"，根据拉姆斯理论，好的设计应遵循以下 10

Rams asked himself the question: "Is my design good design?" The answer he formed became the basis for his celebrated ten principles. According to him, "good design":

(1) Is innovative—The possibilities for progression are not, by any means, exhausted. Technological development is always offering new opportunities for original designs. But imaginative design always develops in tandem with improving technology, and can never be an end in itself.

(2) Makes a product useful—A product is bought to be used. It has to satisfy not only functional, but also psychological and aesthetic criteria.

(3) Is aesthetic—The aesthetic quality of a product is integral to its usefulness because products are used every day and have an effect on people and their well-being. Only well-executed objects can be beautiful.

（4）Makes a product understandable—It clarifies the product's structure. Better still, it can make the product clearly express its function by making use of the user's intuition. At best, it is self-explanatory.

（5）Is unobtrusive—Products are neither decorative objects nor works of art. Their design should therefore be both neutral and restrained, to leave room for the user's self-expression.

（6）Is honest—It does not make a product appear more innovative, powerful or valuable than it really is. It does not attempt to manipulate the consumer with promises that cannot be kept.

（7）Is long-lasting—It avoids being fashionable and therefore never appears antiquated. Unlike fashionable design, it lasts many years-even in today's throwaway society.

（8）Is thorough down to the last detail—Nothing must be arbitrary or left to chance. Care and accuracy in the design process show respect towards the consumer.

（9）Is environmentally friendly—Design makes an important contribution to the preservation of the environment. It conserves resources and minimizes physical and visual pollution throughout the lifecycle of the product.

（10）Is as little design as possible Less, but better-because it concentrates on the essential aspects, and the products are not burdened with non-essentials. Back to purity, back to simplicity.

图 9-2-18 布劳恩 ET66 和早期 iPhone 的计算器应用程序

项原则：

（1）好的设计是创新的。技术的进步总是为原创设计提供新的机会，富有想象力的设计总是与技术进步同时发展，永不停止。

（2）好的设计是实用的。购买产品是为了使用，它不仅要满足功能，而且要满足心理和审美标准。

（3）好的设计是唯美的。产品的审美品质是其有用性的组成部分，因为产品每天都在使用，并且影响着人们和他们的福祉。只有执行良好的设计才具有审美性。

（4）好的设计易于理解。设计能够阐明产品的结构。更好的是，它能够利用用户的直觉使产品清晰地表达其功能，最好能够不言而喻。

（5）好的设计是隐讳的。产品既不是装饰品，也不是艺术品。因此，产品设计应该中立、克制，为用户的自我表达留出空间。

（6）好的设计是诚实的。它不会使产品看起来比它实际更创新、强大或更有价值，它不试图用无法遵守的承诺来操纵消费者。

（7）好的设计是经久不衰的。它避免了时尚，因此从不显得过时。与时尚设计不同，它持续很多年——甚至在当今用后即弃的社会。

（8）好的设计是细致的。任何产品设计都不能随意或期待于妙手偶得。在设计过程中需要细心细致、准确无误，体现对消费者的尊重。

（9）好的设计是环保的。设计对保护环境做出了重要贡献，它节省了资源，并最小化了产品的整个生命周期的物理和视觉污染。

（10）好的设计是极简的。更少，但是更好。因为设计集中于必要方面，无须承担非必需功能和细节的负担，回到纯洁，回归简单。

拉姆斯运用他的经历、独特的风格，影响了无数产品的设计，在世界范围内获得广泛的认可和赞赏。苹果公司 iOS3 中包含的计算器应用程序的外观模仿了由拉姆斯和卢布斯（Dietrich Lubs，1938— ）1987 年为布劳恩公司设计的 Braun ET 66 计算器的外观（图 9-2-18），所有操作借由凸出的圆形按钮完成，其形状易于手指触碰，红色和绿色的功能按键显得更为精致。iOS7 世界时钟应用程序的字体和布局与布劳恩的时钟（和手表）设计都极为相似。

9.2.4.2 科拉尼与奇特造型

卢吉·科拉尼（Luigi Colani，1928— ）是当今时代最著名的也是最具颠覆性的设计大师，被国际设计界公认为"21 世纪的达·芬奇""离上帝智慧最近的设计大师"。

科拉尼早年曾系统学习过绘画和空气动力学，这使他不但具备艺术气质，而且不乏科技头脑，为他之后的设计风格打下了坚实的知识基础。在具体的设计实践中，他认为"设计必须服从自然规律和法则"。他曾说："地球是圆的，所有的天体都是圆的，它们也都在圆的或者椭圆的轨道运行，这个圆形球状迷你世界围绕着彼此旋转的图像跟随我们直达微观宇宙，我要追寻伽利略的哲学：我的世界也是圆的"。科拉尼的设计的主要特点是圆形和有机的形式，他称之为"生物动力学"，并声称人体工程学优于传统设计。这一指导思想使他的设计具有空气动力学和仿生学的特点，同时表现出一股强烈的造型意识（图9-2-19、图9-2-20）。科拉尼的设计灵感来源于自然、有机的形式，特别是海洋生物，在20世纪50年代和60年代，他是设计界伟大的特立独行者，痴迷于跳出功能主义圈子，寻找一种超越世俗功能世界的设计语言，希望通过更自由的造型来增加趣味性。他设计了大量造型极为夸张的作品，由此他也被称为"设计怪杰"，并逐步成为世界著名的设计大师。

The earth is round, all the heavenly bodies are round; they all move on round or elliptical orbits. This same image of circular globe-shaped mini worlds orbiting around each other follows us right down to the microcosmos. We are even aroused by round forms in species propagation related eroticism. Why should I join the straying mass who want to make everything angular? I am going to pursue Galileo Galilei's philosophy: my world is also round.

—Luigi Colani

The prime characteristic of his designs are the rounded, organic forms, which he terms "biodynamic" and claims are ergonomically superior to traditional designs.

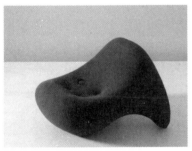

图9-2-19　科拉尼设计的
电视休闲椅

图9-2-20　科拉尼设计的
流线型卡车

科拉尼强调设计的动手能力，他认为那些仅依靠电脑作图的年轻设计师不能够保持设计成果和其想法的一致性，思维容易受限。在接受"设计博物馆"网站采访时，他表示，在设计方面，中国仍然是非常年轻的文化。中国的设计师虽然非常熟悉计算机绘图技术，但对于概念设计还是比较陌生。科拉尼鼓励学生画画，以手绘和雕塑的方式进行概念创新设计。他说："当一个学生在电脑上设计一个把手之类的产品，当实际触摸感受这个产品时通常感到哪里不对劲，但当你从一块油泥开始，雕刻这个把手，然后用手去感受它，它绝对是完美的，这个时候，我再告诉我的学生，他们应该把现在的设计用电脑数字化，这才是正确的方法。"

"When a student designs something like a handle on their computer screen and when you touch it later, it often feels wrong. But when you start with a piece of clay, sculpt the handle and then you put your hand around it, it's absolutely perfect. It's only then that I tell my students they should start to put the design into the computer for digitising. That's the right way."

20世纪50年代，科拉尼为菲亚特、阿尔法罗密欧、兰西亚、大众和宝马等公司设计汽车，60年代他又在家具设计领域获得举世瞩目的成功。科拉尼以极富想象力的创作手法设计了大量的交通工具和日常用品，尽管他的非传统设计方法很大程度上脱离了工业设计的主流，但还是为他赢得了国际性的声誉，使他获得数

图 9 - 2 - 21　1924 年华根菲尔德
设计的"包豪斯灯"

This object, known as the "Bauhaus lamp," embodies an essential idea-form follows function-advanced by the influential Bauhaus school. Through the employment of simple geometric shapes—circular base, cylindrical shaft, and spherical shade—Wagenfeld and Jucker achieved "both maximum simplicity and, in terms of time and materials, greatest economy".

图 9 - 2 - 22　1938 年华根
菲尔德设计的玻璃器皿

Wagenfeld believed that everyday household objects should be "cheap enough for the worker and good enough for the rich".

图 9 - 2 - 23　1955 年华根菲尔德
设计的 WV 343 型灯具

次国际顶级的设计大奖。

9.2.4.3　华根菲尔德与镀铬钢管台灯

　　威廉·华根菲尔德（Wilhelm Wagenfeld，1900—1990）出生于德国不来梅，早年曾在银具厂工作，并接受过艺术教育。1923 年开始在包豪斯就学、任教。在包豪斯的金属车间，在艺术家纳吉的指导下，华根菲尔德设计了著名的镀铬钢管台灯（图 9 - 2 - 21）。这个被称为"包豪斯灯"的产品体现了包豪斯学校所提出的形式追随功能的基本设计思想，华根菲尔德通过使用简单的几何图形、圆形底座、圆柱轴和球形灯罩实现了最大限度的简化以及在时间和用材上的经济性。

　　华根菲尔德反对自我中心的设计观念，他声称工业中的设计是一种协作的活动，与艺术家的工作毫无共同之处。他否认把功能作为形式的决定性因素，认为功能并不是最终目的，而是良好设计的先决条件。这种观念的改变和他适应工业生产的能力，使他得以作为一位主要的设计师在第三帝国期间继续工作，这在他先前的包豪斯同仁中是少见的。1925 年包豪斯搬离魏玛，华根菲尔德并没有跟随包豪斯前往德绍，而是留在魏玛，并在 1926 年开始在国家艺术与建筑学院的金属车间任职。1930 年这个学校关闭后，华根菲尔德开始从事自由职业，接受家具、陶瓷、玻璃等方面的设计委托。1931—1935 年，他被委任为柏林国立艺术学院的教授。1935—1947 年，华根菲尔德被聘为联合劳西泽玻璃厂的艺术总监。在此期间由于改善了产品质量，他设计的玻璃制品在1937 年的现代艺术与技术国际博览会、1940 年的米兰三年展上获奖，使他获得了国际声誉。他主要的作品都是模压成型的玻璃器皿，如供餐馆、酒家所用的酒杯，商业上使用的瓶、罐，及采用模数化的厨房容器和盘子等。所有这些产品都没有装饰，而强调简洁的线条和微妙的形态变化，有克制地探索了玻璃可塑的特征（图 9 - 2 - 22）。华根菲尔德认为：日常使用的家用产品应该"对工人足够便宜而对富人足够好"。

　　第二次世界大战后，华根菲尔德一边在德国科学院和国立艺术学院任职，继续从事设计教育，一边积极从事设计活动。1954年，华根菲尔德成了独立开业的设计师，设计了不少优秀的灯具，在这些设计中，灯泡刻板的几何形态被有机形态的塑料灯罩所缓和（图 9 - 2 - 23）。华根菲尔德作为参与批量生产最有名的德国设计师之一，使工业设计的潜力在更加专业化的生产体系中得到了进一步的发挥。

9.2.4.4　艾斯林格与青蛙设计公司

　　哈特穆特·艾斯林格（Hartmut Esslinger，1944—　）是德裔美国人，著名的工业设计师和发明家，青蛙设计公司创始人。艾斯林格及其公司的客户包括苹果、路易威登、汉莎航空、奥林巴斯、SAP、三星、索尼和维嘉等公司。艾斯林格以突破性的设计重新定义了现代消费美学观念，他的设计哲学是"形式追随情感"，既保持了德国设计的严谨和简练，又带有后现代主义的诙谐幽默和怪诞嬉戏，创造出大量新颖奇特而又充满情趣的产品，在高科技设计方面极具影响力，很大程度上改变了20世纪末的设计潮流。

1969年，艾斯林格创建自己的设计公司，第一个客户是德国维嘉公司，它是一家音响制造商，德国最早的无线电接收器制造商，1975年被索尼收购，艾斯林格为维嘉公司设计的时尚和高品质的立体声设备风靡欧洲（图9-2-24）。到了1982年改名为青蛙设计公司。作为苹果公司长期的合作伙伴，青蛙设计公司积极探索界面友好的计算机，通过采用简洁的造型、微妙的色彩以及简化的操作系统，取得了极大的成功。艾斯林格和他的公司也为苹果开创了"白雪公主设计语言"，并应用于1984—1990年的所有苹果产品，艾斯林格也成为"苹果风格"的奠基人。1984年，青蛙设计公司为苹果设计开发了苹果IIc型计算机（图9-2-25），这台机器引入了苹果的"白雪公主设计语言"，以其艾斯林格式的典型造型和现代化外观而闻名，成为以后十年苹果设备和计算机的标准。苹果IIc型计算机推出了一种独特的灰白色颜色，被称为"雾"，用于增强"白雪公主"的设计风格。

成立后的短短几年内，青蛙设计公司便给多家全球企业完成设计项目，取得巨大成功，在国际设计界的声望与日俱增，1993年青蛙设计公司荣获红点奖年度设计团队奖。1990年，艾斯林格成为继罗维1947年首次登上美国《商业周刊》封面之后获此殊荣的第二位设计师，2013年获得英国皇家艺术学会授予的"皇家荣誉工业设计师"称号，2017年获得库伯休伊特国家设计奖颁发的终身成就奖以及世界设计组织颁发的世界设计奖章。青蛙设计公司一直秉持创新和新颖性相结合的理念，使其设计作品广受赞誉。在其设计中不但保持了乌尔姆学院的严谨、简练的理性风格，还融入了样式主义、未来主义的设计符号，青蛙设计公司以理性功能主义为基础兼具激情艺术气息的独特设计获得成功，再一次证明国家的气质和文化背景与这个国家的设计特征和经济繁荣有着必然的联系（图9-2-26）。

2009年，艾斯林格出版了《一线之间》（*A Fine Line*），总结了自己及青蛙设计的设计之路，记录了为苹果、微软、路易威登、汉莎航空等企业建立高识别度品牌的过程，揭秘设计战略如何塑造商业的未来，如何将创新型战略融入机构的竞争战略框架之中，探索了如何构建具备环境可持续性的、有益于创建繁荣而持久的全球经济的商业解决方案。

9.2.4.5　布劳恩公司

布劳恩（又译为博朗）公司由机械工程师马科斯·布劳恩（Max Braun，1890—1951）于1921年在法兰克福创办，开始生产收音机配件，8年后开始生产整套收音机，并逐渐成为德国领先的无线电制造厂商。1935年布劳恩品牌正式注册，LOGO设

图9-2-24　艾斯林格为维嘉设计的高保真音响系统

图9-2-25　1984年青蛙设计公司为苹果设计的苹果IIc型计算机

The machine introduced Apple's Snow White design language, notable for its case styling and a modern look designed by Hartmut Esslinger which became the standard for Apple equipment and computers for nearly a decade. The Apple IIc introduced a unique off-white coloring known as "Fog" chosen to enhance the Snow White design style.

图9-2-26　1985年艾斯林格为雅马哈设计的FZ750摩托车

In 2009 Esslinger published *A Fine Line* in which he explores business solutions that are environmentally sustainable and contribute to an enduring global economy.

BRAUN

图9-2-27　布劳恩公司标志

From the mid-1950s, the Braun brand was closely linked with the concept of German modern industrial design and its combination of functionality and technology. In 1956, Braun created its first design department, headed by Dr. Fritz Eichler, who instituted a collaboration with the Ulm School of Design to develop a new product line.

Braun's design of electrical products had become a model of German industrial design after World War II with a distinctive style based on geometric forms, a reduced palette, and the eschewal of extraneous decoration.

计即为其英文名称，其中"A"字母放大凸起（图9-2-27）。1951年，马科斯·布劳恩去世，他的两个儿子亚瑟·布劳恩（Artur Braun）和欧文·布劳恩（Erwin Braun）开始接管企业。他们将布劳恩不断创新、一流设计、完美品质的经营理念继续推进，将先进技术、优质材料和好的质量同优秀的设计相结合，不断开拓产品范围，开始在消费者中树立良好的形象。从20世纪50年代中期开始，布劳恩品牌就与德国现代工业设计理念及其功能与技术的结合紧密相连。1956年，布劳恩创建了第一个设计部门，由弗里茨·艾希勒（Fritz Eichler）领导，并与乌尔姆设计学院合作开发了一条新的产品线。作为布劳恩设计里程碑的产品"白雪公主之匣"也是在这一年被设计生产，这个产品颠覆了以往家具式的电器形象。1961年，拉姆斯成为布劳恩设计部门主管，强调产品简洁的几何形外观、易操作性和舒适性。布劳恩的电器产品设计以几何造型、色彩简约化、避免多余装饰的独特风格成为第二次世界大战后德国工业设计的典范（图9-2-28、图9-2-29）。20世纪70年代，受波普艺术风格设计方法的影响，布劳恩许多家用电器产品的色彩鲜亮、手感轻盈，但在造型上依旧线条明确，保持了功能主义的设计原则（图9-2-30）。

图9-2-28　拉姆斯1959年为布劳恩设计的LE1扬声器

图9-2-29　布劳恩生产的D46型投影机

图9-2-30　布劳恩于1970年出品的电吹风机

1962年，布劳恩成为一家上市公司。1967年，总部位于马萨诸塞州波士顿的吉列集团收购了布劳恩公司的大部分股份。此后，布劳恩公司开始专注于家用电器（如剃须刀、咖啡机、收音机、钟表等）的设计生产。1982年，吉列集团全面控制布劳恩的运营，使其成为吉列的全资子公司。2005年吉列集团又被宝洁公司并购，使得布劳恩成为宝洁的全资子公司。尽管在发展过程中经历了众多波折，但布劳恩的设计理念和产品品质始终如一，一些产品至今仍经久不衰并引领着市场的方向。

9.3　绚丽时尚的意大利设计

"意大利设计"作为一种特殊风格的代表名词出现，并建立起国际声誉是在1945年之后。如果说美国工业设计代表了自由竞争制度的结果，那么意大利设计就在于独特的生产制造业文化。意大利工业化进程虽然时间短，但注重制造业的发展，注重制造工艺的研发。意大利的工业界、企业界将设计与制造两者有机结合起来，形成了不同于欧美、日本的现代主义特色，奠定了独一无二的"制造文化"产业，使意大利成为首屈一指的设计力量。

9.3.1　意大利现代设计发展的历史条件及概况

第二次世界大战结束后，意大利的工业遭到严重破坏，20 世纪四五十年代，意大利在美国马歇尔计划援助下开展重建工作，同时引入美国工业的生产模式，使得意大利的现代主义设计异军突起并且表现出不同于其他欧洲国家与生俱来的特性。包豪斯国际主义风格在特定的土壤环境中酝酿、发酵并演变出意大利式的特色。

意大利不是现代主义运动的倡导者，但其呈现的设计思潮和组织促成意大利的现代主义在 20 世纪中叶走向繁荣。家具、汽车、服装、电子产品、家用电器等领域的设计赢得了国家市场的认可，意大利设计发展到 20 世纪末几乎成为"杰出设计"的同义词。

9.3.2　意大利现代设计的发展阶段

意大利在第二次世界大战期间受到盟军的沉重打击，经济损失严重，但是战后意大利设计很快发挥出促进经济发展的巨大作用。在"艺术的生产""用设计引导生产"口号的引领下，设计师不断推出具有创意的新作品，使意大利的设计兼具高审美品位的同时在世界设计史上形成自己独特的风格及特点。

意大利的现代设计先后经历了五个重要阶段。

9.3.2.1　第一阶段，1945—1950 年，重建期

第二次世界大战结束，意大利的国计民生接近崩溃的边缘，国家进入轰轰烈烈的重建时期。美国经济上的和工业技术上的援助对于意大利战后的重建具有特殊的意义。20 世纪 40 年代，意大利设计完全针对和满足战后人民生活需要的功能主义的大批量产品，家具设计、室内设计、建筑设计、城市规划领域涌现的众多设计师，进一步推动了传统的手工业者向中小型工业企业转型，使之形成了一支极具潜力的产业大军，成为"意大利设计"不可或缺的组成部分。

为了迅速扫盲，1948 年马赛罗·尼佐里（Macello Nizzoli，1887—1969）在工程师贝乔的协助下设计了 Lexikon 80 型打字机（图 9-3-1），在很大程度上满足了意大利社会经济的更高需求。产品造型简洁圆润，舒适的圆柱键盘代替了之前的针头键盘，盖子和结构部分采用铝合金压模铸造工艺从而衔接流畅，而转动滚筒的手柄像极了海滩边捡拾的生物骨头。这部经典机器使得意大利人民迈入新的文化进程。

Italy's industrial process was short, but it focused on the development of manufacturing and craftsmanship. The industries and enterprises of Italian organically combined both design and manufacturing. It formed the modernism characteristic different from Europe, the United States, and Japan which establishing the unique craft culture industry. It helped make Italy a top design force.

图 9-3-1　Lexikon 80 型打字机

图 9-3-2　1954 年
"金圆规奖" 标识

"Lettera22" typewriter had won the "Golden compasses" award, which was regarded as the classic work of modern design in Italy. It was the earliest and most influential global design award and belonged to the Italian national cultural heritage.

图 9-3-3　Zanotta 公司
生产的 "豆袋椅"

The Sacco almost abandoned all parts of the traditional chair—seating, backrest, armrests and chair legs, but the shape and posture of the user could be shaped according to the user's body shape and posture, which could even be used as a decorative sculpture at home. It created a new era of furniture design. Now it has become a classic work in the history of design, and has been collected by many famous modern art museums.

9.3.2.2　第二阶段，1950—1960 年，成熟期

进入 20 世纪 50 年代，意大利设计开始实施 "实用加美观" 的设计原则，逐渐形成具有意大利文化特征的设计风格。意大利经济在 20 世纪 50 年代中期开始飞速发展，于 60 年代进入丰裕社会阶段，意大利设计进一步发展并走向成熟。1953 年意大利《工业设计》杂志创刊，1954 年意大利文艺复兴公司创立意大利设计的最高奖 "金圆规奖"（图 9-3-2），为国家优秀设计和优秀设计师的出现提供了条件。著名设计大师吉奥·庞蒂（Gio Ponti，1891—1979）设计的 "轻体椅" 荣获第一届 "金圆规奖"，1950 年尼佐里为奥利维蒂公司设计的 "拉特拉 22 型" 打字机也同时获得此奖，"金圆规奖" 是时间最早也最有影响力的全球设计大奖，属于意大利国家文化遗产。1956 年，意大利工业设计协会（ADI）成立，这是意大利国家级的工业设计行业协会，是意大利产品和设计崛起的先锋，在设计业起着引领作用。

这一时期，意大利成为国际上发展设计最具有活力的地区。意大利的家具行业涌现出以马可·扎努索（Marco Zanuso，1916—2001）（他所设计的沙发床，既可当床使用，又可轻易折叠成一张沙发，堪称意大利战后多功能设计的典范之作）等为代表的众多优秀设计师，他们对意大利家具设计及国际品牌形象的树立起到了极大的促进作用。

9.3.2.3　第三阶段，1960—1970 年，冲突期

20 世纪 60 年代始，意大利社会经济从战争中复苏，思想解放运动席卷欧美，意大利设计逐渐出现了新的转向，设计不再是普适性的，而开始追求个性和美感。意大利激进设计运动风起云涌，并且在 20 世纪 60 年代末期达到高潮。1969 年，意大利 Zanotta 公司批量生产了三位激进派设计师——皮耶罗·盖蒂（Piero Gatti，1940—2017）、塞萨尔·鲍里尼（Cesare Paolini，1937—1983）和弗兰克·提奥多罗（Franco Teodoro，1939—2005）共同设计的 "豆袋椅"（图 9-3-3）。它是一种以小球粒或泡沫塑料为充填物，随坐姿而变形的椅子，完全打破了传统椅子的观念。豆袋椅几乎放弃了传统椅子的所有部位——座位、靠背、扶手、椅腿，而是可以按照使用者的体型和姿势来随意塑造自身的形态，摆在家里甚至还可成为一件雕塑装饰品。豆袋椅开创了家具设计的全新时代，如今它已成为设计史上的经典作品，被众多著名现代艺术博物馆收藏。

在此时期，除了美国的设计风格外，软性功能主义的代表、以浓郁人情味著称的斯堪的纳维亚风格也风靡世界，但是意大利设计师经过十多年的努力，特别是美国现代艺术博物馆等地展出的 "意大利·家用产品新风貌" 展览确立了意大利设计的世界性地位，从 20 世纪 70 年代开始取代斯堪的纳维亚风格成为世界设

计的主流。

9.3.2.4　第四阶段，1970—1980 年，回归期

　　经历过反设计和激进设计运动的意大利，进入 20 世纪 70 年代后日趋成熟和稳定，逐渐稳定的社会局面使得激进的设计运动失去赖以生存的土壤而逐渐消亡。艾托·索特萨斯（Ettore Sottsass，1917—2007）作为激进主义设计的代表人物也开始对激进主义的目的和现实社会之间的矛盾产生厌倦和失望感，意大利设计又开始朝着新的方向探索前进。普鲁斯特扶手椅是 1979 年亚历山德罗·门迪尼（Alessandro Mendini，1931—2019）为意大利家具品牌卡佩里尼设计的作品，20 世纪 70 年代末 80 年代初时，它用一种时而被认为是浪漫的、时而又被认为是叛逆的方法攻击和化解了理性主义设计的传统内涵（图 9 - 3 - 4）。

图 9 - 3 - 4　门迪尼于 1979 年
设计的普鲁斯特扶手椅

9.3.2.5　第五阶段，1980 年至今，多元化发展期

　　20 世纪 80 年代的意大利设计稳步向前发展，工业设计格局出现多元化的趋势。意大利设计不同于美国的商业主义设计，也不同于传统味道极浓的斯堪的纳维亚设计，它根植于传统基础上，应用现代的思维模式、现代的工艺材料等对设计进行重新演绎，与德国、斯堪的纳维亚国家形成三足鼎立的局面，继续引领世界设计的新潮流。米盖莱·德·卢基（Michele De Lucchi，1951—　　）于 1983 年设计的 First 椅（图 9 - 3 - 5）的设计理念脱离了对人类工程学及功能的考虑，而主要强调物品的交流能力及它与用户之间的情感联系。一根环形的钢管椅背上面放着一块贴在小橡皮圈上的木头圆盘，它可以前后倾斜，两个黑木头圆球被当作扶手。环形钢管被焊接在一个简单的凳子的两条前腿上，座位也是简单的圆形。椅子所采用的色彩呼应天空的蓝色和宇宙的黑色，在人们的心中强调出"天穹"的印象，也有人在它之中看到了一个风格化的原子，或是一个分子形式的物质。

图 9 - 3 - 5　卢基于 1983 年
设计的 First 椅

9.3.3　意大利现代设计的特点

　　意大利缺乏根植于 20 世纪的工业传统，所以意大利设计具有非常鲜明的民族化、本土化风格。意大利民族浪漫、多情，喜欢追求新奇、刺激，意大利设计则是新奇、时尚与高品位的象征。著名作家和艺术评论家乌贝托·艾科在谈到意大利设计时说："如果说别的国家有一种设计理论，意大利则有一套设计哲学，或许是一套设计思想体系。"意大利设计是艺术和文化结合的载体，是传统工艺和现代技术的完美融合。第二次世界大战后意大利现代主义设计的特点包括以下三点：

　　（1）意大利设计体现的是民族化与现代化结合的设计思想。第二次世界大战后，意大利知识分子在推行战前墨索里尼政府主张的单纯理性主义设计的基础上，进一步发展了理性现代主义的

（1）Italian design embodies the design idea of combining nationalization and modernization.

图 9-3-6　科拉迪诺·达斯卡尼奥于 1946 年设计的"黄蜂"小型二轮摩托车

The Vespa combined aviation technology, Italian taste and streamlined fashion in the United States. It had been adapted to the geographical environment of the narrow and curved urban streets of postwar Italy. And the cheap price could meet the demand of the middle class for cheap motor vehicles. The first work that really caught the attention of Italy and abroad. It was one of the unique sceneries of Italy in the 30 years after the war.

(2) Italian design pays attention to the expression of design language combining high technology and handicraft tradition.

图 9-3-7　科伦波 1969 年设计的组合管状椅（Tube Chair）

(3) Italian design is a modern design style that emphasizes human interest.

设计风格。在 1946 年举办的家具和家庭用品展及 1947 年举办的米兰设计三年展中不乏具有明显功能主义特征的简洁、质朴的展品。为解决平民需求，意大利摩托车制造商比亚乔提出设计能够解决低成本运输问题，并委托科拉迪诺·达斯卡尼奥（Corradino d'Ascanio，1891—1981）设计了著名的"黄蜂"小型二轮摩托车（图 9-3-6）。黄蜂摩托车轻便小巧、外观融合了航空技术、意大利人的趣味和美国的流线型时尚造型，既适应第二次世界大战后意大利狭窄而弯曲的城市街道环境，同时便宜的售价也能满足中产阶层对于廉价机动交通工具的需求。这辆最早引起意大利国内外关注、社会反响热烈的摩托车产品成为第二次世界大战后 30 年里意大利独特的风景线之一。

（2）意大利设计注重高技术与手工艺传统结合的设计语言表达。意大利商业性设计的成功，一方面是由于生产中采用了新材料和新工艺，另一方面则归功于意大利特有的手工艺高超的小规模工业作坊。这些工业作坊不仅拥有熟练的手工艺人和工匠，有能力创造新品样品，而且能生产和制作所需的模具和工具，使产品的设计和生产繁荣发展。

20 世纪 60 年代末，意大利涌现出激进的"反设计"运动，超级工作室和阿卡佐蒙联合会是当时比较著名的反设计运动组织，他们的作品大多停留在速写、模型和效果图阶段，几乎没有真正投入批量生产，前后风格矛盾只追求奇形怪状，这个时期被称为激进设计前期。自称是"反设计者"的墨守成规的设计师卓·科伦波十分擅长塑料家具的设计，他对于人们基本的居住概念进行了广泛的探索。他特别注意室内的空间弹性因素，认为空间应是弹性与有机的，不能由于室内设计、家具设计使之变成一块死板而凝固。因此，家具不应是孤立的、死的产品，而是环境和空间的有机构成之一。科伦波在 1969 年设计的组合管状椅完全解构了传统样式（图 9-3-7），材料选用覆盖膨胀材料的半硬性塑料、金属和橡胶钩子，通过简单的钩子就能根据各自的爱好来组合。

（3）意大利设计是一种注重人情味的现代设计风格。与斯堪的纳维亚国家一样，意大利的设计荟萃了数千年的人文历史，将地域的传统制作工艺与现代技术融为一体，热衷运用简洁朴素的功能主义设计理念，强调设计中的人文特征，避免过于僵化和刻板的几何形态，形成了一种"人情味"的现代设计风格。第二次世界大战后，意大利一方面定位于本国市场，着重创新传统实用美术工业产品；另一方面则开发生产新型工业产品，如电器、轿车以及办公设施等。

20 世纪 60 年代被称为"塑料的时代"，设计师们极尽热情地利用工业设计最热门的新材料——塑料。新材料给设计师提供了更广阔的发挥空间，使线条更加流畅、风格前卫的产品设计得以实现，并为大规模工业化生产提供了条件。奥利维蒂公司经典产品——1969 年出产的"情人节"便携式打字机现如今仍是电影、杂志等媒体中曝光率最高的经典打字机（图 9 - 3 - 8）。索特萨斯与佩里·金（Perry King，1938—　）合作，采用红色塑料机壳和提箱设计的打字机，色彩艳丽，造型别致，颇具情趣，一投入市场就成为欧美最为流行的手提式打字机。与奥利维蒂以前生产的传统便携打字机相比，"情人节"打字机表现出一种创新和反叛，它更像是一个时尚消费品而非工作设备。意大利现代设计在表现形式的创新和传统文化的综合方面又向前迈进了一步。

9.3.4　意大利现代设计发展的动力源

　　造就意大利现代设计的辉煌，除却国家政府层面的支持外，离不开关于设计意识形态理论的争辩和反设计运动思潮的催化，更多归功于强有力的眼光和工业赞助商长远的支持，还有来自意大利设计领域的设计师和团体的合力，他们共同成为推动意大利现代主义设计发展的重要动力源。

　　第一是反设计运动。意大利的现代设计在战后得以迅速崛起，首先来自由著名设计师庞蒂和萨帕创办的《多姆斯》杂志，促进了现代主义在意大利的翻版——理性主义在意大利设计界的发展，并把它作为解决崩溃社会秩序所遗留下来的问题的灵丹妙药，曾在推进意大利现代主义设计运动理论方面起到了重要作用。其次，意大利现代设计在一定时间段内受到英美国家波普设计运动的影响而存在着。1970 年迪·阿比诺（Donato D'Urbino，1935—　）和保罗·罗梅茨（Paolo Lomazzi，1936—　）工作室合作设计了一个笨重的形如巨大棒球手套的沙发，并以当时著名棒球冠军乔·迪马乔（Joe DiMaggio）的名字来命名为"Joe"沙发（图 9 - 3 - 9）。设计师表达了他们对美国大众文化及集体想象加以神化的伟大人物的敬佩，作品设计极具趣味和幽默感，符合人体构造的手形进一步强化了 60 年代末意大利的文化氛围，以及为了能更自由地创造而对约定俗成的形式和传统提出质疑的普遍愿望。再次，意大利在 20 世纪 60 年代开始出现各种反潮流的设计，被笼统称为"反设计"，主要是指反对在美国发展起来、影响世界的现代主义设计风格。他们把设计当作表达意识形态，弘扬个性和直击社会的手段，通过刺激新奇的设计来表达他们的设计观点。意大利反设计运动提倡"坏品味"或者任何非正统的风格，反对正统的国际主义设计和现代主义风格，通过历史风格的复兴、折中主义和波普风格来破坏与 20 世纪现代主义设计风格相关的美学和道德标准。这是一股具有强烈反叛味道的青年知识分子的"乌托邦"运动，由于这股激进的设计思潮脱离社会实际，也脱离市场和工业生产规律。19 世纪 70 年代，随着社会动乱因素的逐渐消退，反设计运动也随之消亡。

图 9 - 3 - 8　1969 年索特萨斯为奥利维蒂公司设计的"情人节"打字机

The "valentine's day" portable typewriter represented an innovation and rebellion compared with Olivetti's traditional portable typewriters，which was more of a fashion consumer than a work device.

图 9 - 3 - 9　棒球手套沙发

Designers expressed their admiration for the great people who had deified American popular culture and collective imagination. The design was very interesting and humorous. The conformable hand further reinforced the Italian cultural atmosphere at the end of 60s and the general desired to question established forms and traditions in order to be more free to create.

The "anti-design" movement promoted "bad taste" or any unorthodox style，anti-orthodox international design and modernism. It destroyed the aesthetic and moral standards associated with the modernist design of the 20th century through the revival of historical style, eclecticism and pop-style.

Domus magazine had become the most important design magazine in the late development of Italian design. And it was the longest magazine in the history of design.

Compared with other designers in other countries, Italian designers tended to operate modern design as an art and culture. They had created a large number of outstanding works in design practice.

In-depth consideration was given to technical and ergonomic aspects of the product and to easy user-identification of its parts, resulting in a unified concept, based on careful analysis rather than on an a priori formula. Nizzoli's two best-known design projects are the Olivetti typewriter Lexicon 80（1948）and the Necchi Mirella sewing machine（1957）.

图 9 - 3 - 10　尼佐里设计的便携式
Necchi Mirela 缝纫机

第二是设计刊物及展览活动。意大利杂志的创办、各种设计展览活动的举办在推动意大利现代设计的发展道路上发挥了非凡的作用。1928 年意大利设计师庞蒂创办的杂志《多姆斯》一直在介绍和推动意大利的设计，帮助意大利设计师及时了解国外的设计情况。这本杂志是意大利最重要的设计杂志，也是设计史上出版时间最长的杂志。米兰是意大利设计的中心，城市的一系列特殊社会经济条件孕育了深厚的物质文化。米兰设计周主要包括米兰国际家具展、米兰国际灯具展、米兰国际家具半成品及配件展、卫星沙龙展等系列展览的集合，其中还有一个常设展览机构，即三年一度的国际工业设计展览，这个展览最早始于 1923 年蒙扎双年展，1933 年迁到米兰并改为三年一度的展览。"米兰三年展"是意大利向全国和世界宣传意大利设计的窗口，也是意大利设计师自我认识和提升的一个非常重要的活动。这些世界顶级的展览活动的成功举办不仅提升了意大利设计的国际知名度，还为这个国家的设计发展提供了更广阔的前景和空间。

第三是知名设计师的设计实践。基于意大利设计引导的生产方式，设计和生产形成良性循环，设计师在工作中既注重紧随潮流，又重视民族特征和地方特色，还强调发挥个人才能。与其他国家的设计师相比，意大利的设计师更倾向于把现代设计作为一种艺术和文化来操作，他们在设计实践中创作了大量杰出作品。

9.3.4.1　马塞罗·尼佐里

马塞罗·尼佐里（Marcello Nizzoli，1887—1969）曾经被形容为意大利第一位真正的设计师。他早年曾在帕尔玛美术学院学习建筑、艺术和图形设计，后来作为一名画家在 1914 年的"新倾向"展览会上首次公开露面。1923 年，他的艺术装饰风格的丝绸围巾在蒙扎双年展上展出，两年后又在巴黎国际博览会上展出。

尼佐里设计了许多影响深远的产品，大多数是为奥利维蒂公司设计的。他从 1938 年开始和奥利维蒂公司合作，设计的系列计算器和打字机以简洁造型和优良结构奠定了他在设计界的地位。尼佐里对产品的技术和人体工程学方面进行了深入的思考，他的产品设计基于仔细分析而不是根据先验公式，其产品形成了统一的风格。其中，1948 年设计的 Lexikon 80 型打字机和 1957 年设计的 Necchi Mirela 缝纫机（图 9 - 3 - 10）是其代表作，产品机身线条光滑、形态优美，被誉为第二次世界大战后意大利重建时期的典型工业设计产品，体现了独特的设计哲学思想。

9.3.4.2　吉奥·庞蒂

吉奥·庞蒂（Gio Ponti，1891—1979）是意大利最有影响的现代主义设计大师，也是意大利战后设计复兴的教父级人物。庞蒂倡导艺术化的生产方式，反对烦琐的设计模式；提倡实用和美观并重的设计原则，这一指导思想影响了许多年轻的设计师，极大地推动了意大利现代设计风格的形成。

1927 年起，庞蒂先后创办享誉世界的两种设计专业期刊《多姆斯》和《风格》，大力宣传现代设计思想，他是一位高产的理论家，1936 年起长期执教于米兰理工学院从事设计教学工作，庞蒂认为设计需要"依据功能结构重新塑造产品形态，摒弃传统求得真实形式"。同时他还是意大利工业设计师协会的创始人，他曾发起和组织了意大利的蒙扎双年展和米兰三年展，这些战后欧洲恢复最重要的展览为推动和宣传意大利设计做出了重要贡献。

作为著名设计师，庞蒂的设计领域非常广泛，从建筑设计、室内设计跨界到产品设计领域，尤其在家具设计方面成就卓著。1955 年，他设计了由意大利家具生产的核心企业卡西纳公司生产的超轻木椅（图 9-3-11），成为意大利战后最美丽和实用的椅子之一。因其质量仅 1.7 千克而得名"超轻椅"，椅子造型简洁，合理利用榫接结构，采用剖面为三角形的腿和框架，选择修长的白蜡灰木框架，浅色的藤编椅座。椅子的三角截面被设计到最小，这是一个挑战，庞蒂说："形状越小就越有表现力"。这把椅子是设计师和熟练的制造商之间完美合作的成果，不仅满足了人们战后物资短缺、大批量生产的迫切需求，也代表了意大利设计的现代性，成为意大利新工业的典范。庞蒂为了证明椅子的强度，将其从四楼扔至地面不但毫发无损，反而像球一样弹跳。这种通过长期实验来接近和实现最佳方案的过程给我们深刻的启发。

9.3.4.3　艾托·索特萨斯

艾托·索特萨斯（Ettore Sottsass，1917—2007）是 20 世纪意大利后现代主义设计大师和意大利激进设计运动的领袖人物，他独特的设计视角和艺术化的思维方式使他成为 20 世纪最伟大的设计大师之一。1939 年毕业于意大利都灵综合理工学院建筑系，1947 年在意大利米兰成立工作室，从事建筑及设计工作，后转投制造商，开始设计工业产品，1958 年开始担任奥利维蒂办公设备公司工业设计师。

索特萨斯是意大利兼具理性和前卫设计特征的缩影。他曾在奥利维蒂公司接受过正式的设计训练，从事非常严谨的打字机、电脑设计工作，但他又设计出非常前卫的产品，并且在 1981 年创立了世界上最重要的后现代时期设计组织"孟菲斯"团队，并围绕着艺术观念和时尚文化进行了大胆的设计探索与创作实验。这种兼具理性设计和前卫设计特征的设计师是意大利设计界独特的产物。他在设计中把建筑、美学、技术和对社会的兴趣融于一体，并不断探索设计的潜在因素，对工业设计和理论界产生了具体的影响，给人们留下了许多深刻的思考。索特萨斯认为设计就是设计一种生活方式，因而设计没有确定性，只有可能性，没有

Ponti advocated an artistic mode of production. He opposed the cumbersome design pattern, advocated practical and aesthetic principles of design, which influenced many young designers and greatly promoted the formation of modern Italian design styles.

As a famous designer, Gio Ponti had a wide range of design fields, from architectural design, interior design to product design, especially in the field of furniture design.

图 9-3-11　庞蒂于 1957 年
设计的超轻木椅

The challenge was to reduce the triangular cross section to a bare minimum. Ponti said: "the more minimal the shape, the more expressive the shape becomes".

图 9 - 3 - 12　索特萨斯与他设计的"卡尔顿"书架

The design of the bookcase had gone beyond the conventional understanding of furniture in everyday life, but through the surface of the product to let people feel the rich and diverse symbolism it conveyed.

Memphis's design works had become vane for vanguard product design.

Memphis advocated breaking the shackles of the inherent functionalism design concept, boldly and even roughly using bright colors and pattern decorations, and extreme interesting game modeling to show a new design concept completely different from internationalism and functionalism.

They had carried out automobile design and research, which perfectly integrated engineering technology with industrial design, and provided feasibility study, appearance design and engineering design for automobile manufacturers, as well as the production of model and prototype cars.

图 9 - 3 - 13　Corvair Testudo 概念车

The sleek shape of the sitaglia coupe, designed by Batista after the war, set a new standard for postwar Italian cars.

永恒，只有瞬间。他认为设计的功能并不是绝对的，精神和文化更重要，产品不仅要有使用价值，更要表达一种精神层面上的内涵。他的设计打破了意大利"优良设计"的标准，以奇特著称，对熟悉的视觉语言和事物进行了新的诠释。1981 年设计的意大利经典的现代主义作品"卡尔顿"书架（图 9 - 3 - 12），是孟菲斯设计的典型，家具色彩艳丽，造型古怪夸张，看上去像一个机器人，集中体现了孟菲斯开放的设计观。书架的设计已然超出人们对于日常生活中家具的约定俗成的理解，而是透过产品表面让人们去感受它所传达的丰富多样的象征寓意。

孟菲斯的设计作品成为前卫产品设计的风向标。他们主张打破固有功能主义设计观念的束缚，大胆甚至有些粗暴地使用鲜艳的色彩和图案装饰，以及极端的游戏趣味的造型，展现出与国际主义、功能主义完全不同的设计新观念。他们的设计往往没有常规设计那种协调感、整体性，但是呈现出当代社会的冲突、矛盾、新的文化观和价值观，很受新一代消费者的欢迎。作为孟菲斯的灵魂人物，索特萨斯的设计探索具有典型代表性，他所强调的情趣和幽默寓意为后世的设计增添了靓丽的色彩。

9.3.4.4　乔盖托·乔治亚罗

乔盖托·乔治亚罗（Giorgetto Giugiaro，1938—　）是意大利当代最著名的工业设计师，毕业于都灵美术学院，17 岁进入菲亚特汽车公司工作，从此开始了他辉煌的设计生涯。1968 年乔治亚罗和工程师门托凡尼共同创建了意大利设计公司，他们进行汽车设计研发，将工程技术与工业设计完美融合在一起，为汽车厂商提供可行性研究、外观设计和工程设计，还包括模型和样车的制作。意大利设计公司获得了 1988 年首届欧洲设计奖的荣誉提名。

乔治亚罗的设计理念是将技术与对风格的理解融合在一起，其设计的成功产品包括经典的法拉利 250GT 以及阿尔法·罗密欧 Giulia GT、阿尔法·罗密欧 Canguro、玛莎拉蒂 5000GT、阿斯顿·马丁 DB4、菲亚特 850 Spider、宝马 3200CS 等多款车型。1963 年乔治亚罗为举世闻名的博通设计公司设计了雪弗兰 Corvair Testudo 概念车（图 9 - 3 - 13），整车设计身段修长，圆润流畅，虽然未能量产，但由此奠定了乔治亚罗在汽车设计史上的地位。1986 年，他设计了一半似摩托、一半似汽车的麦奇摩托，革新了现代机动车的概念。同时作为一名国际性的设计大师，他为日本的公司设计了照相机、手表、服装等不同领域众多产品，影响十分广泛。

9.3.4.5　平尼法瑞纳父子

巴提斯塔·平尼法瑞纳（Battista Pininfarina，1893—1966）和瑟奇奥·平尼法瑞纳（Sergio Pininfarina，1926—2012）是第二次世界大战后意大利汽车设计界非常重要的设计师。平尼法瑞纳家族是意大利重要的汽车设计和制造商，巴提斯塔战后设计的斯思塔利亚轿跑车以其圆润流畅的身型为战后意大利汽车设定了新的标准。

1926 年，瑟奇奥·平尼法瑞纳出生于意大利都灵，从小受到父亲的影响，热爱汽车行业。他于 1950 年进入家族企业工作，并于 1957 年接管公司业务。1966 年父亲病逝后，瑟奇奥·平尼法瑞纳成为家族企业的首席执行官，他将家族企业继续扩大，增设了与汽车设计相关的设计部门——平尼法瑞纳 Extra，为汽车设计提供辅助产品，如车灯、配件等。整个公司可为客户提供设计开发服务以及整车或零部件的生产。1946 年设计的将保护杠与车身融合在一起的 Cisitalia 202 GT 型车（图 9-3-14）以紧凑流畅、典雅大方的造型与美国繁杂笨重的豪车造型拉开了距离，被称为当时全世界最美的名车，成为纽约现代艺术博物馆里的第一辆列入收藏品系列的汽车。

图 9-3-14　Cisitalia 202 GT 型车

9.3.4.6　亚历山德罗·门迪尼

亚历山德罗·门迪尼（Alessandro Mendini，1931—2019）生于米兰，是意大利当代著名建筑家设计师、设计批评家，被誉为"意大利后现代主义设计之父"。1980—1985 年，他曾担任意大利著名杂志 Domus、Casabella 和 Modo 的主编，这使他能够获得大量的设计资讯。他设计了后现代主义风格的普鲁斯特椅子、格罗宁根博物馆等代表作，曾获得金圆规奖、纽约建筑联盟的荣誉勋章、法国艺术文学骑士称号。

图 9-3-15　拉梦安目乐多台灯

正如文艺复兴时期的作品表达了人类的价值观和情感一样，门迪尼也将那些被商业主义和功能主义遮蔽的"价值观"和"情感"带入了设计的核心。门迪尼的作品不仅成功地赋予了设计以强烈的装饰意味，同时也让人们能够以一种批判的眼光重新审视这些产品。他的设计往往从感性角度出发，甚至通过夸大日常用品的方式来展示普通事物或重组家庭图景。色彩是其设计最核心的一环，日常生活中常见的椅子、咖啡桌和厨房用品常因此重获新生。2010 年门迪尼设计了拉梦安目乐多台灯（图 9-3-15），他充分利用 LED 的特性，将台灯设计成具有历史意义的圆形照明，有利于提高光照的均匀度。为了更好地展现台灯的机械结构和美好形态，他特意选用透明材质，这样既避免了电线外露，同时也将台灯的美丽极大化，体现出难以言表的设计美。此灯珍藏在世界最大的美术馆之一德国慕尼黑现代美术馆并永久展示。

Just as works of the Renaissance period expressed human values and sensibilities，Mendini contributed to bringing into the heart of design those "values" and "sensibilities" that have been eclipsed by commercialism and functionalism.

In 2010，Mendini designed the Ramun Amuleto lamp，which was a historic design using the LED in the circular lamp. It increased the uniformity of the light. The lamp displayed the mechanical structure by Using transparent material. The electric wire could not be seen for making the extremely beauty of the lamp.

9.3.4.7　马可·扎努索

1939 年马可·扎努索（Marco Zanuso，1916—2001）毕业于米兰理工大学，他从 1957 年开始和理查德·萨帕（Richard Sapper，1932—2015）合作，设计出许多优秀的塑料家具和工业产品，对于推动色彩鲜艳的塑料家具、用品在意大利的普及作出了重要贡献。他们合作设计了大量电视机、收音机产品，比如"丹尼 14"电视机是意大利最早的便携式电视机；1965 年为德国西门子公司设计的"格里洛"是早期折叠式电话机（图 9-3-16）；1972 年他为纽约现代艺术博物馆的"新家居景观"展设计的多种移动式住所引发了公众对意大利设计新思想的热心关注。

图 9-3-16　1965 年扎努索与萨帕合作设计的"格里洛"折叠电话机

图 9-3-17　扎努索于 1951 年
设计的女士椅

His design featured a metal frame chair that used a breakthrough method to join the fabric seat to the frame. The "Lady" chair, which won first prize at the 1951 Milan Triennale laid the foundation for the company's future design and production direction.

This chair was considered as the first molded plastic chair design history and the first to be injection molded (ABS).

It presented a complete "living-machine," comprising kitchen, wardrobe, bathroom, and sleeping accommodation, on only 28 square meters. They could be folded flexibly according to different spaces, so the combined unit forms a new residential system. The design has a strong future sense.

扎努索设计的特点是将织物覆盖连接到金属框架上，1951 年扎努索为 Arflex 公司设计的举世闻名的"女士椅"（图 9-3-17），由四片厚厚的泡沫塑料和四条纤细的钢管支架腿组成，这项创新设计使得沙发椅的四个组成部分椅背、椅座、两侧扶手可以实现随意拆装，女士椅的创意使填塞垫料的家具一改过去在木质织布机上织造垫料的旧工艺，代表了意大利战后设计第一个高潮的来临。扎努索的女士椅赢得了米兰三年展的一等奖，并为该公司日后设计和生产方向奠定了基础。

9.3.4.8　卓·科伦波

卓·科伦波（Joe Colombo，1930—1971）是意大利设计奇才、著名产品设计师，出生于卡萨列。他先在米兰布里达艺术学院学习了绘画，又到米兰理工学院学习了建筑。科伦波对于人们基本的居住概念进行过广泛的探索。

科伦波的设计前卫、现代，对当代设计有很大影响。1951 年他曾参加过先锋派的绘画和雕塑运动，1962 年，他在米兰开办了自己的设计工作室，致力于设计室内和家具设计。他十分擅长塑料家具的设计，他和弟弟吉安尼一起合作设计了一系列灯具，包括阿里利加灯，为卡特尔公司设计了编号 4801 号椅子，之后设计了更加著名的塑料椅"环球"（图 9-3-18），设计风格独特，被认为是历史上第一把塑料注塑成型的椅子。1969 年他设计了公寓起居家具系列"罗托起居"、敞篷床。1972 年他在美国纽约现代艺术博物馆举办的意大利现代设计展中尤为吸引人，作品展示了一个完整的"家居机器"（图 9-3-19），在仅 28m² 的空间内可以实现厨房、衣柜、浴室和卧室的功能，可以根据不同空间灵活折叠、组合单元形成新的居住系统，设计具有强烈的未来感。

图 9-3-18　环球椅 Universale No. 4860

图 9-3-19　全套家具用品系列

9.3.4.9　卡斯蒂格利奥尼兄弟

阿切勒·卡斯蒂格利奥尼（Achille Castiglioni，1918—2002）于 1918 年生于米兰，1944 年获得建筑设计学位，是意大利传奇建筑师及工业设计师，他在卡斯蒂格利奥尼兄弟三人中排行第三。皮埃尔·卡斯蒂格利奥尼（Pier Castiglioni，1913—1968）排行第二，他也在米兰理工学院学习过建筑学。

阿切勒·卡斯蒂格利奥尼曾为世界顶级生产制造商 Flos、Alessi、Moroso 等家居制造商从事设计服务工作。1962 年，卡斯蒂格利奥尼兄弟阿切勒和皮埃尔合作设计的抛物线落地灯（图 9-3-20）成为 20 世纪 60 年代的标志性产品，使新成立的 Flos 公司一炮而红。这盏灯通过一个不锈钢制成的大拱形臂，将悬挂的铝质灯罩连接到"卡拉拉"（意大利地名）大理石的直立板上，它使桌子摆脱了必须根据吊灯的位置来摆放的限制，这是它获得成功的主要原因。多种不同类型材料的结合大胆又富启发性，"鹤颈"的弓形柱子赋予灯舒展雅致的魅力。抛物线落地灯是意大利工业设计的代表作，从 1962 年发布以来就一直在生产，现被世界众多知名博物馆收藏。

1957 年卡斯蒂格利奥尼兄弟用拖拉机座椅制作的凳子"Mezzadro"，是为一位意大利农场主设计的，设计中幽默性地将农场中常用的拖拉机的座椅移进了室内。1958 年他们还用自行车座制作了凳子"Sella"（图 9-3-21）。虽然卡斯蒂格利奥尼兄弟不是 20 世纪最早将现成品运用到家具设计中的设计师，然而他们却将此方法运用得非常熟练，开创了所谓"现成组成设计"的先河。

9.3.5　意大利的著名现代设计机构

9.3.5.1　奥利维蒂办公设备公司

奥利维蒂办公设备公司创建于 1908 年，是意大利一家以生产电子计算机为主的重视科学技术投资和设计投资的公司。作为意大利战后经济和设计的发展作出重要贡献的企业之一，它是意大利设计的中坚力量。公司创始人卡米洛·奥利维蒂（Camillo Olivetti, 1868—1943）非常重视工业设计，这使得奥利维蒂公司由最初的生产打字机成长为最大的商业机器公司。奥里维蒂公司以制造人为混乱气氛来启发设计师的灵感和创造性的方式，不同于德国、荷兰式的刻板、压抑，这种特点被称为意大利戏剧。事实上，奥利维蒂绝不是一家混乱的公司，相反它一向视设计人员为艺术家，这种文化型的企业方式，其实早在意大利文艺复兴时代就已经存在。也正因为如此，意大利才有与众不同的设计、与众不同的产品和鲜明的意大利风格（图 9-3-22）。

奥利维蒂公司有明确的设计程序和规范，尽管它没有像飞利浦公司那样形成非常精密的文字手册规范，但是作为一个世界最大的企业之一，它在设计上依然是明晰的、精细的。我们可以简单地总结出奥里维蒂公司的设计程序和方式：

（1）管理人员决定新开发的产品或产品系列，提出具体的目的性要求。

（2）研究人员收集情报，进行市场研究和技术状况研究。

（3）研究人员根据情报和研究的结果向设计人员和工程人员提出具体的情况简报。

（4）负责企业总体形象的部门介入，参与设计人员的初步讨论。

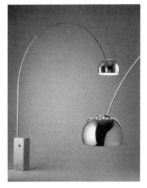

图 9-3-20　抛物线落地灯

The lamp is characterized by a suspended spun aluminum pendant attached to an upright slab of Carrara marble via an large, arching arm made of stainless.

图 9-3-21　卡斯蒂格利奥尼兄弟用拖拉机座椅和自行车座制作的凳子

As a matter of fact , Olivetti was by no means a chaotic company. Instead, it had always looked at designers as artists. This kind of quite cultural enterprise way, actually had already existed as early as Italy Renaissance.
Olivetti had clear design procedures and specifications. Although it did not form manual specifications in very sophisticated words like Philips, it was still clearly designed and refined as one of the world's largest companies.

图 9-3-22　奥利维蒂公司于 1964 年开发的第一款桌面商业电脑"P101"

Olivetti was also the first company to use corporate Identity System in the world.

In 1970s, Alberto Alessi was responsible for the third transformation of the company. Alessi was considered one of the "Italian Design Factories". In this decade under the leadership of Alberto Alessi the company collaborated with some design maestros like Achille Castiglioni, Richard Sapper, Alessandro Mendini, and Ettore Sottsass.

For the Italian design factories the design and therefore the designer was the most important part of the process while for the mass production the design had to be functional and easy to be reproduced.

（5）当一切的商业问题、市场问题都已经澄清了以后，设计人员开始工作，形成概念设计。

奥利维蒂公司还是世界上第一次使用了企业识别系统（CIS）的公司。

9.3.5.2　阿莱西公司

阿莱西公司成立于1921年，是意大利家居用品行业的主导者。企业创始人是吉奥瓦尼·阿莱西。门迪尼曾长期担任阿莱西公司的设计顾问，通过梳理公司的发展史和过往的设计风格，整合优势资源，改变了公司的设计概念、销售创意的观念，在产品系列上引入产品线和产品主题概念，形成了多个有影响的子品牌，开发了一大批兼具趣味性和实用性的产品，推动阿莱西产品类别和风格的形成。

阿莱西公司注重与年轻设计师的合作，长期聘用世界知名设计师为公司服务，引领了世界家居设计的发展。20世纪70年代，阿莱西家族第三代代表人物，阿尔贝托·阿莱西（Alberto Alessi，1939—　）负责了公司的第三次转型，10年间，阿莱西与卡斯蒂格利奥尼、罗西、萨帕、门迪尼、索特萨斯等知名设计师合作，完成了众多经典作品，阿莱西也被认为是"意大利设计工厂"之一。而到了80年代，阿莱西又不得不面临设计与大规模生产之间的矛盾和竞争。对于意大利设计工厂来讲，设计和设计师是设计过程的重要环节，而对于大规模生产来讲，设计又应该符合功能性和易于复制的特征。20世纪90年代，阿莱西的产品开始更多地使用塑料材料，他们发现塑料比金属更容易使用，从而提供了更多的设计自由度和创新的可能性。1978年，索特萨斯为阿莱西设计的调味瓶套装（图9-3-23）外形简洁，使用方便，直到现在仍在生产。意大利建筑设计师阿尔多·罗西（Aldo Rossi，1932—1997）利用精确简单的几何形体设计的咖啡壶，造型简洁现代，表现出古罗马圆顶式建筑的风格（图9-3-24）。法国"设计鬼才"菲利普·斯塔克于1991年设计的形状奇特的"外星人"榨汁机（图9-3-25），创造出了意想不到的时尚文化，

图9-3-23　1978年索特萨斯
为阿莱西设计的调味瓶套装

图9-3-24　罗西于1988年
设计的咖啡壶

图9-3-25　斯塔克于1991年
设计的"外星人"榨汁机

作品洋溢着一种法式的幽默、浪漫和雅致，成为 20 世纪末最重要的设计作品之一。斯蒂凡诺·乔凡诺尼（Stefano Giovannoni，1954—　　）是当今意大利国宝级设计大师，他在 20 世纪 90 年代为阿莱西设计了第一批塑料产品（图 9-3-26）。门迪尼 1994 年设计的开瓶器 Anna G（图 9-3-27）自诞生之日就成为各大阿莱西门店宠儿。英国最著名的高端百货公司——塞尔福里奇百货公司这样评价 Anna G："她很灵活，很随和，在忙碌的一天之后，总是带着微笑为你服务。阿莱西的 Anna G 开瓶器是一个有趣的厨房帮手，举止迷人。作为一个实用的厨房工具，它为家居注入角色和个性。"

图 9-3-26　乔凡诺尼于 1993 年设计的水果盘 Fruit Mama

阿莱西代表了 20 世纪后半叶意大利的设计，因其极具个性化和普及性的产品设计而享誉全球，阿莱西的设计不仅是多彩的、巧妙的，更是实用的，它革新了我们看待家庭用品的方式，完善的设计管理和持续不断的概念创新设计构成了阿莱西特有的核心竞争力。

9.3.5.3　卡西纳家具公司

第二次世界大战之后的意大利在杰出的制造文化的影响下，进入 20 世纪 50 年代之后，工业设计精神逐渐渗透到传统的家具设计领域，家具设计和生产逐渐由手工艺转化为一种技术。意大利形成了都灵和米兰两个家具设计与生产中心，新兴家具生产企业和设计公司如雨后春笋般成长壮大，为之后意大利发展完善的家具设计和制造体系打下了坚实的基础。坐落在米兰的卡西纳公司在 20 世纪 50 年代生产的家具具有典型的国际化家具形式，以造型简单实用受到国际消费者的广泛欢迎和喜爱，多位著名家具设计师为其做过经典的设计（图 9-3-28）。卡西纳公司早在 17 世纪就开始从事教堂木器家具的制作，精湛的工艺与对细节的专注使其在那个时期就赢得人们的认可。

图 9-3-27　门迪尼于 1994 年设计的开瓶器 Anna G

In the 1950s, the industrial design spirit gradually penetrated into the traditional furniture design field, and the furniture design and production gradually changed from handicraft to a kind of technology.

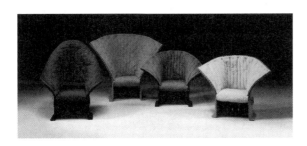

图 9-3-28　意大利设计师佩谢为卡西纳设计的 Feltri 椅

意大利风格的家具，不仅建立在摆脱传统手工艺特点，采用机械化生产方式上，而且还表现在对新材料的利用，新的审美造型观的建立等方面。以新材料的利用而言，从 20 世纪 40 年代末开始，意大利家具开始引进夹板模具成型技术，并且他们更注重利用新材料和新技术创造新的家具设计美学，而不是结构的精良和表面的形式。20 世纪 50 年代，弯木和弯曲胶合板技术与聚酯

Italian style furniture is not only based on the characteristics of traditional handicraft, but also in the way of mechanized production. It also displays the use of new materials and the establishment of new aesthetic concept.

After the war, Italy's car design was still a two-track parallel, that is, Fiat Volkswagen, characterized by large-scale mass production, and Alpha and Lancia luxury cars, which were produced in small and small quantities. The two ways go hand in hand and merge with each other.

图 9-3-29 吉奥科萨于 1957 年设计的菲亚特 500 型"诺瓦"小汽车

图 9-3-30 菲亚特 600 型小汽车

图 9-3-31 蓝旗亚 Appia Berlina 第二系列车型

纤维和钢架结合的家具生产技术在北欧和美国广泛使用，意大利设计师对这种技术进行了积极探索。以家具的造型设计而论，意大利战后的家具设计追求流线型超现实主义形式，往往采用极为特殊的有机外形，好像动物的角一样的形式，同时注意功能的复合性。

9.3.5.4 菲亚特汽车公司

第二次世界大战后意大利的汽车设计仍是双轨制并行，即以大规模批量化生产为特征的菲亚特大众汽车，以小规模小批量生产的阿尔法和兰西亚豪华汽车，两者并行不悖而相互融合。菲亚特公司在 20 世纪 50 年代组建了自己的设计部，聘用了一批设计师从事设计工作。早在 1949 年，菲亚特公司推出的 1100 Cabrio Let 型汽车，集轻快的外形与宽阔、舒适、富有坚实感的车身于一体，受到英国《设计》杂志的好评。1957 年，但丁·吉奥科萨（Dante Giacosa，1905—1996）设计了菲亚特 500 型"诺瓦"小汽车（图 9-3-29），以取代沿用多年的"米老鼠"小汽车，后又根据市场要求，设计了菲亚特 600 型（图 9-3-30），完全取代了 500 型系列。这些设计所体现的是大众化设计的理念和风格。

与此相对，阿尔法汽车公司和兰西亚汽车公司依然走传统的豪华路线，继续设计生产高档轿车，以设计大师平尼法里纳为代表，在这一时期设计出了阿尔法·罗密欧 Gulietta Spider、蓝旗亚 Appia Berlina（图 9-3-31）等几款豪华车型。这些豪华车型的设计在一定程度上代表了意大利的高贵品质型设计。

第二次世界大战后，意大利的前卫设计或者激进设计对于当时社会的设计主流进行了抨击，同时意大利设计的内涵、设计目的得以升华。20 世纪 80 年代中期，意大利设计再次震惊世界，成为工业化世界认可的设计领跑者，其设计霸主的统治地位一直延续到 21 世纪。反设计思潮的重新抬头，以及超前和理性设计实践运动再次使意大利设计在国际上鹤立鸡群，意大利早先视觉精致、富含文化的产品声誉得以恢复，从而为它与世界各国的双向交流打开了大门。

本章关键名词术语中英文对照表

英国工业设计委员会	Council of Industrial Design, COID	系统设计	System Design
英国皇家工业设计师	Royal Designer for Industry	倍耐力	Pirelli
羚羊椅	Antelope Chair	企鹅图书	Penguin Books
当代风格	Contemporary Style	青蛙设计公司	Frog Design Inc.
艺术节风格	Festival Style	奥林巴斯	Olympus
德国"大众牌"	Volks Wagenwerk	白雪公主设计语言	Snow White design language

续表

世界设计奖章	World Design Medal	孟菲斯	Memphis
形式追随情感	Form follow Emotion	库纳德	Cunard
皇家荣誉工业设计师	Honorary Royal Designer for Industry	维多利亚和艾伯特博物馆	Victoria and Albert Museum
宝洁公司	Procter & Gamble，P&G		
金圆规奖	Golden Compasses Award	汉莎航空	Lufthansa
英国艺术节	Festival of Britain	维嘉	WEGA
布劳恩公司	Braun GmbH	终身成就奖	Lifetime Achievement Award
高速德国汽车工业	high speed German automotive industry	阿莱西	Alessi
伟大的特立独行者	the great mavericks	吉列集团	Gillette Group
华根菲尔德 WA24 镀铬钢管台灯	WA24 Wagenfeld lamp	奥利维蒂	Olivetti
		克鲁博	Klueber
乌尔姆设计学院	Ulm School of Design	保时捷	Porsche
青蛙设计公司	Frog Design	最好的设计是最少的设计	Less，but Better
豆袋椅	Beanbag Chair		
卡佩里尼	Cappellini	设计博物馆网站	The Design Museum
阿卡佐蒙联合会	Archizoom Associati	德裔美国人	German Americans
卡尔顿书架	Carlton Bookcase	梅赛德斯-奔驰	Mercedes-Benz
抛物线落地灯	The Arco lamp	奥迪	AudiAG
米兰三年展	The Milan Triennial	普鲁斯特扶手椅	Poltrona di Proust
意大利工业设计协会	Associazione per il Disegno Industriale，ADI	比亚乔	Enrico Piaggio
		管状椅	Tube Chair
反设计	Anti-design	孟菲斯团队	Memphis Group
潘恩公司	Pan Ltd.	意大利设计公司	Italdesign
国际主义设计	International Design	卡西纳公司	Cassina
莫里斯牌大众性小汽车	Morris Minor Motor Car	企业识别系统	Corporate Identity System，CIS
英国汽车公司	British Motor Corporation，BMC		

思 考 题

1. 英国现代设计有哪些特点？
2. 第二次世界大战后，德国现代设计是如何发展起来的？
3. 乌尔姆学院对现代设计有什么贡献？
4. 德国设计在现代设计中的地位如何？起什么作用？
5. 什么是反设计运动？
6. 美国、德国、日本、北欧现代设计分别与意大利现代设计的区别是什么？
7. 意大利设计的发展历程对我国工业设计发展有何启示？

参 考 文 献

［1］　CASCIANI S. The long life of design in Italy B&B Italia ［M］. Milan：Skira Editore，2016.

［2］　LAWSON S. Furniture design：an introduction to development，materials，manufacturing ［M］. London：Laurence King Publishing，2013.

［3］　HESKETT J. Industrial design ［M］. London：Thames and Hudson Ltd. 1987.

［4］　HUDSON J. 1000 New designs and where to find them：a 21st‐century sourcebook ［M］. London：Laurence King Publishing，2006.

［5］　VEGESACK A V，DUNAS P，SCHWARTZ‐CLAUSS M. 100 Masterpieces from the Vitra Design Museum Collection ［M］. ［s. l.］：Ram Pubns & Dist，1996.

［6］　WEBSTER M. Assembly：new zealand Car Production 1921—1998 ［M］. London：Reed，2002.

［7］　KUNKEL P，Apple Computer Inc. Apple design：the work of the Apple industrial design group ［M］. New York：Graphis US Incorporated，1997.

［8］　Hartmut Esslinger. A Fine Line：How Design Strategies Are Shaping the Future of Business ［M］. New York：John Wiley & Sons，2009.

［9］　LINDINGER H. Ulm：Legend and Living Idea ［M］//Ulm Design：The Morality of Objects. Cambridge：MIT Press，1990.

［10］　SPITZ R. The Ulm School of design：a view behind the foreground ［M］. ［s. l.］：Edition Axel Menges，2002.

［11］　KRIPPENDORFF K. The semantic turn：a new foundation for design ［M］. New York：CRC Press，2005.

［12］　彭妮·帕斯克. 设计百年：20世纪汽车设计的先驱们 ［M］. 郭志峰，译. 北京：中国建筑工业出版社，2005.

［13］　克劳迪奥·塞博斯丁. 永恒的意大利风格 ［M］. 沈阳：辽宁科学技术出版社，2017.

［14］　彭婧. 在传统与变革中前进的英国现代工业设计 ［D］. 无锡：江南大学，2008.

［15］　陈旭. 意大利设计史 ［M］. 北京：北京理工大学出版社，2015.

［16］　童慧明. 亚历山德罗·门迪尼：意大利后现代主义设计先锋. ［M］. 广州：岭南美术出版社，2004.

［17］　梁梅. 图说意大利设计 ［M］. 北京：华中科技大学出版社，2013.

［18］　陈红玉. 消费与身份：20世纪后期英国的设计产业及理论 ［M］. 北京：知识产权出版社，2016.

［19］　郑育欣. 设计英国 ［M］. 济南：山东人民出版社，2012.

［20］　于清华. 英国陶瓷产品设计 ［M］. 重庆：西南大学出版社，2017.

［21］　程能林. 工业设计概论 ［M］. 北京：机械工业出版社，2003.

［22］　何人可. 工业设计史 ［M］. 北京：高等教育出版社，2010.

［23］　李亮之. 世界工业设计史潮 ［M］. 北京：中国轻工业出版社，2006.

［24］　王受之. 世界现代设计史 ［M］. 北京：中国青年出版社，2006.

［25］　王震亚，等. 工业设计史 ［M］. 北京：高等教育出版社，2017.

［26］　刘潇. 从德国设计发展看现代设计 ［J］. 艺术与设计（理论），2007（7）.

［27］　罗华. 德国设计的特征 ［J］. 园林，2008（11）.

［28］　叶霞. 二十世纪德国工业设计研究 ［D］. 武汉：武汉理工大学，2006.

［29］　张春艳. 从制造到设计，20世纪德国设计 ［J］. 新美术，2013（11）.

［30］　刘文沛. 德国制造、德国创造、德国设计 ［J］. 公共艺术，2010（5）.

［31］　常冰. 德国设计：工程艺术化 ［J］. 中国汽车界，2009（19）.

［32］　李砚祖. 艺术设计概论 ［M］. 武汉：湖北美术出版社，2009.

［33］　李艳，张蓓蓓，姜洪奎. 工业设计概论 ［M］. 北京：电子工业出版社，2013.

［34］　许喜华. 工业设计概论 ［M］. 北京：北京理工大学出版社，2008.

［35］　蔡玳燕. 永恒的经典：德国汽车文化掠影 ［M］. 北京：机械工业出版社，2008.

［36］　王昭. 工业设计专业英语 ［M］. 北京：中国轻工业出版社，2006.

［37］　王婧菁. 工业设计专业英语 ［M］. 北京：中国建材工业出版社，2014.

CHAPTER10

多元化的设计

Chapter 10　Diversified design

20 世纪 60 年代之后，随着第二次世界大战后各国经济的恢复、调整和发展，各主要资本主义国家的社会经济出现前所未有的繁荣，资本主义经济鼓励消费、追求标新立异的特点向抛弃装饰、造型几何化的现代主义风格提出了挑战。一方面是由于社会富足的背景下，人们的消费观和审美观发生了急剧的变化，多样化的消费需求与现代主义设计特点存在极大的差异；另一方面新材料、新工艺、新技术的出现和应用带来了工业设计的革命和相关风格的形成。如色彩艳丽、易于成型的塑料在工业产品中得以广泛应用，模压、一次成型等新工艺的采用使设计从创意构思到产品化的周期缩短，甚至可以做到小批量多样化，满足用户个性化的需求。乌尔姆造型学院教员亚伯拉罕·莫尔斯（Abraham Moles，1920—1992）指出："由于经济的发展，西方文化中的功能主义已进入危机阶段……功能主义基本上是与富足社会的信条相矛盾的。富足的社会不得不无止无休地生产和销售，而功能主义试图减少产品的数量，并实现生产与需求之间的最优化平衡。但是，富足社会的生产机制却在向相反的方向发展。随着人类环境中产品的积累，这种生产机制产生了一系列新型的矫揉造作，正是在这一点上功能主义的危机变得更为明显。"社会各种市场并存，反映了不同文化群体的消费需求，现代设计开始走向多元化。

The coexistence of various markets in society reflected the consumer demand of different cultural groups. Modern design started to be diversified.

10.1　波普艺术与设计

波普艺术又称流行艺术，其名称来源于英文单词"Popular"。它起源于 20 世纪 50 年代的英国，早在第二次世界大战后初期，伦敦当代艺术学院的一些理论家就开始分析大众文化，这种文化强调消费产品的象征意义而不是其形式上和美学上的质

The Independent Group (IG), founded in London in 1952, was regarded as the precursor to the pop art movement. They were a gathering of young painters, sculptors, architects, writers and critics who were challenging prevailing modernist approaches to culture as well as traditional views of fine art. Their group discussions centered on pop culture implications from elements such as mass advertising, movies, product design, comic strips, science fiction and technology.

图 10-1-1　拼贴画 *I Was a Rich Man's Plaything*，雕塑艺术家爱德华多·包洛奇（Eduardo Paolozzi, 1924—2005）于 1947 年创作，被史学家引证为第一件波普艺术作品

Hamilton's definition of Pop Art from a letter to Alison and Peter Smithson dated 16 January 1957 was: "Pop Art is: popular, transient, expendable, low-cost, mass-produced, young, witty, sexy, gimmicky, glamorous, and Big Business", stressing its everyday, commonplace values.

量。美国大众文化和商业性设计对英国波普艺术的形成产生了深刻的影响。成立于 1952 年的"独立派"被认为是波普艺术的先驱。"独立派"由年轻画家、雕塑家、建筑师、作家及评论家组成，他们挑战传统的艺术观念，集中讨论流行文化的影响，研究和讨论以"摇滚乐"为代表的美国文化热潮，从大众广告、电影、产品设计、漫画和科幻小说中提取元素。1954 年，"独立派"青年艺术家举行的社团讨论会上首创波普艺术这一名称，并由英国艺术评论家阿洛韦正式酌定。独立派艺术家认为公众创造的都市文化是现代艺术创造的理想素材，体现了公众的需求，设计师应结合这些元素生产一些与新兴的大众价值观相呼应的消费产品。

早期的波普艺术力图用一种客观的艺术去批判内容空泛而又矫揉造作的抽象表现主义，波普艺术对物质本身更感兴趣。它主张艺术反映生活，将生活中常见的、流行的、为人熟知的物品融合到设计中，如汽车、广告、照片、汉堡包、可口可乐等，以一种与传统艺术完全不同的、极具通俗化、戏谑化和新奇古怪的"艺术"形式来表达某种象征意义以及人们对社会的认识和叛逆（图 10-1-1）。在设计领域中强调新奇和独特，具有大胆而强烈的色彩表现，设计造型不循常规、怪异风趣，反映了第二次世界大战后成长起来的年轻一代新的文化价值观和具有强烈反叛意识的生活方式，也反映了他们表现自我、追求标新立异的心理特点。英国著名的艺术家理查德·汉密尔顿（Richard Hamilton，1992—2011）在 1957 年的一封信中对波普艺术进行了定义：它是一种流行的、短暂的、可消费的、低廉的、可以批量生产的、为年轻人服务的、幽默的、机智的、性感的、富有话题性和魅力的、并能创造商业价值的艺术形式。汉密尔顿创作了大量的报纸和广告杂志的拼贴画，1956 年在英国"独立派"的"这就是明天"主题展览中展出了汉密尔顿的作品《是什么使今日的家庭如此不同，如何具有魅力》（*Just What is It That Makes Today's Homes so Different，so Appealing?*），被认为是波普艺术最早的标志性作品。图画中首次出现了"POP"字样，炫耀性地展示了现代西方富有而闲暇的中等家庭的生活环境，房间布满了现代化的陈设，电视机、带式录音机、吸尘器等家用电器一应俱全，窗外设置了电影屏幕。男人雄壮健美，女人性感漂亮，符合当时年轻人对男性和女性的审美标准。作品怪诞离奇的画面和标新立异的构图突破了传统的审美趣味，呈现了强烈的视觉震撼。

10.1.1　英国波普艺术

英国波普艺术最早发端于服装设计行业。著名的服装设计师玛丽·昆特（Mary Quant，1930—　），在 20 世纪五六十年代这个名字是与香奈儿、迪奥齐名的时尚名词。玛丽·昆特鼓励年轻

人表现自我，彰显标新立异的特性。她所设计的碎花短裙和黑白
条纹的服装在当时极为流行，尤其是大胆开放的迷你裙的出现给
一贯严谨拘束的英国服装带来了青春与活力。

　　随后波普风格很快涉及了家具设计、平面设计等行业。波普
风格在家具设计方面的集大成者当属彼德·默多克（Peter Mur-
doch，1940—　　），他所设计的家具几乎成为波普设计的代名词。
圆点花纹婴儿椅是默多克家具设计的代表作（图 10 - 1 - 2），这
把椅子以简洁的圆点作为表面装饰图案，用三种不同的聚乙烯纸
板组合成五层的叠合板，成本低廉，同时由于其上大下小的结构
特征，非常方便堆叠存放，每次可以将 800 张椅子堆叠成只有
1.4 米高的堆层来进行运输，大大降低了运输成本。英国雕塑家
阿伦·琼斯（Allen Jones，1937—　　）设计的雕塑家具组合，在
风格上更为大胆，他采用女性雕像作为家具的支承构件，给人强
烈的视觉冲击。

图 10 - 1 - 2　默多克设计的
圆点花纹婴儿椅

10.1.2　美国波普艺术

　　美国波普艺术在 20 世纪 60 年代达到顶峰，它与美国商业化
设计的氛围紧密相关，许多美国的波普艺术家都从事过商业艺术
和设计。安迪·沃霍尔（Andy Warhol，1928—1987）是美国波
普艺术的主要倡导人。他的绘画图式几乎千篇一律。他把那些取
自大众传媒的图像，作为基本元素在画上重复排列。他试图完全
取消艺术创作中手工操作因素。他的所有作品都用丝网印刷技术
制作，形象可以无数次地重复，给画面带来一种特有的呆板效
果。实际上，安迪·沃霍尔画中特有的那种单调和重复，所传达
的是某种冷漠、空虚、疏离的感觉，表现了当代高度发达的商业
文明社会中人们内在的感情。1962 年沃霍尔创作的著名的《玛丽
莲·梦露》就使用了这种手法，这种不断重复的力量强烈地刺激
人的眼球，无比震撼地引起大众的思考（图 10 - 1 - 3）。

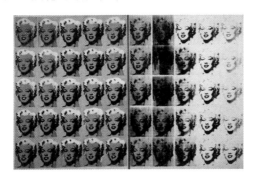

图 10 - 1 - 3　沃霍尔于 1962 年创作的
《玛丽莲·梦露》肖像画

　　波普艺术具有较强的思考性和开放性，是生活意识觉醒的产
物，它革新了创作手法和创作思维，扩大了艺术和设计发展的空
间，任何媒介和元素都能运用到创作当中，后期的欧普艺术、超

As a formalistic design trend after all，pop art violated the principle of industrial design about mechanized production and ergonomics especially in the aspect of product design and finally became a transient style.

Designers of high-tech style thought technology was a kind of rational behavior and technological progress affected people's aesthetic attitude towards technology from deep thoughts. They refined and exaggeratedly processed the technical factors of modernism design and formed a kind of sign effect with aesthetic value and symbolic meaning.

High-tech architecture，also known as Late Modernism or Structural Expressionism，was an architectural style that emerged in the 1970s，incorporating elements of high-tech industry and technology into building design. In the 1980s，high-tech architecture became more difficult to distinguish from post-modern architecture. Some of its themes and ideas were later absorbed into the style of Neo-Futurism art and architectural movement.

写实主义等流派都在不同程度上受到了波普艺术的影响。而波普艺术毕竟是一个形式主义的设计风潮，特别是在产品设计上违背了工业设计关于机械化生产、人体工学等方面的原则，最终也成为一闪即逝的风格。

10.2　高技术风格

　　高技术风格又被称为高技派，根植于第二次世界大战后蓬勃发展的工业化时代，它不仅在设计上以现代科技成果的应用为手段，包括结构计算、最新材料、工业及数字科技等前沿科学，还鼓吹在美学上表现新技术。高技术风格的发展与20世纪50年代末以来以电子工业为代表的高科技迅速发展是分不开的，科学技术的进步不仅影响了整个社会生产的发展，还强烈地影响了人们的思想，高技术风格正是在这种社会背景下产生的。它的设计理念来自"科技可以解决一切问题"的社会基础，高科技风格的设计师认为技术是一种理性行为，技术的进步从思想深处影响了人们对技术的审美态度。他们将现代主义设计的技术因素加以提炼，进行夸张处理，形成一种有美学价值和象征意义的符号效果。

　　高技术风格首先在建筑领域发展起来，而后又被应用于室内设计、家具设计和工业产品设计上。高技术风格建筑，也被称为后现代主义或结构主义建筑风格，兴起于20世纪70年代，结合高新技术产业和科技元素融入建筑设计。到了80年代，高科技风格的建筑越来越难区别于后现代建筑，后来它的一些主题和思想又被吸收到新未来主义艺术和建筑风格运动中。它把航天技术上的一些材料和技术融入建筑技术中，用金属结构、铝材、玻璃等技术结合起来构筑成一种新的建筑结构和视觉元素，逐渐形成一种成熟的建筑设计语言。高技术风格建筑善于通过技术的合理性和空间的灵活性来极力宣扬机械美学和新技术的美感，在室内暴露梁板、网架等结构构件以及风管、线缆等各种设备和管道，强调工艺技术与时代感。高技术风格建筑的代表作是英国建筑师理查德·罗杰斯（Richard Rogers，1933—　）和意大利建筑师伦佐·皮阿诺（Renzo Piano，1937—　）在1976年设计的乔治·蓬皮杜国家艺术文化中心（图10-2-1），该中心坐落于法国巴黎的现代艺术博物馆，是一座由钢管和玻璃管构成的庞然大物，它打破了文化建筑所应有的设计常规，最大的特色就是外露的钢骨结构以及复杂的管线，突出强调现代科学技术同文化艺术的密切关系。中心还设有工业设计部，经常举办工业设计展览，对工业设计的发展也产生了重要影响。20世纪80年代，高技术风格建筑进入辉煌时期。罗杰斯设计的劳埃德保险公司大厦、英国建筑师诺曼·福斯特（Norman Foster，1937—　）设计的香港汇丰银行大厦等都是高技术风格建

图10-2-1　乔治·蓬皮杜
国家艺术文化中心外立面

筑的杰作（图10-2-2）。

高技术风格产品覆盖面较为广泛，从小型的电子设备、家居用品到家具设计均有涉及。家用电器设计方面，高技术风格突出表现为造型上的几何性以及面板上密集排布的控制键和显示仪表，设计师努力把自己的产品包装成一台具有超高水平的精密仪器，试图以这种所谓的"装饰"带给人们强烈的科技感受。英国PA设计事务所1975年设计的SM2000型直接驱动电唱机就是这类高技术风格产品的典型作品（图10-2-3），它将所有的零部件暴露在外面，有机玻璃的盖子特别强调了唱臂的机械运动。家具设计方面，高技术风格所使用的材料都前卫而大胆，有些甚至是专门用于实验室和厂房的工业感极强的材料，类似金属支架、手推车、橡胶地板等工业元素被应用于家居环境设计中。来自美国纽约的莫萨设计小组设计的高架床就是利用市场上售卖的铝合金管和连接件组合而成，看似建筑施工用的脚手架被搬进居室环境中（图10-2-4）。法国建筑师、设计师马克·波提耶（Marc Berthier，1935—　）1974年为学校设计的学生桌椅和储物架也是这种设计风格，桌椅方便拆卸和组装，便于运输，同时可以根据人体尺寸进行调节（图10-2-5）。意大利建筑设计师马里奥·博塔（Mario Botta，1943—　）1984年设计的金属椅利用金属条的有节奏的排列组合，体现了金属材料的独特质感以及工业化的时代特征（图10-2-6）。

到了20世纪80年代中后期，由于工业化大生产的影响，人们越来越意识到技术是以消耗大量能源为前提的，高技术风格的设计师们从开始的豪情万丈的探索阶段转为平和冷静的成熟阶段，他们不再抱着技术美学至上的理念不放，而是以其强烈的自我表现力在社会上创造一种独特的设计新理念，即以重视城市环境、节能环保以及人类情感为出发点，创造融合高科技和高情感的设计，通过实践向大众展示它寻求的真实情感。高技术风格这种不断向前的动态的发展观符合时代精神，令世人瞩目。

图10-2-2 香港汇丰银行大厦

图10-2-3 英国PA设计事务所设计的SM2000型直接驱动电唱机

图10-2-4 莫萨设计小组设计的高架床

图10-2-5 波提耶于1974年设计的学术桌椅

图10-2-6 博塔于1984年设计的金属椅

图 10 - 3 - 1　美国设计师及
教育家维克多·巴巴纳克

Victor Joseph Papanek was a designer and educator who became a strong advocate of the socially and ecologically responsible design of products, tools, and community infrastructures. He disapproved of manufactured products that were unsafe, showy, maladapted, or essentially useless. His products, writings, and lectures were collectively considered an example and spur by many designers.

Aimed at the whole life cycle of products, green design focused on considering the environmental attribute of products. At the design stage, green design incorporated environmental factors and measures of preventing pollution into product design, took environmental performance as the design objective and starting point of products and strived to minimize the influence of products on the environment.

10.3　绿色设计

绿色设计也称作生态设计或环境意识设计，是 20 世纪 80 年代末出现的一股国际设计潮流。绿色设计反映了人们对于现代科技文化所引起的环境及生态破坏的反思，同时也体现了设计师道德和社会责任心的回归。

对绿色设计产生重要影响的是美国设计师及教育家维克多·巴巴纳克（Victor Papanek，1923—1998）（图 10 - 3 - 1）。他积极倡导具有社会责任和生态责任的产品设计、工具设计和社会基础设施设计，不赞成不安全的、艳俗的、不合适或根本无用的产品设计，他的设计、著作和演讲影响了一大批设计师。他在 1971年出版的《为真实的世界设计》（*Design for the Real World*：*Human Ecology and Social Change*）关注设计师面临的人类需求最紧迫的问题，强调设计师的社会及伦理价值，提出设计应为广大人民服务，设计不但应该为健康人服务，同时还必须考虑为残疾人服务，设计应该认真考虑地球有限资源的使用问题并为保护我们居住的地球的有限资源服务。他认为，设计的最大作用并不是创造商业价值，也不是包装和风格方面的竞争，而是一种适当的社会变革过程中的元素。对于他的观点，当时能理解的人并不多。在漫长的人类设计史中，工业设计为人类创造了现代生活方式和生活环境的同时，也加速了资源和能源的消耗，对地球的生态平衡造成了极大的破坏。20 世纪 70 年代能源危机爆发后，巴巴纳克的"有限资源论"开始得到人们的认可，绿色设计的理念也得到了越来越多人的关注和认同。

绿色设计着眼于产品整个生命周期，着重考虑产品的环境属性。在设计阶段将环境因素和预防污染的措施纳入产品设计之中，将环境性能作为产品的设计目标和出发点，力求使产品对环境的影响为最小。对工业设计而言，绿色设计的核心是"3R"，即 Reduce、Recycle、Reuse。不仅要减少物质和能源的消耗，减少有害物质的排放，而且要使产品及零部件能够方便地分类回收并再生循环或重新利用。绿色设计中，"小就是美""少就是多"具有了新的含义。从 20 世纪 80 年代开始，一种追求极端简单的设计流派，将产品的造型简化到极致，这就是所谓的"极简主义"。简约设计不仅是功能上达到了设计的目的，而最为重要的就在于材料的节省与加工的方便。法国设计师菲利普·斯塔克（图 10 - 3 - 2）是极简主义设计代表，他的产品设计造型简单而又典雅，体现了"少就是多"的原则（图 10 - 3 - 3）。在生存环境问题远未成为人们广为讨论的话题之时，菲利普·斯塔克已经意识到了它的重要性，用负责任的态度设计出经久耐用的产品，具有实用性和所有必需的功能，远离没有生命力的、易于腐烂的"时尚"，这是他一贯的工作原则。斯塔克曾提到"我们越来越应

图 10 - 3 - 2　鬼才设计师
菲利普·斯塔克

该意识到，人类的命运应该掌握在自己的手中，而不是任由自己在这个唯利是图的市场机构里飘荡"。"我现在的责任更多的是关注未来能源的生产，以及塑料，这种石油最有趣的衍生品的未来将该被如何替代"。他认为现代设计大师的作用就是用最少的材料创造更多的"快乐"，指出："设计是拒绝任何规则与典范的，本质就是不断地超越与探索。未来，实用耐用的商品将取代美丽的东西。明日的市场，消费型的商品会越来越少，取而代之的将是智能型，且具有道德意识，意即尊重自然环境与人类生活的实用商品。平民化设计即风格和设计消失于最简洁和中性的外表。"

　　绿色设计至今仍是工业设计发展的热点问题之一，也是未来设计发展的趋势。随着绿色设计技术和方法研究的不断深入，单纯技术层面的活动已经不能满足绿色设计发展的需要，绿色设计的内涵与外延不断扩展，它将经济效益、社会效益、消费者需求等各方面考量纳入设计的视野，形成新的绿色设计循环链，从对生态的关注拓展到综合把握自然、人与社会之间动态平衡关系的系统性设计方法。新的绿色设计方法将绿色设计活动完全嵌入到商业活动中，以满足社会可持续发展的要求，可持续设计的概念也应运而生。米兰理工大学设计学院的埃佐·曼梓尼（Ezio Manzini，1945—　）（图 10-3-4）教授为可持续设计下的定义是："可持续设计是一种构建及开发可持续解决方案的策略设计活动。针对整个生产消费循环，利用系统式的产品与服务整合和企划，以效用和服务去取代物质产品为最终目的。"可持续设计要求人、社会和环境的和谐发展，设计既能满足当代人需要又兼顾保障子孙后代永续发展需要的产品、服务和系统。可持续的概念不仅包括环境与资源的可持续，也包括社会、文化的可持续。可持续设计体现在四个属性上，即自然属性、社会属性、经济属性和科技属性。就自然属性而言，它是寻求一种最佳的生态系统以支持生态的完整性和人类愿望的实现，使人类的生存环境得以持续；就社会属性而言，它是在生存于不超过维持生态系统涵容能力的情况下，改善人类的生活质量；就经济属性而言，它是在保持自然资源的质量和其所提供服务的前提下，使经济发展的净利益增加至最大限度；就科技属性而言，它是转向更清洁更有效的技术，尽可能减少能源和其他自然资源的消耗，建立极少产生废料和污染物的工艺和技术系统。

10.4　解构主义

　　解构主义的哲学渊源可以追溯到 20 世纪 60 年代末。法国哲学家雅克·德里达（Jacques Derrida，1930—2004）在 1966 年的一次国际学术研讨会上，发表了题为《结构、符号、与人文科学

图 10-3-3　斯塔克为卡特尔品牌设计的挂钟

图 10-3-4　曼梓尼教授发起"社会创新和可持续设计联盟"，致力于在全球推进社会创新和可持续设计

Sustainable design required the harmonious development of people, society and environment. Design could not only satisfy the demands of contemporary people, but also give consideration to necessary products, services and systems guaranteeing the sustainable development of descendants. The concept of sustainability covered sustainable environment and resources and contained sustainable society and culture.

The core theory of deconstructivism was adverse to structure itself and thought symbols could reflect the reality and research on individuals was more important than that on the whole structure.

中的嬉戏》（*Structure，Sign，and Play in the Discourse of the Human Sciences*）的演讲，并对结构主义中"结构"的概念提出质疑，针对结构主义的整体论，德里达使用了另一个词"deconstruction"，即"解构"，与结构主义强调结构的统一性和完整性不同的是，解构主义核心理论是对于结构本身的反感，认为符号本身已能够反映真实，对于单独个体的研究比对于整体结构的研究更重要。

解构主义对现代主义正统原则和标准批判性地加以继承，运用现代主义的语汇，却颠倒、重构各种既有语汇之间的关系，从逻辑上否定传统的基本设计原则，从而产生新的意义。解构主义及解构主义设计师为了创造性地获取更为合理的"秩序"而打破现有的单元化的秩序，用分解的观念，强调打碎、叠加、重组，重视个体、部件本身，反对总体统一而创造出支离破碎和不确定感，其最大的特点是敢于否定形而上的永恒至高思想，反中心、反权威、反二元对抗、反非黑即白的理论。

Mainly embodied in the field of architectural design, the design concept of deconstructivism specially applied the technique of intersection, superposition, distortion, eccentricity, inversion and rotation and created a form with instability and a sense of movement.

解构主义设计思想主要体现在建筑设计领域，其特点是运用相贯、叠置、畸变、偏心、反转、回转等手法，创造具有不安定且富有运动感的形态。弗兰克·盖里（Frank Gehry，1929—　）、彼得·艾森曼（Peter Eisenman，1932—　）、柏纳德·屈米（Bernard Tschumi，1944—　）是解构主义设计的代表人物。

弗兰克·盖里是当代著名的解构主义建筑师，他的建筑设计独特、富有个性，其建筑设计具有雕塑般的美感，运用多角平面、倾斜的结构、倒转的形式以及多种物质形式，使用断裂的几何图形以打破传统刻板习俗，被誉为是建筑界的"毕加索"。他曾说："我喜欢这种在建筑过程中看不见的美，而这种美又常常在技术制造过程中失落了。"他的建筑设计注重体块的分割与重构，带有明显的反形式的倾向（图 10 - 4 - 1）。位于西班牙毕尔巴鄂的古根海姆博物馆是盖里解构主义设计的代表作（图 10 - 4 - 2）。古根海姆博物馆是总部设在纽约的私立现代博物馆群，在西班牙的毕尔巴鄂、意大利的威尼斯、德国的柏林等地有多所分馆。其中，纽约总部的古根海姆博物馆由著名的芝加哥学派建筑师赖特所设计，同样是建筑设计史上的名作。毕尔巴鄂古根海姆博物馆位于城区边缘、内维隆河南岸，盖里以较长的横向波动的三层展厅来呼应河水的水平流动感。为了缓和建筑主立面北向逆光的矛盾，建筑表皮处理成向各个方向弯曲的双曲面，并用钛合金板覆盖，随着光照角度的变化，在建筑表面会产生不断变动的光影效果。建筑整体由体块的相互碰撞、穿插构成，其形式超离了以往任何建筑实践经验。

彼得·埃森曼继承了德里达的解构主义哲学，设计追求的"之间"为后解构主义哲学中的一个重要概念。他说，解构寻求"之间"，即丑在美中，非理性在理性中，去发现被压制的东西、现实的反抗者，打断整个连续的"文本性"，并使系统替换、移

图 10 - 4 - 1　盖里于 1991 年设计的华特·迪士尼音乐厅，2003 年落成

图 10 - 4 - 2　盖里设计的古根海姆博物馆，1997 年落成

置和错位。在方案中，抓住"之间"，阐明"不足"，创造一种使人迷离的建筑。埃森曼认为，对待解构哲学"不能简单地而是要寻找建筑语言的那些思想含义。"他提出解构的基本概念，包括取消体系、反体系，不相信先验价值，能指与所指之间没有"一对一的对应关系"等。埃森曼指出解构主义建筑不是一种新的风格，不能用某种建筑艺术形式表达，解构主义仅仅是一种思维方式。埃森曼试图以深层结构理论、语法学规则和形式构成手法来实现建筑的生成和转化过程。建筑元素的交叉、叠置和碰撞成为设计的整合过程和结果，虽然形态表面似乎呈现某种无序状态，但是其内部的逻辑及思辨过程却是清晰统一的。埃森曼以自己的理论与实践，回应了德里达的哲学思想，并为他自己及解构建筑建构出若干关键词，如非建筑、之间、反中心、反记忆和挖掘、空间追逐等。其重点作品包括维克斯纳视觉艺术中心（图 10 - 4 - 3）、大哥伦布会议中心、欧洲犹太死难者纪念碑等。

Eisenman pointed it out that deconstructive architecture was only a way of thinking rather than a new style and could not be expressed by some artistic form of architecture.

图 10 - 4 - 3　维克斯纳视觉
艺术中心正南面

柏纳德·屈米认为："应该把许多存在的现代和传统的建筑因素重新建构，利用更加宽容的、自由的、多元的方式来建造新的建筑理论框架。"这是屈米在反对现代主义建筑和传统建筑二元对立时所体现出的解构主义建筑思想。他声称建筑形式与发生在建筑中的事件没有固定的联系，按照屈米的理论，建筑的角色不是表达现存的社会结构，而是对该结构的讨论和修正。他的作品强调建立层次模糊、不明确的空间，从而得出他自己解构主义建筑创作的三项具体原则：①拒绝"综合"观念，改向"分解"观念；②拒绝传统的使用与形式间的对立，转向两者的叠合或交叉；③强调碎裂、叠合及组合，使分解的力量能炸毁建筑系统的界限，提出新的定义。屈米的代表作是 1983 年设计的位于巴黎的拉维莱特公园（图 10 - 4 - 4）。为了处理公园开发计划的复杂性和不确定性，屈米以"分解"的观念在公园用地上建立起"点""线""面"三个结构系统，点是精心设计的小型构筑物，线是线性构件和连接的线条，而面则是以表层结构来表达。构筑物形式各异，而红色则是统领的颜色，公园设计由"分解"实现了三个迥然不同系统的"叠合"。

Tschumi had argued that there was no fixed relationship between architectural form and the events that took place within it. In Tschumi's theory, architecture's role was not to express an extant social structure, but to function as a tool for questioning that structure and revising it.

图 10 - 4 - 4　拉维莱特公园景观

解构主义在工业产品设计中也有一定的影响。被誉为"光之诗人"的德国工业设计师英葛·摩利尔（Ingo Maurer，1932—　）于 1994 年设计的吊灯"Porca Miseria"，由破裂的白色陶瓷餐具残片组合而成（图 10 - 4 - 5），仿佛爆炸的事物在空中突然凝固，灯光从碎片中倾泻而出，爆发出写意的生命力，强化了产品的破碎感和不确定性。解构主义设计在工业设计上的应用可以激发设计师的思维和创造能力，赋予其广阔的设计空间。设计的作品富有张力和变化，外观上对比明显，不拘一格的表现形式给人以新奇感，可以在很大程度上吸引消费者。

图 10 - 4 - 5　英葛·摩利尔于
1994 年设计的吊灯
"Porca Miseria"

10.5　后现代主义

　　后现代主义的概念十分宽泛，它有较为复杂的涵盖性，涉及众多学科和文化领域。后现代主义是一种思想方法，它反本质主义、反对同一性，极力抹杀艺术与非艺术的界限，同时具有不确定性和非整体性的特点。后现代主义对建筑、设计、绘画、音乐和人文历史都有很深远的影响。

Postmodernism rebelled the pure rationality and functionalism of modernism and especially the pure formalism of international style and expressed the demand of people for human interest and humanized design.

　　后现代主义是对现代主义纯理性及功能主义的反叛，尤其是国际风格的纯形式主义的反叛，表达了人们对于人情味、人性化设计的需求。被誉为"后现代主义之父"的美国文学评论家伊哈布·哈桑（Ihab Hassan，1925—2015）在其著作《后现代的转向》一书中，对后现代主义和现代主义做了比较：①在哲学上，现代主义是以理性主义、现实主义作为哲学基础，而后现代主义则是以浪漫主义、个人主义为哲学基础；②在思想上，现代主义强调对技术的崇拜，强调功能的合理性与逻辑性，后现代主义则推崇高技术、高情感，强调以人为本；③在方法上，现代主义遵循物性的绝对作用，标准化、一体化、产业化和高效率、高技术。后现代主义则遵循人性经验的主导作用，时空的统一性与延续性，历史的互渗性及个性化、散漫化、自由化；④在设计语言上，现代主义遵循功能决定形式，"少就是多""无用的装饰就是犯罪"；后现代主义遵循形式的多元化、模糊化、不规则化，非此非彼、亦此亦彼、此中有彼、彼中有此的双重译码，强调历史文脉、意象及隐喻主义和"少令人生厌"。

Venturi was also known for coining the maxim "Less is a bore", a postmodern antidote to Mies van der Rohe's famous modernist dictum "Less is more".

图 10-5-1　文丘里于 1962 年设计的栗子山母亲之家

　　1966 年，美国建筑师文丘里（Robert Venturi，1925—　）出版了《建筑的复杂性和矛盾性》（*Complexity and Contradiction in Architecture*）一书，这本书成为后现代主义最早的宣言。在书中，针对密斯"少即是多"的现代主义思想，提出了"少令人生厌"的口号。在建筑设计中，他以标记和符号为装饰，运用简单的几何图形，并将其融入他的设计中。他曾说："建筑学应该涉及建筑的社会和历史之间的关联。"在美国费城的栗子山，文丘里为其母亲设计了一座私人住宅（图 10-5-1），这座建筑与现代主义建筑常用的平屋顶、方盒子的造型不同，采用了传统建筑常用的坡屋顶，表现出对文化传统的重新发现和重视，形式上的非对称及古典主义的特征体现了一种复杂、含混、象征主义、历史主义、不合逻辑、非理性的美学观念。1977 年，美国建筑评论家查尔斯·詹克斯（Charles Jencks，1939—　）出版了《后现代建筑语言》一书，针对与现代主义相悖的建筑，明确提出了"后现代"的概念。詹克斯讨论了从现代到后现代的建筑样式的变化。现代建筑常常表现为单一的结构，比如直角以及正方形的结构，就像是写字楼。然而，后现代建筑的样式常常来自想法、身体、城市文脉和自然的形式。直观地讲，"后现代"是一

Jencks discussed the paradigm shift from modern to postmodern architecture. Modern architecture concentrated on univalent forms such as right angles and square buildings often resembling office buildings. However, postmodern architecture focused on forms derived from the mind, body, city context, and nature.

个时间的概念，是指现代主义以后的整个时期，也包括了现阶段，它的内容涵盖了现代主义以后的各种设计文化现象。而后现代主义设计是一种设计流派观念，是指在反现代主义的过程中形成于 20 世纪 60 年代，发展于 70 年代，成熟于 80 年代的一股设计思潮，它没有坚实的核心，也没有明确的边界，由建筑设计领域发展而来，并扩展和影响到其他设计领域，是工业社会发展到后工业社会的必然产物。美国建筑学家、后现代主义风格建筑大师罗伯特·斯特恩（Robert Arthur Morton Stern，1939—　）在《现代主义运动之后》一书中将后现代主义的特征归为三点：文脉主义、隐喻主义和装饰主义。即重视建筑的功能空间，重新赋予建筑以历史文脉的意义和人文精神，同时顺应建筑本体的诉求，利用符号功能创造出生动而意味深长的建筑形象。从本质上讲，后现代主义设计并非对现代主义设计进行推翻与否定，而是在肯定其实用功能因素的基础上，在形式上赋予其人格化、情感化的装饰效果。

In essence, postmodernism design did not overturn and deny modernism design, but endow modernism design with personalized and emotional decorative effect in form based on recognizing the factors of its utilitarian function.

后现代主义建筑师也涉足产品设计领域。20 世纪 80 年代，文丘里和同为建筑设计师的妻子丹尼斯·斯科特·布朗（Denise Scott Brown，1931—　）为诺尔家具设计公司设计了一系列融合谢拉顿式、齐彭代尔式、哥特复兴式、艺术装饰、新艺术等历史风格的椅子（图 10-5-2），椅子采用层积木模压成型，旨在提供一种低成本、易加工同时呈现历史装饰元素的设计风格。美国建筑师格雷夫斯（Michael Graves，1934—　）从 20 世纪 60 年代就开始了后现代主义建筑设计的探索，希望通过历史主义和装饰主义对城市进行多元化的改造，其最有影响力的建筑设计是波特兰市的公共服务中心。除了建筑设计外，他也热衷于餐具、首饰、家具陈设等用品的设计。1985 年为阿莱西公司设计的“快乐鸟嘴壶”是后现代主义的经典作品之一（图 10-5-3），其突出特点就是在壶嘴处设计了小鸟形状的哨子，当水开的时候，蒸汽喷出壶口，小鸟发出欢乐的“鸣叫声”，十分有趣，直到现在这把水壶都保持着不错的销量。

图 10-5-2　融合各种历史
风格的椅子设计

后现代主义设计把现代主义抛弃的手工艺元素重新拾起，并结合了工业化的生产，设计上体现了人工制品的温暖感，同时强调精英文化和大众文化的交融，在艳丽的色彩和装饰的掩盖下受到消费者的青睐。而相对于具有坚实而理性的思想理论基础的现代主义，后现代主义设计又带有强烈的感性色彩，只是关注设计的形式，并没有改变现代主义设计的实质。

图 10-5-3　格雷夫斯于 1985 年
设计的“快乐鸟嘴壶”

10.6　信息时代的工业设计

信息化是时代发展的大趋势，代表了先进的生产力。20 世纪 80 年代之后，新科技革命以电子信息业的突破与迅猛发展为标志，人类社会从工业时代进入了信息时代（图 10-6-1）。在新

图10-6-1　苹果公司于1984年推出的世界上第一台采用图形用户界面的个人电脑

Firstly, the development of computer aided design changed the technical means of industrial design. Due to the application of design software, industrial design became more flexible and convenient. Meanwhile, the procedure and method of industrial design changed accordingly.

Secondly, design content was constantly extended and expanded with the change of social needs and the development of technology under the background of informatization.

Thirdly, design scope was more extensive, design method was more flexible and design content was more abundant under the new economic and cultural background.

Fourthly, designers consciously introduced traditional culture elements and national characteristics into design so that consumers obtained spiritual satisfaction and emotional sublimation.

Fifthly, design method and form witnessed great changes due to the development of technology including Internet, virtual reality and multimedia in the information society. Design object was not limited to hardware design any more, but paid more attention to "non-material design".

的时代背景下，现代设计也发生了深刻的变化。

第一，计算机的快速发展和普遍应用以及互联网的迅猛发展极大地改变了人类社会的技术特征。计算机辅助设计的发展改变了工业设计的技术手段，设计软件的应用使工业设计更加灵活和快捷，工业设计的程序和方法也发生了相应的变化。

第二，信息化背景下，设计的内容随着社会需求的变化和技术的发展而不断延伸与扩展。设计的独立性变小，越来越多地倾向于多专业的紧密结合，如建筑学、物理学、数学、经济学等，设计学科与它们相互影响、相互融合。同时随着人们审美意识和价值观念的提高，设计与科学、科学与艺术、设计与美术之间的关系趋向模糊化。

第三，对于企业而言，设计已成为提升企业经营品质、激发创造性的战略性管理手段，企业越来越多的需求是通过社会合作的方式寻求专业资源；而对于设计公司来说，它们不仅能够提供产品的外观设计和工程设计，也能够为企业提供市场调研、用户研究、企业形象设计等方面的服务。在新的经济和文化背景下，设计的范围更加广泛，方式更加灵活，内容更加丰富。

第四，信息化时代中，对物质无止境的追求使人们失去了价值的判断能力，传统的信仰和价值观念在流失。人们也逐渐意识到技术并不总能带给人们理想的生活状态，文化的延续才是人类社会中最有价值的。因此在设计中，设计师有意识地将传统文化元素和本民族的特征引入设计中，从而使消费者得到精神的满足和情感的升华。

第五，在信息社会，互联网、虚拟现实、多媒体等技术的发展使设计的方法和形式发生巨大变化，设计的对象不再局限于硬件的设计，而更加注重"非物质化设计"，如界面设计、交互设计、智能化设计、系统设计、服务设计等，设计的本质成为：发现不合理的生活方式（问题），从而改进不合理的生活方式，使人与产品、人与环境更和谐，进而创造新的、更合理、更美好的生活方式。非物质主义设计是以信息社会是一个"提供服务和非物质产品的社会"为前提，以"非物质"这个概念来表述未来设计发展的总趋势：即从物的设计转变为非物质的设计、从产品的设计转变为服务的设计、从占有产品转变为共享服务。非物质主义设计理念不仅是一种与新技术特别是计算机、互联网、人工智能相匹配的设计方式，同时它也是一种以服务为核心的消费方式，更是一种全新的生活方式。这一变革也反映了从基于生产和制造产品的社会向基于服务和非物质产品社会的转变，设计在新的时代背景下变成一个更加复杂和多学科的活动。

本章关键名词术语中英文对照表

波普艺术	Pop Art	欧洲犹太死难者纪念碑	Memorial to the Murdered Jews of Europe
高技术风格	High-Tech		
生态设计	Ecological Design	独立派	Independent Group
可持续设计	Sustainable Design	绿色设计	Green Design
文脉主义	Contextualism	极简主义	Minimalism
装饰主义	Arnamentation	后现代主义	Postmodernism
非物质主义设计	Non-Materialistic Design	隐喻主义	Allusionism
乔治·蓬皮杜国家艺术文化中心	Centre Georges Pompidou	解构主义	Deconstructionism
		环境意识设计	Environment Conscious Design
维克斯纳视觉艺术中心	Wexner Center for the Arts	古根海姆博物馆	Guggenheim Museum Bilbao
		大哥伦布会议中心	Greater Columbus Convention Center

思 考 题

1. 波普设计的特点是什么？其代表人物和代表作有哪些？
2. 什么是高技术风格？
3. 解构主义和构成主义有哪些异同？
4. 后现代主义设计的特点是什么？
5. 绿色设计的内容有哪些？
6. 在信息时代，现代设计有哪些趋势？

参 考 文 献

[1]　LEWIS P. Modernism, nationalism, and the novel [M]. Cambridge: Cambridge University Press, 2000.

[2]　BILLINGTON D P. The tower and the bridge: the new art of structural engineering [M]. Princeton and Oxford: Princeton University Press, 1985.

[3]　LIVINGSTONE M. Pop art: a continuing history [M]. London: Thames and Hudson, 1990.

[4]　ANDERSON S. Peter Behrens and a new architecture for the twentieth century [M]. London: The MIT Press, 2002.

[5]　PAPANEK V. Design for the real world: human ecology and social change [M]. 2nd Revised ed. New York: Academy Chicago Publishers, 2005.

[6]　HONOUR H, FLEMING J. A world history of art [M]. London: Laurence King Publishing, 2005.

[7]　KRAMER E F. The Walter Gropius house landscape: a collaboration of modernism and the vernacular [J]. Journal of Architectural Education, 2004, 57 (3): 39 - 47.

[8]　朱和平. 世界现代设计史 [M]. 南京: 江苏美术出版社, 2013.

[9]　梁梅. 世界现代设计史 [M]. 2 版. 上海: 上海人民美术出版社, 2013.

［10］ 华梅，要彬，李美霞，等，现代设计史［M］．天津：天津人民出版社，2006.

［11］ 李亮之．世界工业设计史潮［M］．北京：中国轻工业出版社，2010.

［12］ 张夫也．外国现代设计史［M］．北京：高等教育出版社，2009.

［13］ 罗小未．外国近现代建筑史［M］．2版．北京：中国建筑工业出版社，2004.

第 11 章

中国工业设计的发展

Chapter 11　The Development of Chinese Industrial Design

回顾中国工业发展的百年历程，我们发现中国工业设计的发展需要继承，更需要超越和创新。自工业革命以来，西方的产品制造在新的历史背景下，对旧有设计经过多次改造和变革，成功转型成为现代设计，并影响世界各国工业设计的发展；而中国工业设计的发展也在其影响下缓慢而艰难地前进。本章前四节分别介绍了中国内地工业设计从辛亥革命后设计思想观念的先导时期、新中国成立后的萌芽时期、改革开放后的成形时期到进入 21世纪后的发展时期的过程，第五节着重介绍中国香港和中国台湾地区工业设计的发展。

11.1　辛亥革命后中国工业设计思想观念的转变

第一次鸦片战争后，中国的社会性质发生了翻天覆地的变化，由封建社会变成了半殖民地半封建社会，开始了屈辱的被压迫历史。第二次鸦片战争后，晚清政府提出了"重商"的经济思想，试图推动晚清经济社会的近代化进程，并初步形成中国工业化思想。随后的洋务运动，曾国藩、李鸿章等人建立了中国的大机器工业，相继开办了金陵机器制造局（1865 年建）（图 11－1－1）、江南机器制造总局（1865 年建成）（图 11－1－2）、福州船政局（1866 年建成）、天津机器制造局（1867 年建成）等，制造大量船只、枪炮，后来涉及民用工业，自此开启了工业化的大门。

中日甲午战争后，以康有为、梁启超为代表的资产阶级改良派发动维新运动，主张把发展机器大工业、实现国家工业化作为经济改革中心，确立了中国工业化思想的新基础。孙中山先生提出了"国营""民营"等经济组织问题，开启了国民经济理论的焦点——工业化，从而奠定了 20 世纪三四十年代工业派学者的

图 11－1－1　金陵机器制造局中清朝官员与进口的蒙蒂尼机枪

图 11－1－2　江南机器制造总局车间

Pang Xunqin was a Chinese painter and teacher who, after studying in Paris, moved back to China and gave "traditional decoration art a modern context." He was greatly inspired by the French Art Nouveau movement.

图 11-1-3　郑可教授指导学生贾延良（1965 年大红旗 CA770 设计师）

The change in concept of Chinese design pioneers had directly influenced the development of Chinese modern design. At that time, the weak industrial base, undeveloped industry, and the lack of modern thoughts in China led to a great reduction in the design level of Chinese design pioneers.

图 11-1-4　奇异牌风扇

图 11-1-5　华生牌电风扇

理论基础。

11.1.1　欧洲现代主义设计思想在中国

20 世纪 30 年代前后，欧洲的现代主义设计运动正如火如荼地展开，德国包豪斯创建的工业设计理论和实践已经能够和工业制造相融合。中国的有志青年去国外留学，将欧洲先进的现代主义设计思想带回国。中国画家、教师庞薰琹（1906—1985）从巴黎回国后，带回了一种"传统装饰艺术的现代化语境"，通过参观了 1925 年在巴黎举办的装饰艺术展和包豪斯建筑，他对建筑以及一切装饰艺术开始发生兴趣，并深受法国新艺术运动的启发，将巴黎风格的艺术世界带到中国。

著名的工艺美术家、中国工业设计奠基人郑可教授（1905—1987）曾就读于巴黎市立装饰美术学院，学习雕塑和工艺美术，曾任教于中央工艺美术学院（现清华大学美术学院）。1937 年他参观了以"世界的艺术与技术"为主题的世界博览会，敏锐地感受到包豪斯现代主义思想的力量，更自觉地走上了机械化批量生产的现代主义设计道路。郑可教授把自己先进的设计思想及教学成就更多地体现在他所教授的学生身上，使他的学生、学生的学生一直秉承着现代主义的理念，在中国汽车设计、日用品设计、装饰艺术等领域作出了杰出的贡献（图 11-1-3）。

中国设计先驱们在观念上的转变直接影响了中国现代设计的发展，当时中国的工业基础比较薄弱，产业很不发达，现代思想缺乏，导致中国设计先驱的设计水平大打折扣；特别是留学归国以后，他们一般都经历了短暂的作为自由设计师的设计服务工作，然后便回到学校任教，他们所承接的各种现代设计在中国各类媒体上都有介绍，因此被称为当时中国现代生活的风向标。

11.1.2　美国现代主义设计思想在中国

第二次世界大战结束后，美国大量的工业产品不断涌入中国，同时美国处于巅峰状态的现代主义设计理念也不断向中国袭来，美国的工业产品设计逐步影响着中国设计思想的萌芽。

电扇是电气化生活的典型物品，20 世纪初国内的电扇基本来自国外。当时美国通用电气公司的奇异牌风扇（图 11-1-4）无论在产品的外观、结构还是功能上均属国际领先水平，在国内也大受欢迎。中国民族工业家杨济川先生（1881—1952）在 1916 年创办了华生电器制造厂，仿美国奇异牌电扇试制两台国产电风扇样机，但由于当时民族工业的困境，直至 1924 年才开始量产。1925 年，华生牌电扇参加美国费城的世博会获得丁类产品银奖。华生牌电风扇的外观基本类似于奇异牌风扇，甚至配件都可以与其通用，外观设计的创新主要体现在外部形态，如以铝合金代替铸铁、风叶增加镀镍及各种颜色，达到美观的效果（图 11-1-5）。到 1929 年，华生牌电风扇年产量已达到 2 万台，优质可靠的华生牌电风扇打破了美国奇异牌独霸中国的局面，占据了可观的市场份额。华生牌电风扇是中国由进口工业产品到自己组装生产，再到进一步创新完成品牌民族化的一个见证。

另一个从美国引入中国的工业产品是缝纫机。中国最早的缝纫机是在清同治十一年（1872 年）由晋隆洋行从国外运来的由微荀厂制造的缝纫机（图 11 - 1 - 6）。随着缝纫机社会拥有量的增加，在清光绪二十六年（1900 年），朱兆坤开设了美昌缝纫机维修商店。1880 年前后，美国胜家公司在上海南京路设立公司，招揽女工并向市民推销，很快胜家就成为当时众所周知的制衣机器，在以后的很长时间，胜家几乎成为缝纫机的代名词。在民国时期，上海的许多地方开设了缝纫机零件厂，但直到 1928 年胜美缝纫机厂开设，才自主生产了上海最早的国产家用缝纫机。同年，协昌缝纫机器公司自制工业缝纫机（图 11 - 1 - 7），商标为"红狮牌"。1937 年，阮耀记缝衣机器号生产出 15 - 30 型缝纫机，商标为"飞人牌"；抗日战争爆发后，美国终止缝纫机出口，协昌缝纫机器公司开始生产家用缝纫机，1943 年徐文熙等人开设中国缝纫机制造厂，尝试制成 1001 型工业用电力缝纫机。新中国成立后，国外缝纫机不能再进入中国市场，国内缝纫机市场迎来转机。到了 1966 年，继"金狮""无敌"等商标后，"蝴蝶"正式成为缝纫机产品的商标，并在全国声名鹊起。

新中国成立前，中国现代设计的思想能量已经积聚，并且已形成了完整的逻辑。这种现代主义设计思想一直成为后来者"原创"的土壤和基础，深深影响了中国现代设计观念的形成，为现代主义设计能量在中国的释放、延续以及发展做出了不可替代的贡献。

11.2 新中国成立后由工程设计到工业设计的转变

新中国成立前，由于战争的缘故，中国政府十分重视重工业生产，设计几乎都是工程设计，并没有大规模的工业化建设，而实质意义上的工业化建设是从新中国成立以后开始的，中国工业设计产业的社会背景和技术环境理论在此时已经有了相应的载体。但从产业整体的消费市场来看，当时的中国仍处于战后重建期，必需品经济依旧占据经济发展的主导地位，各方面的条件限制也使得商品经济的发展仍需要一定的时日，文化消费相对于使用性和实用性消费而言尚无从谈起。中国工业设计产业的初步发展在国家全新建设的历程中得以孕育。

新中国成立后，中国工业设计的思想和实践并没有与国际接轨，但也没有完全隔离和背弃。在新中国成立后的相当长的时间里，比较注重工业化的建设，尤其是重工业建设，但由于中国在这

图 11 - 1 - 6 微荀厂制造的缝纫机

图 11 - 1 - 7 上海协昌缝纫机器公司
生产的第一代缝纫机

Before the founding of the People's Republic of China, the ideological energy of modern design in China had been accumulated and a complete logic had been formed. This kind of modernism design thought had been the soil and foundation of "originality" of latecomers, which deeply influenced the formation of Chinese modern design concept and made irreplaceable contributions to the release, continuation and development of modernism design energy in China.

For a long time after the founding of new China, China paid more attention to the construction of industrialization，especially the construction of heavy industry. However，due to the implementation of the planned economic system in China during this period，the level of opening to the outside world was very low，and the understanding of industrial design was relatively vague. The industrial design had not developed rapidly，and the industrial design in China was in the embryonic stage after the founding of new China and before the reform and opening up.

（1）The production mode of design changed from handicraft to industrialization.

（2）The functional purpose of design changed from ethical education to life aesthetics.

（3）The structural form of design changed from complicated and aesthetic to simple and light. In order to adapt to the large industrial production and new way of life, Chinese designers learned from all the advanced design experience, and strived to make "made in China" to "created in China", so as to achieve real design modernization.

The large-scale introduction and development of machine tools was the symbol of the continuous development of China's industrial design, and provided a guarantee for the design and manufacturing of the country's products in heavy industry and mechanical industry.

一段时间内主要实行计划经济体制，对外开放度非常低，社会上对工业设计的认识比较模糊。中国的工业设计并没有得到迅速的发展，新中国成立至改革开放前仍属于中国工业设计的萌芽阶段。

1949 年以来的设计活动与思想，虽然在变革的道路上曲折艰难，充满挫折，最后还是走上了现代化工业设计的道路。它在当代中国主要表现在以下三个方面：

（1）设计的生产方式，由手工艺转向工业化。

（2）设计的功能目的，由伦理教化转向生活审美。

（3）设计的结构形式由烦琐、唯美转向简约、轻便，为适应大工业生产和新的生活方式而学习一切先进的设计经验，力争将中国制造转向中国创造，实现真正的设计现代化。

受到第二次世界大战结束之后世界范围的工业化浪潮的影响，从第一个五年计划到第四个五年计划，中国经济发展仅围绕工业化为核心展开，工业化水平与速度成为衡量经济发展水平的唯一标准。随着经济和社会不断发展，中国由工程设计逐步向工业设计转变，使得中国逐步走上了现代化工业设计的道路。

11.2.1 "一五"计划期间（1953—1957 年）

第一个五年计划的基本任务就是根据过渡时期的总任务提出的，其任务：一是集中力量进行工业化建设，二是加快推进各经济领域的社会主义改造。

中国的工业化基础非常薄弱，新中国成立之初，在苏联的帮助下，中国集中力量发展重工业建设，引进重工业技术，为我国社会主义工业化发展奠定良好的基础。在工业建设方面，"一五"期间的基本任务是：集中主要力量进行以苏联帮助中国设计的 156 个项目为中心的建设，建立我国社会主义工业化的初步基础。由于"一五"期间的努力，以及苏联经济管理、技术研发、人才培养机制的引进，中国的工程能力有了长足的进步。在苏联的援助下，中国改造和新建 18 个机床厂和 4 个工具厂，确定产品分工与发展方向，俗称"十八罗汉、四大金刚"，形成了行业的骨干。1950 年创刊的《机械工人》杂志（现名《金属加工》）作为金属加工工艺和装备领域的专业期刊在此期间大量介绍各大机床厂和工具厂的设计和生产（图 11－2－1）。机床的大规模引进与开发是中国工程设计不断发展的标志，为国家重工业和机械工业产品的设计与制造提供了保障。

"一五"期间，苏联援建的 156

图 11－2－1 1955 年《机械工人》刊登的各大机床厂研制新品的图片

个重点工业项目中最重大、最复杂的是载重汽车制造厂的建立。1956年7月，第一批解放牌载重汽车在长春第一汽车制造厂试制成功（图11-2-2），中国汽车工业的发展史从这一天开始了。解放牌汽车结构坚固、使用寿命长，它的出现改变了中国城乡交通和公路运输的落后面貌。解放牌汽车的诞生是中国工业设计中的奠基石，为以后中国工业设计发展奠定了坚实的基础，为进一步提高工业设计的实用性和功能性做好了铺垫。

11.2.2 "二五"计划期间（1958—1962年）

1958年3月，毛泽东提出"鼓足干劲、力争上游、多快好省地建设社会主义"总路线，随后掀起以工业化为主要内容的大跃进。党中央在第二个五年计划中提出：继续进行以重工业为中心的工业建设，推进国民经济的技术改造，建立我国社会主义工业化的巩固基础；"二五"计划开始时期，国内经济状况发展较好，重工业的迅速发展使得工业化得以初步建立。

20世纪五六十年代，一大批决定国家命运的工业产品相继诞生，万吨水压机、上海江南造船厂和上海重型机器厂等重工业的建设，大大提升了国家的工业实力。1958年解放牌CA10型载重货车问世（图11-2-3），标志着中国人结束了不能制造汽车的历史，为国防建设和经济发展立下了汗马功劳。1958年8月至1959年5月期间，长春第一汽车制造厂的设计师对红旗轿车做了多次系统的试验，最终这一辆红旗系列最早的轿车车型定型样车正式编号为CA72（图11-2-4）。该款车车身较长，通体黑色，庄重大方，具有元首用车的气派。车身的细节设计除保留原有的民族风格的设计之外，内饰仪表板用"赤宝沙"福建大漆，座椅用杭州名产织锦缎包裹和装饰。这款车型到60年代中期为止，累计生产了202辆。

1960年，一汽开始进行新的红旗三排座高级轿车的研发。1965年，我国第一辆红旗新型三排座高级轿车"红旗CA770"调试成功（图11-2-5），红旗CA770注重提高整车性能、操纵稳定性、可靠性和乘坐舒适性。它的内部设计是集中国经典工艺之大成的巨作，内饰华贵舒适，车内装饰采用了景泰蓝、福建漆、杭州织锦等多种中国独特的传统工艺。车内座椅采用杭州丝绸面料外套，仪表盘、车门内侧均采用上好的木材，手工打磨而成（图11-2-6）。其产品外观更加精致、协调，造型庄重尊贵、气

图11-2-2 群众欢呼第一批
解放牌汽车上线

图11-2-3 解放牌CA10
型载重货车

图11-2-4 红旗CA72轿车

The outer cover design of the Red Flag CA770 taillight integrates the shape of traditional Chinese palace lantern and combines with the decorative chrome line bumper, highlighting the high-end feeling of the car.

图11-2-6 红旗CA770
轿车前排内饰

图11-2-5 红旗CA770轿车效果图和实物图

The development of Red Flag Car is the witness of the development of China's heavy industry. With the development of society and the change of economic system，China not only pays attention to the development of heavy industry，but also pays more attention to people's life and light industry.

图 11-2-7　上海 58-Ⅰ照相机

图 11-2-8　上海 58-Ⅱ照相机

图 11-2-9　中国第一台 820 型
35cm 电子管黑白电视

图 11-2-10　上海 A-581 手表

度宏大。红旗 CA770 尾灯外罩设计融入了中国传统宫灯的造型，与装饰镀铬线条保险杠相结合，突出了轿车的高档感。后排沙发可调节靠背的倾斜度，可让乘坐的人更舒适地休息，前排与中排、后排之间设有升降玻璃，用于保密谈话，充分体现了设计过程中"以人为本"的设计思想。同时也遵循了工业设计的原则，很好地结合了功能性和舒适性，使中国研制国产高级轿车的能力更上一层楼。红旗 CA770 的设计者贾延良，早年毕业于中央工艺美术学院（现清华大学美术学院），师从中国工业设计奠基人郑可。在设计了红旗 CA770 后，他又陆续主持和参与设计了解放牌 CA230 型 0.8 吨越野车造型设计、长春客车厂北京地铁列车的内装设计、红旗牌 CA774 型高级轿车的内外饰造型设计等项目。

红旗轿车的发展历程是中国重工业发展的见证，随着社会的发展，经济制度的变化，中国不仅注重重工业的发展，更加注重人们的生活，不断向轻工业方向发展。

在日用产品设计制造方面，从最初的基础日用品设计向高质量、批量化生产日用产品的方向转变，在生活水平提高的同时，人们更加注重生活质量和精神追求，照相机在社会日趋进步的环境下应运而生。1958 年，上海 58-Ⅰ照相机（图 11-2-7）设计成功制造，标志着中国的照相机生产开始朝着高质量、批量化的目标迈进。上海 58-Ⅰ照相机作为我国第一种单镜头旁轴取景相机，在我国照相机发展历史上有着极其重要的地位。相比于上海 58-Ⅰ照相机而言，上海 58-Ⅱ照相机（图 11-2-8）在结构上更加合理，性能上更加完善。随着相机的不断完善，中国工业产品的设计也在不断发展与创新。1958 年 3 月，天津无线电厂参照苏联"旗帜牌"14 英寸电子管电视机，成功试制我国第一台 820 型 35cm 电子管黑白电视（图 11-2-9）。4 月 30 日，该厂代表携带 10 台电视机来党中央所在地的中南海，国家特以"北京牌"冠名，被誉为"华夏第一屏"。

1958 年，上海 A-581 手表（图 11-2-10）开始批量生产，该款产品在设计之初就考虑到可以通过更换产品中表盘表面的装饰、数字、色彩来丰富其产品，使之成为系列。上海 A-581 手表在设计上追求高档简约的风格，表面玻璃呈抛面状，由银色表壳包裹，内圈装饰金线，给人华丽饱满的感觉。上海 A-581 手表的出现结束了中国只能修表不能造表的历史，在产期间深受全国人民喜爱，被誉为"中华第一表"。

11.2.3　"三五"计划期间（1966—1970 年）

"三五"计划期间，由于政治运动的压制，导致经济发展停滞，工业设计的发展较为缓慢，这一时期所出现的创新产品也较少。

1961 年，上海照相机厂开始仿制德国 120 型禄莱相机，并在 1963 年生产并投入使用。1968 年，上海照相机厂正式使用"海鸥牌"注册商标，并相继推出 4、4A、4A103、4A105、4A107、

4A109、4B、4B-1、4C等型号，形成4型双镜头反光照相机系列，从此"海鸥"飞出上海，成为新中国照相机工业的标杆。海鸥牌4B型相机是4系列中的普及版产品，它因具有成像清晰、操作容易上手、价格低廉等优势而获得"全民相机"的称号，非常受普通摄影爱好者的欢迎。该产品设计的直接目的是"实用"，首先从"使用价格"的角度来构思设计，即如何使技术能更好地为消费者服务，然后再考虑形态、色彩、材质、肌理等"感性价值"的要素设计，其造型设计主要用于满足内部结构的需要（图11-2-11）。该相机整体造型为箱形，最主要的设计特色在相机的正面两个镜头的造型。从功能上来看一个镜头用于取景，另一个镜头用于曝光，两个镜头被一个"8"字形的造型围合起来，融为一体的两个镜头成了照相机的"脸"，这一设计成为所有"海鸥4"系列双反相机的经典造型。

蝴蝶牌缝纫机（图11-2-12）由繁盛到衰落是在"三五"计划期间，虽然当时经济不景气，但是蝴蝶牌缝纫机仍然在不断地发展，并一直延续着。至今，许多老年人的家中仍然存有蝴蝶牌JAI-1缝纫机，它是"三五"计划时期的见证，也是中国工业产品设计发展的见证。

11.2.4　"四五"计划期间（1971—1975年）

1966年5月至1976年10月，这个时期国家只生产人们生活、生产所必需的产品，并一再降低成本，工业产品基本没有设计可言。随着工农业生产的恢复，设计的需求迅速发展起来。这一时期的设计具有浪漫的、充满理想主义色彩的装饰，不断涌现出的轻工业产品深受广大消费者的青睐。

新中国成立后，我国在一段时间内主要实行计划经济，市场中基本不存在同类产品竞争，民用市场长时间处在供不应求的状态，实用性消费占据绝对主导地位致使社会并不需要在产品中融入更多的创新开发和设计意识，国民经济在工业、文化、教育等领域的资源配置也不能起到支撑产业发展的作用。同时，某些产品在面对国外品牌的倾销时显得招架无力，不得不在外观和功能设计上进行创新升级。

到了20世纪70年代民族品牌华生风扇开始转型。这个时期华生电扇在市场上节节败退，一成不变的外观造型令消费者倍感失望。1972年，当时的华生电风扇厂厂长邀请当时毕业于中央工艺美术学院（现清华大学美术学院）郑可教授工作室的吴祖慈（1937—　）参与华生牌电风扇的改造与重新设计，他与技术人员一同开发了FT35-1型台式电风扇（图11-2-13）。新的设计改变了圆形铸铁底座的传统风格，采用长方形几何底座造型、铝合金装饰板以及琴键式开关，增强了产品的现代感和可操作性，三片式风叶和金属镀铬网罩使造型更加饱满，色彩上采用了明亮的淡蓝色、淡绿色系，在炎炎夏日中给人一种清凉的感觉。这款

图11-2-11　海鸥牌4A、4B型相机

图11-2-12　蝴蝶牌缝纫机

After the founding of the People's Republic of China, China practiced the planned economy for a period of time. There was no competition among similar products in the market. The civil market was in short supply for a long time and practical consumption was absolutely dominant. As a result, there was no innovative development and design consciousness in products, and resource allocation in industry, culture, and education could not play a supporting role in industrial development. At the same time, some products could not deal with the dumping of foreign brands, and had to innovate in the appearance and function design.

图11-2-13　FT35-1型台式电风扇

图 11 - 2 - 14　飞乐牌收音机

图 11 - 2 - 15　红灯牌 711
系列收音机

The most important factor in the economic and practical consumption stage of necessities was to solve the realization problems of products based on technology and manufacturing. Engineers were almost the only planning role in the product development process at that time.

图 11 - 2 - 16　原中央工艺美术学院
校门上的院徽及衣食住行标志

In the early stage of reform and opening up, industrialization developed rapidly, but the modernization of design remained superficial and the pace of transformation was slow. In the mid-1970s, the style of industrial design was attaching equal importance to beautification and rationality, and focusing on improving the quality of life.

风扇在香港市场推出后大受欢迎，很快赢得市场份额。这次精彩的产品改型设计在中国民族工业设计史上书写了重要的一页，为中国现代主义设计思想的发展留下了宝贵的观念遗产。

1923 年，美商奥斯邦与华商曾君合作，成立中国无线电公司销售收音机，这是中国收音机发展史的开端；到 1960 年，上海无线电二厂推出了多种型号的飞乐牌收音机（图 11 - 2 - 14）；从 20 世纪 70 年代开始，上海无线电二厂设计生产了红灯牌 711 系列收音机（图 11 - 2 - 15），已经成为那个时代的"明星"产品，一度出现了供不应求的局面。

在必需品经济与实用性消费阶段，最主要的任务在于解决产品技术、制造等方面的现实性问题，工程师几乎是当时产品开发过程中唯一的规划性角色。在培养设计师的问题上中国高等院校在专业布局上显得比较集中，以工程相关专业为主导的工科院校遍布全国各个大中型城市，但仅在为数不多的艺术院校里设有"美工"这一专业。1957 年，在周恩来总理的支持下，庞薰琹、雷圭元、郑可等人创办了中央工艺美术学院（现清华大学美术学院）（图 11 - 2 - 16），最初设置染织、陶瓷和装潢三个系；1960 年，无锡轻工业学院设立了"轻工日用品造型美术设计"专业，到了 1972 年又扩建为独立建制的轻工业产品造型系，专业名称改为"轻工业产品造型美术设计"，是我国最早接近于工业设计概念的专业；1975 年，中央工艺美术学院专门设立"工业美术"系。这些变化使得工业设计教育产生出从艺术角度加以孕育的迹象。然而，这些专业的教学内容与学生培养目标仍然属于"实用美术"的范畴，与工业生产的联系还比较薄弱，系统的概念与教育方法在此时并未产生，"实用美术"与工业设计仍然有本质上的区别。尽管如此，教育体系的不断发展还使得工业设计产业在知识层面得到了萌芽性的积累和孕育。

11.3　改革开放后中国工业设计向市场经济的转变

1978 年 12 月十一届三中全会后，国家把工作重点转移到社会主义现代化建设上来。改革开放成为我国工业设计发展的分水岭，工业设计教育成为国内工业设计发展的重中之重。改革开放以后，中国工业设计教育不断向国际学习，不断发展，政府和企业的认知与觉悟不断提高。同时国家也派出了第一批老师赴国外学习工业设计，如清华大学美术学院的王明旨、柳冠中；江南大学设计学院的张福昌、吴静芳等，他们在 20 世纪 80 年代回国后在全国范围内传播工业设计理念，掀起了中国现代设计教育的高潮。

改革开放初期，工业化发展迅猛，但设计的现代化仍停留在表面形式上，转型步伐依旧缓慢。20 世纪 70 年代中期工业设计的风格是：美化与理性并重，着重提升生活质量。中国工业制造企业不同程度地完成了一次技术设备升级改造，以适应提升产品品质的需求，同时组织技术攻关，克服了一大批产品制造中的难点。例如保温瓶在中国轻工业发展史上一直扮演着重要角色，改革开放后，中国保温瓶产业在产品升级和企业结构方面都实现了突破。1979 年上海保温瓶一厂根据国外最新款式自主设计首创气压出水保温瓶（图 11 - 3 - 1），产品造型美观，使用方便，一改几十年传统产品直筒式样的老面孔，改变了拔塞倒水的动作，采用手掀自动出水的新设计，方便卫生，适合老年人、儿童、残疾人使用。该产品上市后受到消费者的欢迎。气压出水保温瓶的诞生，开创了我国保温瓶产品升级换代的新局面。70 年代末，工业美术设计、产品造型设计、产品外观设计等名词在工业界、产业界和教育界开始出现。

图 11 - 3 - 1　1979 年上海保温瓶
一厂首创气压出水保温瓶

In the late 1970s，terms such as industrial art design，product modeling design and product appearance design began to appear in industrial and educational fields.

　　20 世纪 80 年代是中国自主品牌产销的黄金期，经济学家吴敬琏认为中国工业化发展道路从轻工业开始发展是符合生产力发展规律的。英国、法国等工业化发展从轻工业开始并不能说明从轻工业开始的工业化就是资本主义道路。从我国实际情况来看，由于中国工业发展底子薄，人民生活水平低，发展轻工业有着特殊的重要意义。例如具有中国特色的搪瓷产品（图 11 - 3 - 2），其生产规模、产品结构、质量、品种、花色等方面均有所突破，所涉及的生活领域也更加宽泛，使得我国搪瓷产品的艺术价值有了极大的提高。随着中国派往欧洲、日本学习设计的留学生归来，带回来各个国家的设计发展经验，"工业设计"已经不再作为推动新产品诞生的一种手段，它已经成为当时中国设计界的主要思想。回国的留学生都看到了经历第三次工业革命洗礼的西方国家的经济和社会的现状，看到了现代设计建立起来的知识体系和思想意识为经济、文化带来的变化。1982 年，留日一年的张福昌写下了参观松下公司的随感，他认为工业设计要受到社会的广泛重视，日本工业设计的发展花了 15～20 年时间，中国也需要一定的时间。1979 年，中国工业美术协会正式成立，会后不久即在中央工艺美术学院（现清华大学美术学院）工业美术系设立了中国工业美术家协会筹备委员会。1987 年，经原国家科学技术委员会批准，中国工业美术协会更名为中国工业设计协会，中国在工业设计领域诞生了首个与政府有关的职能性部门，在此后的 30 余年间，中国工业设计协会与各地方性工业设计协会在机制建设方面为国家的工业设计产品贡献了重要力量。

图 11 - 3 - 2　久新搪瓷厂的
代表产品——万紫千红系列

Chinese students sent to study in Europe and Japan came back with the design experience of different countries. "Industrial design" was no longer a means to promote the birth of new products，but it had become the main idea of the Chinese design. The returned students saw the economic and social development of western countries after the third industrial revolution and they saw the economic and cultural changes brought about by the knowledge system and ideology established by modern design.

　　1980 年，第一机械工业部发布《关于加强改进机电产品和仪器仪表外观质量工作的通知》，这是我国促进工业设计发展较早的部委文件。文件中提到，产品的外观质量主要包括产品的造型设计、表面处理工艺和表面材料的选择、色彩格调等。产品不仅要求使用可靠、技术先进、经济合理，还要求外观质量

It was mentioned in the document that the appearance quality of products mainly included product modeling design, surface treatment process, selection of surface materials, and colors. Products not only required reliable use, advanced technology, reasonable price, but also required high-quality and beautiful appearance. The appearance of products was not only related to the popularity among customers, but also related to the competitiveness in the international market.

The 1990s was the era of rapid development of China's industrial design. Each enterprise gradually realized the importance of industrial design and needed more and more talents with professional knowledge. The situation of engineers and technologists being insignificant to industrial design needed to be gradually changed.

图 11 - 3 - 3　傅月明和他设计的产品
（1992 年第 6 期《设计新潮》杂志）

In 1986, designer Shi Zhenyu founded the first domestic industrial design office—Beijing Chongwen Industrial Design Office in Beijing. Since then, domestic industrial design offices and design departments of enterprises had made a great progress during this period, which was very important for the design industry's change from quantitative to qualitative.

好，美观大方。产品的外观质量不仅关系到是否受用户欢迎，还关系到能否在国际市场上具有竞争力。这样的表述体现了工业设计对国民经济发展的重要意义。20 世纪 80 年代是我国家电制造企业开始品牌自觉，萌发设计意识的阶段，处于市场经济潮头的家电企业逐渐树立了以用户需求为中心的产品开发理念。1984 年，海尔集团在国内家电领域率先成立设计部门，在产品功能设计方面进行大胆创新，同时注重实用与外观的完美统一，从而成为企业赢得市场、成就品牌的重要发展路径。1994 年作为海尔集团创新设计中心的青岛海高设计制造有限公司成立，这是中国企业成立的第一个设计中心。在海尔、科龙、海信等一批企业的积极带动下，改革开放初期中国的家电领域迎来了工业设计的风潮。

20 世纪 90 年代是中国工业设计高速发展的时代，各个企业逐步感受到工业设计的重要性，也越来越需要具有专业知识的人才，逐步改变以工程师、工艺师"客串"工业设计的局面。国内著名企业纷纷聘请设计师为自己的产品进行升级换代设计，并将自己品牌进行梳理；在工业设计上强调向西方学习，凸显产品技术特性的"高技派"风格，并以"人机工学"作为设计思考的重点。如 1991 年上海金星电视机厂邀请已赴深圳创业的著名设计师傅月明设计了 28 英寸彩色电视机，并命名为"金星—金王子"（图 11 - 3 - 3），投产后迅速成为该厂的高端品牌和拳头产品，进入国际市场并赢得了广泛的好评，傅月明也成为继其老师吴祖慈后因设计优秀工业产品而被写入上海地方志的设计师。90 年代，中国家电积极开拓国际市场，1992 年和 1997 年，中国家用电器协会两次组团参加"德国科隆家用电器及用具展"，提高了中国家电在全球的销量和影响力，中国家电产品在 20 世纪 90 年代已经形成较完整的工业体系。

中国东北老工业基地的企业也加快了产品更新的步伐。从 1993 年开始，长春客车车辆厂委托中央工艺美术学院设计的"公务员专列"的室内环境及产品，由王明旨教授担纲，新设计的方案从人机工学角度出发，按照标准化、通用性的设计原则进行创造设计，车厢内主照明灯具由原来的普通日光灯改为长方形、磨砂玻璃灯罩灯，沙发专门根据列车室内环境进行设计，窗帘、窗架等细微之处均有设计，厕所洁具采用树脂材料，造型现代简洁，风格统一，取得了很好的效果。后来双方合作项目已从公务员专列发展到普通列车室内环境及产品设计。

1986 年，设计师石振宇在北京创办了国内第一家工业设计事务所——北京崇文工业设计事务所，自此国内工业设计事务所和企业的设计部门都在这一时期得到了较大的发展，这对于工业设计产业的量变转化为质变而言十分重要。进入 20 世纪 90 年代，中国职业工业设计公司的发展开始呈现出一定的数量增长趋势，到了 1998 年，全国的职业工业设计公司约有 40 余家，而到了

2008 年，仅深圳市注册在案的职业工业设计公司就超过了 400
家。改革开放后相当长一段时间内，由于制造业企业的市场竞争
尚未延伸至品牌及战略阶段，因而在产品上对于工业设计的深层
次需求也并不热切。虽然职业工业设计公司在当时的发展规模还
仅是初期积累，但从结构上而言却是我国工业设计在成长初期的
生产主体。随着改革开放的进一步深入，工业设计在我国社会发
展的各个方面发挥更加重要的作用。

11.4　21 世纪中国工业设计向多元化转变

　　进入 21 世纪，随着我国经济的快速增长和综合国力的迅猛
提高，工业设计的应用更加广泛，对改善我国人民的生活品质，
增强我国工业产品在国内外市场的竞争力，创造知名品牌起到了
显著作用。同时，处于国民经济支柱的实体制造业在全球化竞争
中开始面临转型升级的严峻挑战，国民消费结构也因收入水平的
整体提升而产生了以文化为导向的变化，这为工业设计产业的快
速发展提供了重要机遇，同时也将工业设计推至进入国家意识形
态的战略发展的边缘。

　　20 世纪 80 年代中国工业设计产业伴随着工业设计教育与企
业的出现开始起步，在发展路径上基本完全继承了全球的逻辑演
进体系，但与英国、美国、日本等国相比，产业发展的社会环境
已经有了明显的不同。

11.4.1　国家政策支持

　　工业设计是跟随现代工业的发展而出现的以工业产品设计为
主要研究设计对象的学科，其目的是寻求和解决人、产品、环
境、社会的和谐、统一与协调等之间的关系问题。中国工业设计
产业未来将向民族品牌、中国特色的方向不断发展，这离不开国
家政策的不断扶持。2007—2017 年，国家对于工业设计出台了许
多相关政策。2007 年，时任国务院总理温家宝对中国工业设计行
业发展做出了"要高度重视工业设计"的批示，中国的工业设计
开始全面启动；2010 年 3 月，工业设计正式被国务院在政府工作
会议纳入我国"七大生产性服务业体系"；2010 年 8 月，工信部
等 11 个部委联合印发了《关于促进工业设计发展的若干指导意
见》，首次给予了工业设计在国家层面的明确定义："工业设计是
以工业产品为主要对象，综合运用科技成果、工学、美学、心理
学和经济学等知识，对产品的功能、结构、形态及包装等进行整
合优化的创新活动。工业设计产业是生产性服务业的重要组成部
分。"该意见的出台标志着中国工业设计产业在国家意识形态方
面的初步确立，也标志着我国工业设计及艺术设计的发展由此步
入了一个新阶段。

　　2011 年 12 月，《国务院办公厅关于加快发展高技术服务业

For a long time after the reform and
opening up, as the market competi-
tion of manufacturing enterprises had
not yet extended to brand and strate-
gy, the demand for industrial design
in products was not urgent. The de-
velopment scale of professional in-
dustrial design enterprises at that
time was just the initial accumula-
tion, but in terms of structure, they
were the main body of production in
the early stage of China's industrial
design.

"Industrial design is an innovative ac-
tivity that integrates and optimizes
the functions, structures, forms
and packaging of products by taking
industrial products as the main object
and making use of scientific and tech-
nological achievements, and knowl-
edge of engineering, aesthetics,
psychology and economics. Industrial
design is an important part of pro-
ducer services."

"Encourage qualified regions to set up industrial design service centers and implement demonstration projects，improve industrial design intellectual property transactions and intermediary services，build design transaction markets，and create a number of internationally competitive design enterprises and well-known brands."

"Support industrial enterprises to carry out various forms of cooperation with design enterprises to expand the market of industrial design services.""Cultivate high-quality industrial design，research and development personnel，promote the establishment of a system of professional qualifications for personnel specializing in industrial design，and establish a national industrial design award system."

"Build a number of innovative design clusters with worldwide influence，cultivate a number of professional and open industrial design enterprises，and encourage OEM enterprises to establish research and design centers to transform into enterprises with their own independent brands. Develop innovative design education，establish national industrial design awards，and stimulate the enthusiasm and initiative of innovative design in the whole society."

图 11-4-1 2017 年 11 月，国家级工业设计中心授牌仪式

图 11-4-2 我国工业设计领域首个经中央批准设立的国家政府奖项，由工业和信息化部主办

的指导意见》中提道："鼓励有条件的地区成立工业设计服务中心和实施示范工程，完善工业设计知识产权交易和中介服务，建设研发设计交易市场，打造一批具有国际竞争力的研发设计企业和知名品牌。"同年，《国务院关于印发工业转型升级规划（2011—2015）的通知》中提道："围绕外观造型、功能创新、结构优化、包装展示以及节材节能、新材料使用等重点环节，创新设计理念，提升设计手段，壮大设计队伍，大力发展以功能设计、结构设计、形态及包装设计等为主要内容的工业设计产业。支持工业企业与设计企业开展多种形式合作，扩大工业设计服务市场""培育高素质工业设计和研发人才。推动建立工业设计专业技术人员职业资格制度。建立国家工业设计奖励制度。"2012 年《国务院关于印发服务业发展"十二五"规划的通知》中提道："充分发挥工业设计在丰富产品品种、提高附加价值、创建自主品牌、提高企业核心竞争力等方面的作用。"

2014 年 8 月，《国务院关于加快发展生产性服务业促进产业结构调整升级的指导意见》中提道"促进工业设计向高端综合设计服务转变。支持研发体现中国文化要素的设计产品。"

2015 年 5 月，《国务院关于印发"中国制造 2025"的通知》中提道："建设若干具有世界影响力的创新设计集群，培育一批专业化、开放型的工业设计企业，鼓励代工企业建立研究设计中心，向代设计和出口自主品牌产品转变。发展各类创新设计教育，设立国家工业设计奖，激发全社会创新设计的积极性和主动性。"（图 11-4-1、图 11-4-2）中国制造业的蓬勃发展给工业设计产业带了很多机会，但制造业的兴盛并不能代表工业设计产业的兴盛。作为制造业中心的初级阶段，OEM 模式（原始加工商）占最大的比例，中国长三角、珠三角地区的许多私营企业都是靠承接国外订单来生存的，产品的造型基本上是国外品牌制定或者是仿造的，而要提高制造业的层次，必须向 ODM 模式（原始设计商）和 OBM 模式（原始品牌商）转型。

2016 年 5 月，中共中央国务院印发《国家创新驱动发展战略纲要》提出："加快推进工业设计、文化创意和相关产业融合发展，提升我国重点产业的创新设计能力。"从 2006 年开始，工业设计连续三次写入《国民经济和社会发展五年规划纲要》。

这些政策措施为下一时期我国工业设计繁荣发展奠定了良好的基础，加快了工业设计与制造业、服务业的融合，提高了中国整体工业设计的创新能力。来自中国工业设计协会的数据显示，截至 2017 年年底，全国设有工业设计部门的制造企业和规模以上专业工业设计公司近 1.4 万家，工业设计从业人员共超过 60 万，全国设计创意类园区超过 1000 家（其中以工业设计为主题的产业园区超过 60 家）；全国设计服务收入增长率超过 10%，设计成果转化产值增长率约达 25%；深圳、上海、北京和武汉 4 座城市被联合国教科文组织授予"设计之都"的称号（图 11-4-3）。

11.4.2 工业设计发展现状及存在问题

经过近 10 年的酝酿之后，工业设计产业开始进入国家发展规划，同时也呈现出集聚性的发展特征，其特征包括：搭建工业设计公共服务平台；建设工业设计产业孵化基地；建设工业设计或设计创意产业园区（图 11-4-4）。从产业整体的战略发展思路来看，为弥补社会工业化机制的缺失，集聚性业态还将在相当一段时间内作为国内工业设计产业的重要模式存在。

21 世纪以来，工业设计产业的发展在政策驱动下开始呈现明显的提速，产业主体也随之开始趋向复杂：以企业为代表的应用性工业设计领域、以职业工业设计公司为代表的服务性工业设计领域和以产业园区为代表的聚集性工业设计领域，他们各自布局、并行发展，形成了中国工业设计产业第三阶段的主体结构。

目前，中国工业设计产业的规模已直指世界首位。

虽然当前中国工业设计产业有着广大的发展空间，但是挑战与机遇并存，工业设计产业在现代社会发展中也逐渐暴露出一些问题：外在整体环境未能给工业设计产业的发展提供足够支撑；设计行业内部未形成良性竞争环境；企业对工业设计的认识的局限性；设计行业缺少发展方向的战略性规划等。

从理论上来讲，高速发展的工业设计产业能够有效地促进企业转型升级，但事实却反映出这一推论的过度乐观性：具有规模体量与政策力度双重优势的中国工业设计产业不仅未能通过"创新性"和"突破性"帮助制造业企业走出困境，相反，自身的从业者流失现象却十分明显。根据对深圳市的实地调查样本的统计，在企业内能够持续 2 年以上进行工业设计工作的从业人员尚不足统计样本的 20%，而院校毕业生选择工业设计就业的人数比重仅占 10%，这样的局部样本所反映出的"玻璃天花板"式的供需错位现象代表了这一问题的普遍性。自改革开放以来，随着中国工业化进程加快，在中国工业化进程中也出现了资源的流失与浪费，工业化生产带来的环境污染等问题已经严重困扰着我们。人们对自己所创造的进步产生了种种疑虑，需要迫切地对走过的发展道路重新进行思考、评价和反思。这些问题的提出对于工业设计是一个巨大的挑战，通过设计解决环境的日益恶化、资源的浪费与紧缺等问题，并提供给人们一个可持续发展的环境与未来是中国工业设计所要解决的问题。

随着时间的推移，社会的发展，工业设计开始向不同的领域拓展，呈现不同的发展态势，设计出的产品也逐渐出现了差异。一些制造业企业由于产品差异化与品牌等因素也开始考虑寻求产品之外的设计变革，一些经济发达省份在经济驱动力的作用下的改变也使得工业设计的消费市场开始迅速形成。在供给侧结构性改革和消费升级的背景下，工业设计的作用将越发凸显。

图 11-4-3 中国 4 座城市的设计之都标识

Building industrial design public service platform, establishing industrial design incubation base, and building industrial design and innovative design industrial park.

图 11-4-4 2003 年 5 月由国家科技部批准为国内首家以工业设计为主题的高新技术专业化园区

The applied industrial design field represented by enterprises, the service industrial design field represented by professional industrial design enterprises, and the aggregation industrial design field represented by industrial parks develop at the same time and have formed the main structure of the third stage of China's industrial design industry.

Theoretically speaking, the rapidly developing industrial design industry can effectively promote the transformation and upgrading of enterprises, but the fact reflects the over-optimism of this inference. China's industrial design industry, which has the advantages of size and policy, has not only failed to help manufacturing enterprises out of difficulties through "innovation" and "breakthrough", but on the contrary, the loss of its own practitioners is very obvious.

China's industrial design aims to solve the problems of environmental degradation, resource waste and shortage through design, and to provide people with a sustainable development environment and future.

图 11 - 4 - 5　采用原木、麦秸秆和少量塑料设计的拼接凳（2015 年中国红星奖原创奖，设计师：徐乐、杨存园、林炳塔）

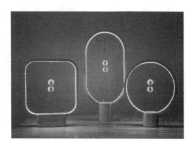

图 11 - 4 - 6　"衡"系列台灯（2016 年中国红星奖原创奖金奖作品，设计师：李赞文）

From 1900 to 1950, the design of industrial products in Hong Kong followed the graphic design style at that time, and combined the design characteristics of China, Japan and the west, forming an adaptive and comprehensive modern design style with Hong Kong characteristics.

图 11 - 5 - 1　收藏于香港历史博物馆的搪瓷产品和暖瓶

11.4.3　中国工业设计未来发展

绿色设计、民族化以及文化性是中国工业设计未来发展的趋势。随着生活质量的提高，人们更加注重环保，绿色设计的理念逐渐深入人心。工业设计应当从产品的开发阶段就考虑生产全过程以及与环境的关系，解决产品是否能够从长远的角度上改善人类的生存空间与环境，是否能够维护自然生态平衡，提高生活质量的问题，从而实现设计、生产、消费与回收循环再利用的过程。而对于民族化以及文化性，我们要吸收外来文化的精华来丰富的传统美学和设计理念，走出一条有中国特色的工业设计道路，来推动我国工业计的发展。"民族的，才是世界的"，我们这一代人要合理利用和开发这笔宝贵的财富，走出一条继承、借鉴与创新、可持续发展的设计之路，这才是我国工业设计发展的正确方向（图 11 - 4 - 5、图 11 - 4 - 6）。

11.5　中国香港和中国台湾地区工业设计的发展

自开埠以来，中国香港由于缺乏自然资源，只能凭借自身优越的地理条件，扮演转口港的角色。1900—1950 年，香港工业产品的设计跟随当时的平面设计风格，糅合了中国、日本及西方的设计特色，形成了以适应性和综合性为主的具有香港特色的现代设计风格。而中国台湾地区是以"台湾生产力及贸易中心"为主体推动 20 世纪 60 年代的设计活动。20 世纪 70 年代，台湾地区一方面不断展示 60 年代以来以设计为核心能力提升产业发展的成果，另一方面，则不断地吸收借鉴世界经验，对工业设计进行不断创新，逐步形成了自己的设计风格。

11.5.1　中国香港地区工业设计的发展

20 世纪 40 年代，在香港工业设计发展初期，大批内地工厂、企业为逃避战乱迁港，为香港地区工业设计的发展奠定了坚实的基础。第二次世界大战后，大批资金、技术、劳动力涌入香港，海外许多国家也给予香港地区特惠关税，为香港地区生产的产品打开了出口销路，使香港的工业设计发展在 20 世纪 50 年代末呈现蓬勃发展的状态。收藏于香港历史博物馆的搪瓷产品和暖瓶（图 11 - 5 - 1）就是香港工业设计蓬勃发展的最好见证。到 20 世纪 60 年代，香港受惠于第二次世界大战后全球经济的分工，得以分担发达资本主义国家转移出来的部分低附加值、劳动密集型的轻工业。另外，香港在当时正值发展期，人口增长迅速，大量廉价劳动力成了香港工业发展的另一大优势。两种优势的结合促进了香港工业设计空前的繁荣与发展。

1959 年，为促进和保障香港制造业利益，香港工业总会成立。香港工业总会创立至今，一直致力于协助企业提升价值，秉承"工业创新"的宗旨，帮助企业应对各种挑战。20 世纪 60 年代，工业已经成为带动香港经济增长的核心动力，使香港的制造企业成为主力。由于英国、美国等西方国家工业市场竞争激烈，本地工业产品的设计素质愈来愈受到业界的重视。"设计"一词很早就在香港出现，但只限于平面设计范畴。作为推广香港贸易的唯一官方机构"香港贸易发展局"在 1966 年成立，向世界推广香港，带动了众多香港企业设计的需求及发展，因而也促使了既有东方情怀又符合国际潮流的"香港设计"风格的形成，并催生了"香港设计"最早的一批设计师。

1968 年，香港成立了设计委员会，这是香港地区最早期致力推动本地设计的非营利组织。设计委员会的宗旨是推广香港产品和加强设计在业界所扮演的角色，鼓励及推动业界利用设计进行增值服务，以及通过与专业设计师和学术机构合作，提升"香港设计"的水平和素质。

随着时间的推移，香港地区产品式样不断丰富，"设计"的理念逐步涉及产品的款式、构图、制造、市场等领域。需求是设计发展的根本，大量的产品具有对外出口的需求，衍生出了样式不同的产品以供人们选择，使得香港设计得以繁荣发展。

20 世纪 60 年代，美国成为香港产品的主要出口市场，香港设计师为迎合美国市场需求，设计创作理念较为局限。70 年代起，这一局面有所转变。1977 年，由香港图画展演化而来的香港设计展举办，该展增设了产品设计类别；1989 年香港工业总会设立"香港工业奖"（图 11-5-2），1997 年设立"香港服务业奖"，旨在推动香港本地工业设计的发展。2005 年在香港特区政府的支持下，"香港工业奖"和"香港服务业奖"合并为"香港工商业奖"，以嘉奖香港企业在提高企业竞争力的多个范畴的杰出表现和成就（图 11-5-3）。香港工业总会设立了"消费产品设计"奖，香港中华厂商联合会设立了"设备及机器设计"等奖项，以促进产品设计，彰显设计对香港工业发展的重要性，并鼓励企业家提高产品设计水平、加强产品研发，提高设备及机器生产的设计水平，提高产品竞争力。

相关奖励、鼓励政策有力地推动了香港工业设计的发展，香港工业设计发生了翻天覆地的变化。香港设计师开始面对全球市场，客源来自世界各地，香港成为国际交汇的设计中心，世界各地的产品汇集在这里，体现了全球各地设计师不同的设计风格和理念，多种文化的冲突和融合形成了新的概念、潮流和趋势。

11.5.2　中国台湾地区工业设计的发展

21 世纪以来，中国台湾地区工业设计产业飞速成长，其发展速度及成就令世界瞩目，多元的文化氛围、设计人才的涌现，促进了设计能力的快速提升。人们逐渐意识到，中国台湾地区产业

The Federation of Hong Kong Industries established the Design Council of Hong Kong in 1968 with the mandate to promote the interest of local design industry. The objectives of the Council include:
To promote and enhance the importance of design in Hong Kong economic development.
To encourage and facilitate the business community to add value to their products and services through the use of design.
To enhance Hong Kong's design standard and quality through collaboration with professional and educational institutions.

图 11-5-2　香港宝源基业有限公司设计生产的 Halina Vision 系列相机（1989 年获香港工业奖）

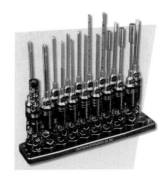

图 11-5-3　飞马仕科技有限公司设计生产的专业遥控模型车蜂巢型专业工具获 2018 年香港工商业奖

Supported by the Government, the HKAI was launched in 2005 by merging the former Hong Kong Awards for Industry and Hong Kong Awards for Services, established in 1989 and 1997 respectively. The HKAI aims to recognise the outstanding performance and achievements of Hong Kong enterprises in enhancing their competitiveness in various aspects. Consumer Product Design Award aims to promote and recognise the importance of product design in Hong Kong, and to encourage local entrepreneurs to improve the design, research and development of their products. Equipment and Machinery Design Award aims to encourage the upgrading of the design of equipment and machinery in Hong Kong so as to enhance competitiveness, and to give recognition to outstanding products.

图 11 - 5 - 4 浩汉产品设计
公司总部大楼

图 11 - 5 - 5 2007 年浩汉设计为
厦门金龙汽车集团设计的
KO7 客车

The excellent team of the association helps promote the overall improvement of product design capability, launch a series of talent training courses to promote the professional concept and technology of industrial design, provide the industrial research and development personnel with the cognitive design ability, and use design innovation to create independent brands for Taiwan's high-quality enterprises with innovative products.

不再是依赖来样加工的劳动密集型产业，而是处于蓬勃发展中的技术密集型产业。

过去，中国台湾地区 95％的企业都为中小规模，且基本为委托代工型，要形成国际形象相当困难。为了改变这种状况，一方面需要升级自身，另一方面也要让人了解台湾地区对高级产品的追求，因此中国台湾地区推出了 3 个重要计划——《五年全面提升工业设计能力计划》《五年全面提升产品品质计划》《五年全面提升国际产品形象计划》。在产业政策的鼓励下，1988 年从台湾三阳机车公司分离出来的台湾浩汉产品设计公司创立（图 11 - 5 - 4），设计师陈文龙任总经理。浩汉产品设计公司以发展工业产品设计集合岛内人才及引进国外技术而成立，成立之初为设计开发，大量投资引进意大利设计与日本模型制作技术，经过若干年的努力，陆续在中国上海、美国硅谷、意大利松德里奥等地建立分公司，为世界各地客户提供市场分析、产品设计、模型与工程等领域的设计服务（图 11 - 5 - 5）。

20 世纪 60 年代中期起，随着工业现代化的发展，中国台湾地区的产品结构发生了根本性的变化，逐渐开始了从来样加工转向自主设计。在这一过程中，中国台湾地区运用设计资源协助产业发展、协助设计服务业开发市场、强化设计人才与研发能力及加速台湾优良设计与国际接轨。工业设计产业在中国台湾经济发展中扮演了越来越重要的角色。

中国台湾地区的工业设计教育起步于 20 世纪 60 年代，其注重外来设计文化与传统本土设计文化的结合，重视多学科、多领域的跨界融合，强调工业设计的实践性，现已成为其成功模式的重要组成部分。1961 年，台湾生产力及贸易中心下属的"产品改善组"率先开设了工业设计短期培训班，以提升产品设计的能力为目标，促进台湾地区外贸产品竞争力的提升。中国台湾地区在注重产品质量的同时，更加注重人才的培养，邀请了日本著名设计师小池新二共商培养地区工业设计人才的方案。在小池新二的帮助下，一大批德国、日本的工业设计师相继来到中国台湾讲学、辅导，使台湾地区在短时间内涌现大批设计人才。1964 年，台塑企业建立的明志工业专科学校（现明志科技大学）最早设立工业设计科，并发行《工业设计》杂志。1967 年 12 月，台湾工业设计协会宣告成立，这是中国台湾地区第一个以工业设计专业设计师为核心的社团法人。协会以优质的专业团队逐阶段配合台湾地区推动全面提升产品设计能力计划，开办系列人才培训课程推广工业设计专业理念与技术，提供产业界研发人员认知设计力、运用设计创新为台湾优质企业以创新产品打造自有品牌营销全球市场。同时，台湾工业设计协会努力为台湾设计产业界提供更为优质的工作环境；鼓励年轻设计师、在校大学生参与国际设计竞赛，扩大交流，展示自我；整合社会资源，促进设计与生活的融合，助力现代化文明社会建设；积极倡导创造社会公益的设计活动，结合"设计为善、设计为公"的理念，借助产、学、研各界资源优势实施设计扎根的基础工程。台湾工业设计协会积极参加国际设计组织的相关活动，并邀请国外知名设计师和设计组织到中国台湾地区讲学或举办培训班，如参加国际工业设计协会的年会，邀请日本设计师荣久庵宪司来到中国台湾地区讲学等，这些举措促进了台湾设计及制造走向更高的品质。

　　20 世纪 70 年代，中国台湾地区产业市场对设计人才的需求激增，各个高校纷纷设立工业设计系，大力培养工业设计人才，中国台湾地区也制订了《校企合作实施方案》的教育方针，鼓励并支持开展"官、产、学、研一体化"的教育模式，加强企业与高校间的产学合作，专科教育对当时台湾工业的起步发挥了重要作用。

图 11 - 5 - 6　1981 年台湾
优良产品标识

　　20 世纪 80 年代起，随着内部推动因素的不断累积及外部冲击的日益加剧，中国台湾地区开启了经济转型，制造业的劳动力开始转向服务业，中国台湾地区产品制造成本大大提高，产品性价比降低。为改变这种状况，1981 年，中国台湾地区设立了优良产品评选制度，举办台湾产品优良设计选拔展，建立人们对于优良产品的重视，并通过专业选拔鼓励厂商研发、设计新产品，协助获奖产品（图 11 - 5 - 6）参加国际优良产品评选和认证活动。1985 年开始，台湾产品优良设计选拔展与大专院校设计展合并为台湾产品设计展，1989 年调整展出和活动形式，扩大为台湾产品设计月，分为两个阶段：一是台湾产品优良设计选拔展；二是新一代设计展（原中国台湾地区大专院校设计展），同时增加了国际优良设计作品观摩展，为产生更好的产品奠定了基础。2009 年，"台湾产品优良设计奖"更名为"金点设计奖"，并针对不同目标群体分设"金点设计奖"（图 11 - 5 - 7）、"金点概念设计奖""金点新秀设计奖"三大奖项，旨在鼓励杰出的创新设计产品与作品，每年由台湾创意设计中心策划颁奖典礼及相关活动。2003 年成立的台湾创意设计中心（Taiwan Design Center，TDC）是为推动台湾设计产业的发展而建立的，定位为整合服务创价平台，致力以创意设计驱动创新、推动产业与经济发展，让中国台湾地区原创设计在社会及文化领域发挥影响力，其主要任务为提升设计人才原创能力，促进国际设计交流，推动企业发展自有品牌，加强产业市场竞争力与提高产业附加价值，台湾创意设计中心为台湾工业设计走向国际化起到了巨大的推动作用。

图 11 - 5 - 7　金点设计奖标志

　　从设计发展的历程来看，中国台湾地区十分重视工业设计的发展，并努力与国际接轨。中国台湾地区设计机构在推动设计产业发展上起到了重要的指引和促进作用，设计在中国台湾地区经济发展中将扮演越来越重要的角色。

TDC performs as an integrated, value-creation service platform, where innovation is encouraged, industrial and economic development is promoted, and Taiwan's native design capabilities are fostered and developed in their well-suited social and cultural spaces. TDC aims to elevate the original and creative capabilities of design talents in Taiwan, to facilitate international design exchanges, to assist local companies to develop their brands, and to strengthen competitiveness in the market to increase added value on the industry.

本章关键名词术语中英文对照表

中国制造 2025	Made in China 2025	自主品牌	Independent Brand
洋务运动	Self-Strengthening Movement	浩汉产品设计公司	Nova Design
知名品牌	Well-known Brand	创新设计集群	Innovative Design Cluster
原始制造商	OEM（Original Equipment Manufacturer）	原始设计商	ODM（Original Design Manufacturer）
原始品牌商	OBM（Original Brand Manufacturer）	创意经济	Creative Economy
创新驱动发展	Innovation-driven Development	设计中心	Design Center
国家战略性新兴产业	National Strategic Emerging Industries	智力密集型产业	Intelligence-intensive Industries
劳动密集型产业	Labor-intensive Industries	创意产业园	Creative Industry Park
智能制造	Intelligent Manufacturing	低（高）附加值	Low（High）value-added
民族的才是世界的	the nationality is the world	工业创新	Industrial Innovation
香港工业总会	Federation of Hong Kong Industries	金点设计奖	Golden Pin Design Awards
金点概念设计奖	Golden Pin Concept Design Award	金点新秀设计奖	Young Pin Design Award

1. 中国工业设计的发展历程是什么样的？
2. 如何借鉴日本、德国等国家的成功经验发展中国工业设计？
3. 中国香港和中国台湾地区的工业设计发展各有什么特点？

参 考 文 献

[1] 何人可 . 工业设计史 [M]. 北京：高等教育出版社，2006.
[2] 王震亚，赵鹏，等 . 工业设计史 [M]. 北京：高等教育出版社，2017.
[3] 李昂 . 设计驱动经济变革：中国工业设计产业的崛起与挑战 [M]. 北京：机械工业出版社，2014.
[4] 沈瑜 . 中国现代设计观念史 [M]. 上海：上海人民美术出版社，2017.
[5] 毛溪 . 中国民族工业设计 100 年 [M]. 北京：人民美术出版社，2015.
[6] 柳冠中 . 从中国工业设计的百年发展谈传统的继承与创新 [J]. 设计艺术研究，2015，5 (5)：1 - 6，15.
[7] 左旭初 . 百年上海民族工业品牌 [M]. 上海：上海文艺出版社，2012.
[8] 聂志红 . 民国时期的工业化思想 [M]. 济南：山东人民出版社，2009.